中国科学院"百人计划"、国家自然科学基金（40572107、4087216

钙 华 探 秘

刘再华　孙海龙　晏　浩
张金流　王海静　曾海涛　著

科学出版社
北　京

内 容 简 介

我国是岩溶大国，具有大量的不同气候（水文）、构造和生态环境条件下形成的钙华资源。作者20余年的研究发现，钙华不仅具有重要的旅游景观价值，而且还是一种高分辨率的古气候环境重建的重要载体。本书创新性地引入表生和内生钙华沉积的概念，在介绍我国几处典型的钙华沉积的基础上，系统讨论水化学、钙华沉积速率以及碳、氧和钙同位素组成的影响因素，深入剖析不同地区、不同种类、不同沉积环境的钙华所记录的气候环境意义及其差异。此外，还以四川黄龙风景区为例，讨论钙华景观的退化与保护问题。本书对于了解钙华的形成、演化以及应用有重要的指导意义，研究成果将为下一步深入利用我国丰富的内生钙华资源进行高分辨率的古气候环境重建奠定坚实的理论和试验基础。

本书可供地球化学、第四纪地质学、水文地质学等相关专业的高等院校师生及相关的科研人员阅读和参考。

图书在版编目(CIP)数据

钙华探秘 / 刘再华等著. —北京：科学出版社，2016
ISBN 978-7-03-048745-2

Ⅰ.①钙… Ⅱ.①刘… Ⅲ.①石灰岩-地质环境-研究
Ⅳ.①P588.24

中国版本图书馆 CIP 数据核字 (2016) 第 132615 号

责任编辑：韩卫军 / 责任校对：唐静仪
责任印制：余少力 / 封面设计：墨创文化

科 学 出 版 社 出版
北京东黄城根北街16号
邮政编码：100717
http://www.sciencep.com

四川煤田地质制图印刷厂印刷
科学出版社发行　各地新华书店经销
*

2016年6月第 一 版　开本：787×1092 1/16
2016年6月第一次印刷　印张：14
字数：340 千字
定价：160.00 元

前　言

钙华，又称(石)灰华，是一种主要由碳酸钙矿物组成的沉积物，是含碳酸氢钙的地表水或地下水因 CO_2 逸出造成碳酸钙过饱和而沉积的产物。根据形成钙华的系统中 CO_2 的来源，钙华分为表生钙华(CO_2 来源于大气和土壤)和内生钙华(CO_2 来源于地球深部)两大类。

笔者对钙华的浓厚兴趣始于 1991 年 7 月导师袁道先院士组织的国际地质对比计划 IGCP299 项目 "Geology, Climate, Hydrology and Karst Formation"(地质、气候、水文与岩溶形成)对四川黄龙进行的野外考察，除了雪山、蓝天和森林，黄龙特别吸引笔者的是其钙华的多彩颜色、巨大规模和丰富形态。为此，笔者开始了长达 5 年(1992~1997 年)的博士生经历，在导师袁道先院士、沈照理教授和 Wolfgang Dreybrodt 教授的联合指导下，专门对钙华形成的动力学过程和机制进行了系统的研究，完成了题为 *The Rate-determining Mechanisms for the Dissolution and Precipitation of Calcite in CO_2-H_2O Solutions with Turbulent Motion*(《流动 CO_2-H_2O 系统中方解石溶解、沉积的速率控制机制》)的博士学位论文。随后在 8 个国际、国内项目的支持下对我国内生和表生两大类钙华的形成机理、古气候环境意义和景观保护进行了十余年的探索。这些项目包括：国家青年自然科学基金项目"方解石溶解、沉积速率控制的物理、化学机制"(1998~2000)、中日合作项目"中国四川黄龙钙华研究"(1999)、中澳合作项目"中国黄龙钙华沉积速率研究"(2001~2002)、中日合作项目"娘子关泉华古气候古环境重建研究"(2003)、国家自然科学基金项目"高分辨率钙华的古环境记录与全球变化研究"(2006~2008)、国家自然科学基金项目"世界遗产——黄龙钙华景观退化的人为和自然影响机理研究"(2009~2011)、中国科学院百人计划项目"高分辨率的钙华记录与全球变化和岩溶石漠化过程研究"(2006~2011)、国家自然科学基金项目"我国岩溶地区两大类钙华的气候环境指代意义研究"(2012~2015)。已培养钙华研究方向的硕士研究生 12 人，博士研究生 4 人。发表钙华论文 40 篇，其中 SCI 论文 18 篇。本书主要是 2006 年笔者"百人计划"以来这些研究成果的系统总结，包括钙华的分类和气候环境指代意义概述(第 1 章)、国内外典型钙华景观集锦(第 2 章)、我国两类代表性钙华探秘(第 3 章和第 4 章)、钙华景观退化和保护问题(第 5 章)，最后是对下一步钙华研究的展望(第 6 章)。希望本书为后续钙华的进一步探索，以及相关资源环境的保护起到抛砖引玉的作用。

刘再华

2015 年 12 月

目　录

第1章　绪言 ··· 1
  1.1　钙华的成因分类 ··· 1
  1.2　钙华的气候环境指代意义概述 ··· 3
    1.2.1　表生钙华沉积速率、$\delta^{18}O$ 和 $\delta^{13}C$ 的气候环境控制（指代意义）研究 ····· 4
    1.2.2　内生钙华沉积速率、$\delta^{18}O$ 和 $\delta^{13}C$ 的气候环境控制（指代意义）研究 ····· 6

第2章　世界钙华景观集锦 ·· 10
  2.1　钙华梯田景观 ·· 10
  2.2　典型池华景观 ·· 12
  2.3　典型滩华景观 ·· 14
  2.4　典型瀑华景观 ·· 15
  2.5　我国典型的古钙华 ·· 18

第3章　中国典型表生钙华探秘 ·· 21
  3.1　山西娘子关泉钙华记录的 MIS12/11 以来的气候和植被历史 ·········· 21
    3.1.1　娘子关泉钙华的分布及其结构特征 ································· 23
    3.1.2　样品采集及其测试 ··· 25
    3.1.3　测试结果及其分析 ··· 26
    3.1.4　小结 ··· 27
  3.2　贵州荔波小七孔钙华反映的生态环境演变（石漠化过程） ··········· 29
    3.2.1　研究区概况 ·· 31
    3.2.2　研究方法 ··· 32
    3.2.3　结果及分析 ·· 33
  3.3　小结 ··· 37

第4章　中国典型内生钙华探秘 ·· 38
  4.1　四川黄龙钙华沉积速率和 C-O 同位素组成的气候环境意义 ·········· 38
    4.1.1　研究区的自然地理概况 ··· 38
    4.1.2　野外选点与研究方法 ·· 42
    4.1.3　黄龙源泉中气体来源研究 ·· 46
    4.1.4　基于水化学和同位素特征的四川黄龙沟泉群分类研究 ········· 48
    4.1.5　四川黄龙沟源头黄龙泉泉水及其下游溪水的水化学变化研究 ····· 54
    4.1.6　5·12 汶川地震对黄龙世界遗产地源泉水文地球化学的影响 ····· 61
    4.1.7　沉积环境对钙华氧、碳稳定同位素组成的影响 ·················· 67
  4.2　云南白水台钙华沉积速率和 C-O-Ca 同位素组成的气候环境意义 ····· 78
    4.2.1　研究区概况 ·· 79

	4.2.2	云南白水台钙华沉积渠道的水化学和沉积速率的季节变化：钙华年层的形成及其古环境重建指示意义	83
	4.2.3	白水台渠道钙华氧、碳同位素的季节变化及其气候指代意义	95
	4.2.4	白水台钙华系统中 HCO_3^-－H_2O氧同位素的动力学分馏：水动力条件的影响	104
	4.2.5	钙华沉积系统中的 $CaCO_3$－HCO_3^-氧同位素分馏：沉积速率的影响	122
	4.2.6	白水台渠道近代钙华(2004～2011)氧碳同位素组成：气候和内部因素共同控制	130
	4.2.7	内生钙华系统中的钙同位素分馏	141

第5章　钙华景观的退化和保护问题——以四川黄龙为例　159

5.1　研究方法　161
- 5.1.1　实验点的设置　161
- 5.1.2　泉水流量监测　161
- 5.1.3　降水量自动监测　163
- 5.1.4　叶绿素自动监测　163
- 5.1.5　水化学的现场监测、滴定及室内分析　164
- 5.1.6　钙华沉积样品的获取及钙华沉积速率的计算　164
- 5.1.7　溶解有机碳(DOC)水样采集和室内分析　165
- 5.1.8　游客人数统计　165

5.2　黄龙风景区地表水流量减少原因分析　165
- 5.2.1　黄龙风景区近60年大气降水及温度变化趋势　166
- 5.2.2　黄龙风景区上、下游泉水流量变化关系分析　166
- 5.2.3　地表水下渗量增加原因分析　167
- 5.2.4　小结　168

5.3　旅游活动对黄龙风景区水质的影响　169
- 5.3.1　锶离子质量浓度时间变化规律　169
- 5.3.2　磷酸盐质量浓度时间变化规律　171
- 5.3.3　黄龙风景区各亚系统水中磷酸盐质量浓度空间变化规律　172
- 5.3.4　水中磷酸盐质量浓度与游客人数间的关系　173
- 5.3.5　水中硝酸盐质量浓度与游客人数间的关系　176
- 5.3.6　小结　177

5.4　水质变化对水藻生长的影响　177
- 5.4.1　水藻叶绿素浓度与水中硝酸盐质量浓度和游客人数间的关系　178
- 5.4.2　小结　179

5.5　黄龙风景区钙华沉积速率的时空变化　179
- 5.5.1　钙华沉积速率的空间变化　179
- 5.5.2　钙华沉积速率的时间变化　180
- 5.5.3　阻滞剂对钙华沉积速率的影响　182

  5.5.4 钙华沉积速率主要影响因素的辨析 ·············· 190
 5.6 景观保护与修复建议 ·············· 197
  5.6.1 景观演化趋势分析 ·············· 197
  5.6.2 景观保护措施建议 ·············· 198

第6章 钙华研究展望 ·············· 199
参考文献 ·············· 200

第1章 绪 言

钙华，又称（石）灰华。它是富含碳酸氢钙的水溶液（如岩溶泉水、地表河水）因CO_2的消耗（CO_2从水中脱气或水生光合作用消耗CO_2），或水的蒸发，而使水溶液发生碳酸钙过饱和而产生的碳酸钙沉积。其化学反应如下：

$$Ca^{2+} + 2HCO_3^- \longrightarrow CaCO_3\downarrow + CO_2\uparrow + H_2O$$

富含碳酸氢钙的水溶液通常出现在碳酸盐（岩）地区，是土壤中高浓度的CO_2（为大气浓度的10~100倍）或深部CO_2（为大气浓度的100~1000倍）溶解碳酸盐（岩）的结果，是上述化学反应的可逆反应，即：

$$CaCO_3 + CO_2 + H_2O \longrightarrow Ca^{2+} + 2HCO_3^-$$

1.1 钙华的成因分类

据CO_2来源的不同，钙华被分为两大类，即大气成因类钙华（meteogene travertine）和热成因类钙华（thermogene travertine）：前者主要起因于土壤来源CO_2的脱气作用，其$\delta^{13}C$通常较低，在$-12‰ \sim -2‰$；后者则起因于热成因CO_2的脱气作用，其$\delta^{13}C$常较高，在$-2‰ \sim +10‰$（Pentecost，1995）。

Pentecost（1995）发现，大气成因类钙华极少出现在北纬58度以上及年均气温低于5℃的地区。同时他发现，钙华沉积的厚度与平均气温间存在显著的正相关。由此综合考虑温度和降雨的影响，他绘制了一张表明各地区灰岩形成钙华潜力的分带图。此外，从^{14}C测年资料得知，钙华的沉积在距今5000~10000a的全新世最暖期最快，而今在人口密集区，则主要受制于土地和水资源的利用状况。该研究还发现，热成因类钙华出现在新构造活动地区，那里有高的CO_2释放量，如有强烈火山活动的意大利和土耳其。因此，热成因类钙华（沉积速率>10mm/a）比大气成因类钙华（沉积速率≤10mm/a）更致密厚大，且风化较弱。

Ford和Pedley（1996）总结了他们所能收集到的资料，对全世界的钙华沉积研究进行了总结。他们把钙华也分为两类，但把大气成因类钙华称作tufa，而把热成因类钙华称作travertine。他们发现，物理、化学和生物作用共同控制着钙华的形成，并与气候有关，因此认为钙华在古气候环境重建中是很有价值的。他们还认为，由于钙华沉积速率较泥炭和湖相沉积快得多，因此钙华具有提供详细的区域陆地气候变化信息，特别是全新世短期环境变化信息的最大潜力。

然而，由于形成热成因类钙华的泉水并非都是热水，如我国的黄龙和云南的白水台，为避免混淆，Liu等（2003）将此类钙华称为内生钙华（travertine），即只要水中CO_2是非大气和非土壤生物成因的，则水中沉积的钙华就属于内生钙华，而大气成因类钙华在本书被称作表生钙华（tufa），以与内生钙华相区别。

Pentecost 和 Zhang(2001)总结了当时发表的有关中国第四纪钙华的相关文献，然后制作了一张有编码的表，其中有 88 个钙华点，并配有这些点的分布图。研究发现大多数钙华出露在广西、贵州、四川、云南和西藏，而且大气成因类钙华(表生钙华)主要出现在温暖湿润的中国南方，而在寒冷和干旱的地区则很少。热成因类钙华(内生钙华)出现在构造或火山活动强烈的地热区，特别是青藏高原地区。

由以上介绍可见，世界上发育的钙华被分成两大类：一类是大气成因类钙华，这里称表生钙华；另一类是热成因类钙华，或称内生钙华。两者的根本区别在于沉积它们的水溶液的 CO_2 来源不同：表生钙华起因于大气和土壤成因 CO_2 对碳酸盐岩的溶解和再沉积；而内生钙华起因于非大气和非土壤成因 CO_2(如来自地球深部的变质成因 CO_2 或地幔成因 CO_2)对碳酸盐岩的溶解和再沉积(刘再华，2014)。

除了按形成的 CO_2 成因分类，按碳酸钙沉积时的水动力条件也可将钙华分为三类，即池华(图 1-1)、滩华(图 1-2)和瀑华(图 1-3)，它们对应的流速依次增加。

图 1-1　四川黄龙五彩池景观：流速最慢形成池华

图 1-2　四川黄龙金沙铺地景观：流速较快形成滩华

图 1-3　四川黄龙飞瀑流辉景观：流速最快形成瀑华

1.2　钙华的气候环境指代意义概述

钙华引起人们的关注不仅是它巨大的旅游景观价值，如我国的四川黄龙、美国的黄石公园、意大利的蒂沃利(Tivoli)、土耳其的棉花堡(Pamukkale)和克罗地亚的普里特维采(Plitvice)等著名世界自然遗产，而且作为高分辨率古气候环境重建的重要载体，钙华近年越来越受到人们的重视(Andrews 和 Brasier，2005；Andrews，2006)。

钙华产出于地表，对气候环境变化很敏感，沉积速率高，如在云南白水台最高可达 20mm/a(图 1-4)，通常在 1~10mm/a，因而用其进行古气候环境重建的分辨率可达到年、季的分辨率(Andrews 和 Brasier，2005；Andrews，2006)，这有利于突发且持续短的重大气候环境事件的揭露，可克服某些地质记录因分辨率过低造成的气候环境信号被平滑化问题(McDermott，2004)。

图 1-4　云南白水台发育的内生钙华年层、季层(左)及对应的季节性钙华颜色变化(右上、右下)
(切面显示 19 个年层，平均年层厚度达 16mm，最大年层厚度为 20mm；旱季形成厚的白色微层，雨季形成薄的棕色微层)

由于CO_2来源的不同,利用钙华进行古气候环境重建时其环境代用指标(主要包括钙华的沉积速率、$\delta^{18}O$和$\delta^{13}C$)的指代意义也可能是完全不同的,如表生钙华的$\delta^{13}C$主要反映大气、土壤和植被的影响(刘再华等,2004,2009a;Liu et al,2011),而内生钙华的$\delta^{13}C$除了受气候变化的影响外(Sun 和 Liu,2010),则主要指示火山、地震等深部构造活动的信息(刘再华等,1997;刘再华等,2000;Liu et al.,2003;Mesci et al.,2008)。

至今,利用钙华进行的古气候环境(主要是古气候、古植被等)重建研究主要集中在表生钙华上(Thorpe et al.,1980;Weinstein-Evron,1987;Pazdur et al.,1988;孙连发等,1997;Vermoere et al.,1999;Ali et al.,2003;Ihlenfeld et al.,2003;Kano et al.,2003;2004;Garnett et al.,2004;刘再华等,2004;Makhnach et al.,2004;Smith et al.,2004;Andrews 和 Brasier,2005;Andrews,2006;Moeyersons et al.,2006;O'Brien et al.,2006;Candy 和 Schreve,2007;Kano et al.,2007;Ali et al.,2008;Ortiz et al.,2009;刘再华等,2009a;Cremaschi et al.,2010)。

内生钙华因其与地球深部构造活动有关,主要用于进行火山、断裂和地震等构造活动历史的重建(彭贵和焦文强,1990;王绍令,1992;Hancock et al.,1999;D'Alessandro et al.,2007;Uysal et al.,2007;Faccenna et al.,2008;Mesci et al.,2008;Brogi 和 Capezzuoli,2009;Selim 和 Yanik,2009;Temiz et al.,2009;Brogi et al.,2010)。如 Hancock 等(1999)将内生钙华用于活动构造的研究,并基于土耳其、希腊爱琴海地区、意大利北亚平宁山脉和美国盆山地区的野外实地研究认为,晚第四纪的热水钙华能够揭示许多新构造的历史及其特征,并由此提出了钙华构造学。又如 Mesci 等(2008)研究发现,土耳其中部的 Sivas 地区发育的钙华主要为裂隙-山脊型(内生钙华),铀系定年表明钙华年龄为114~364ka。根据钙华年龄和裂隙宽度,他们得到 Sivas 盆地裂隙的扩张速度为0.06mm/a。而且发现,裂隙-山脊型钙华形成的平均时间频率为56ka,这也是强度为7.4级区域地震发生的时间频率。

以下就表生钙华和内生钙华的相关研究进行分别阐述。

1.2.1 表生钙华沉积速率、$\delta^{18}O$ 和 $\delta^{13}C$ 的气候环境控制(指代意义)研究

1. 钙华沉积速率

钙华成因的研究文献最早可追溯到100年以前发表在 *Science* 上的一篇文章,作者 Branner(1901)研究了钙华瀑布的成因。他发现钙华出现在河流湍急的地方,而同样是岩溶水,当水流很平缓时并不沉积钙华。因此,Branner 认为钙华沉积主要是水流飞溅使水中 CO_2 逸出的结果,可见钙华形成的水动力控制现象早有发现。此外,Branner 认为温度升高和某些水生植物吸收 CO_2(光合作用)也是钙华沉积的重要原因,这和我们在桂林和白水台的发现是一致的(Liu et al.,2006b;2008)。

Dreybrodt 等(1992)和 Liu 等(1995)将钙华的水动力控制归结为固液界面间存在的扩散边界层效应,而 Zhang 等(2001)和 Chen 等(2004)认为瀑布处快速的水流变化造成的充气效应、低压效应和射流效应促进了水中 CO_2 的逸出,进而增加了碳酸钙过饱和和钙

华的沉积。Hoffer-French 和 Herman(1989)评估了一岩溶溪流中水动力和生物对 CO_2 逸出的影响,研究发现夏秋钙华沉积快,起因于较高的水－空气分压差、较高的温度、较低的流量;同时还发现钙华沉积在瀑布处最快,此处流速大,CO_2 放气显著。由于溪流的 CO_2 通量很大,所以生物作用的影响有限。此外,方解石饱和指数 $SI_c>0.7$ 才出现碳酸钙沉积。Shvartsev 等(2007)认为钙华的形成是水－岩系统矿物平衡－非平衡演化过程中的产物。

2. 钙华碳、氧同位素组成的变化

Amundson 和 Kelly(1987)对美国加利福尼亚州一溪流中沉积的钙华研究后发现,随着 CO_2 自水中逸出,溶解无机碳的 $\delta^{13}C$ 从泉口的 $-9.7‰$ 增加到下游 47m 处的 $0‰$。放气对溶解无机碳的同位素效应可用瑞利平衡分馏模型进行解释,只有两个点例外,这两个点的水生植物对溶解无机碳的利用增加了溶解无机碳的 $\delta^{13}C$。另一方面,Clark 等(1992)发现高 pH 水体中沉积的钙华未达到同位素平衡。这些研究反映了钙华碳同位素平衡的复杂性。

Matsuoka 等(2001)通过对日本西南部的表生钙华年层高分辨率稳定同位素的分析发现,薄层状钙华沉积中氧碳稳定同位素组成具有显著的季节变化,即夏季形成的毫米级致密状微层具有较低的 $\delta^{18}O$ 和 $\delta^{13}C$,而冬季形成的多孔状微层具有较高的 $\delta^{18}O$ 和 $\delta^{13}C$。由于溪流的 $\delta^{18}O$ 年内保持相对稳定,所以他们认为钙华 $\delta^{18}O$ 的变化反映了水温的季节变化,而冬季钙华 $\delta^{13}C$ 的高值可能与地下水的 CO_2 逸出(逸出的 CO_2 气体相对富集 ^{12}C)较强有关。该研究还发现,方解石沉积与溪流达到了同位素平衡,这与 Chafetz 等(1991)的发现是一致的。此外,极端气候事件(如干旱)可通过 $\delta^{18}O$ 和 $\delta^{13}C$ 的异常被记录下来。因此,Matsuoka 等(2001)认为,年层状钙华可用于陆地古气候的高分辨率重建。

Kano 等(2003)的研究认为,表生钙华中的年层结构是气候环境条件改变造成其中微层疏松度、图案等的差异的结果。他们通过对日本钙华的研究发现,钙华中交互出现的致密和疏松微层分别是在夏—秋季和冬—春季形成的。这一规律反映了方解石沉积速率的季节变化,即沉积速率的增加导致致密的方解石晶体结构。此外,Kano 等(2004)还发现,由于对应于夏—秋季形成的致密微层,其 $\delta^{13}C$ 和 $\delta^{18}O$ 为低值,而对应于冬—春季形成的疏松微层,其 $\delta^{13}C$ 和 $\delta^{18}O$ 为高值,因此在整个钙华剖面上出现周期性的 $\delta^{13}C$ 和 $\delta^{18}O$ 高值或低值。这样,$\delta^{18}O$(或 $\delta^{13}C$)两个紧邻的高值之间即为一个完整的年层。所以,通过读取整个钙华剖面上的高值点或低值点数目,即可实现对钙华的定年(假定没有年层的缺失,图1-5)。此外,通过钙华年层中存在的黏土微层恢复了该地区高分辨率的降雨变化信息。

此外,Goudie 等(1993)发现,欧洲的大部分地区出现了钙华退化现象。分析原因,除了气候向偏干方向的影响外,人类活动的影响,包括植被退化和土壤流失造成岩溶作用强度降低、PO_4^{3-} 等污染物造成的碳酸钙沉积阻滞效应,以及人类对水资源的不合理利用造成地下水位下降、泉水流量减少或干枯等也是重要原因。因此,钙华沉积的变化也可用于流域土地利用演变历史的重建。

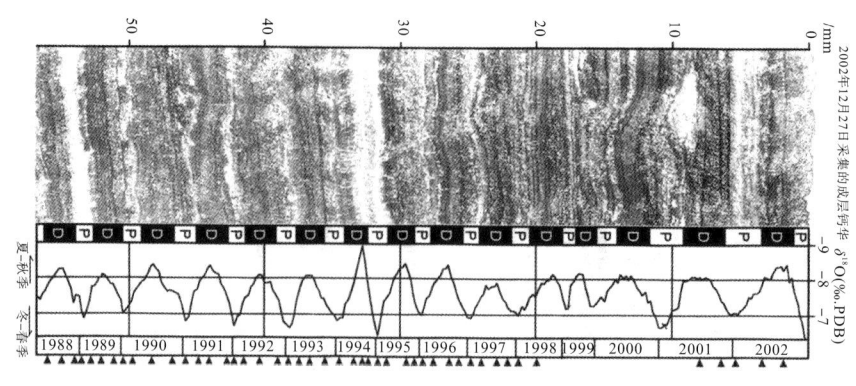

图 1-5　日本西南部一现代成层钙华的 $\delta^{18}O$ 剖面(Kano et al., 2004)

注：图中有 15 个致密(D)—疏松(P)层，$\delta^{18}O$ 高峰或低谷数目说明，该钙华样品是在 15 年(1988~2002)内形成的。

1.2.2　内生钙华沉积速率、$\delta^{18}O$ 和 $\delta^{13}C$ 的气候环境控制(指代意义)研究

Friedman(1970)研究了美国黄石公园热泉及其钙华的同位素组成，发现 74℃时泉口钙华与水 $\delta^{13}C$ 的差为 4.3‰，而 20℃时，两者 $\delta^{13}C$ 的差仅 0.5‰，他们认为这是同位素动力(非平衡)分馏的结果。另一方面，大多数碳酸盐样品的 ^{18}O 与水达到了同位素平衡，特别是对于缓慢沉积的钙华尤其如此。

Gonfiantini 等(1968)的研究发现，从热水中沉积的钙华未达到同位素平衡。大多数泉水 $CaCO_3$ 与 CO_2 间碳富集因子 ε 高于相应的平衡值，且随温度升高，ε 降低。同样，$CaCO_3$ 和水间氧富集因子随温度升高而降低。同时，研究还发现，离泉愈远，富集因子愈接近平衡值，因此认为 CO_2 的逸出速率(与热水中的 CO_2 浓度成正比)是同位素不平衡的控制因素。当 CO_2 的逸出和随之的碳酸钙沉积速率很慢时，即达到同位素平衡。此外，Kele 等(2008)在研究匈牙利现代热水钙华的同位素组成时发现，碳酸钙快速沉积造成的同位素动力分馏使得按平衡分馏计算的温度差可高达 8℃。

可见，钙华同位素平衡的条件是碳酸钙沉积足够慢。由于这一过程具有很强的空间异质性，所以需要针对特定的地区进行专门的研究。

如笔者研究发现，云南白水台内生钙华沉积与溪流水达到了同位素平衡，并根据不同时代钙华氧稳定同位素组成($\delta^{18}O$)的差异，对钙华形成时的水温进行了计算。结果发现水温变化高达 13℃，即从约 2500 年前的 23℃降至现在的 10℃，这可能主要反映了地热对水温的影响在降低(Liu et al., 2003)。

另一方面，笔者最新的研究发现白水台钙华的 $\delta^{18}O$ 与降水量有着较好的线性负相关关系，所以白水台钙华 $\delta^{18}O$ 的偏重趋势也可能反映了降水量的减少。总之，目前白水台钙华分布范围的显著缩小很可能是水温降低和降水量逐渐减少双重影响的结果，然而，各自影响权重的区分还有待本项目系统深入的研究工作(孙海龙等，2008；Sun 和 Liu，2010)。

此外，对形成于 1998 年 5 月至 2001 年 11 月的云南白水台一现代内生钙华样品切片观察发现(Liu et al., 2006)，钙华中可见薄的棕色疏松微层和厚的白色致密微层，且交

替出现。结合钙华样品的高分辨率碳氧稳定同位素测试，发现薄的(1.5~2.2mm)棕色疏松微层在每年的雨季(4~9月)形成，而厚的(5~8mm)白色致密微层在旱季(10~3月)形成。这一规律被笔者最新的研究进一步确认(Liu et al.，2010)。

值得特别注意的是，内生钙华这一规律与前述日本学者在表生钙华中发现的规律正好相反(Kano et al.，2003)。通过与气象记录的对比，初步建立起了这些内生钙华亚年层厚度和碳氧稳定同位素组成与气候变化的对应关系。结果发现：薄的微层及其低$\delta^{13}C$和$\delta^{18}O$形成于温暖湿润的雨季。在雨季，是雨水的稀释作用导致了钙华沉积的减慢和低的$\delta^{13}C$，而钙华的低$\delta^{18}O$则主要与亚热带季风地区的雨量效应有关。因此，内生钙华微层厚度以及$\delta^{13}C$和$\delta^{18}O$的显著降低反映了高的降雨条件，比如洪水，反之则指示干旱的气候条件(Liu et al.，2006；Liu et al.，2010；Sun 和 Liu，2010)。

由上分析比较可见，钙华的沉积速率、$\delta^{18}O$和$\delta^{13}C$指代的气候环境意义因地而异，因内生和表生钙华而异。为何会出现这种现象，还有待于从钙华沉积速率的控制机理上寻找答案，因为是钙华的沉积快慢决定了同位素的平衡与否(Gonfiantini et al.，1968；Friedman，1970；Kele et al.，2008)。

1. 钙华(碳酸钙)溶解、沉积速率控制机理研究

钙华的溶解、沉积实质上是碳酸钙溶于水或自水溶液中析出的过程。在前人大量室内模拟和野外试验观测的基础上，Dreybrodt 和 Buhmann(1991)提出了一个综合性的碳酸钙溶解沉积理论模型——DBL 模型，该模型全面考虑了三个同时存在而且串联的碳酸钙溶解沉积速率限制过程，即固液相边界上的表面化学反应控制(由 PWP 模型表征，Plummer et al.，1978)、固-液界面间的扩散边界层(DBL，其厚度的差异反映系统水动力条件的不同，Levich，1962)控制和液相中CO_2慢速转换(Kern，1960)的控制。

为了揭示方解石沉积速率的控制机理，笔者对四川黄龙沟进行了水化学和水动力的野外观测研究(Liu et al.，1995)。研究发现，由于CO_2自水中大量逸出，黄龙沟方解石的沉积速率每年高达几毫米。我们测定了边石坝、滩华上及水池内方解石的沉积速率，以了解水动力条件对速率的控制。结果发现，快速流动水体中(即边石坝和滩华处)的方解石沉积速率是慢速流动水体中(即水池内)的2~5倍，这清楚地说明了水动力条件(流速)对沉积速率的控制。

同时，基于 PWP 模型计算了理论沉积速率。对比分析显示，PWP 模型值远高于试验观测值，前者为后者的10~40倍。这一问题的出现归因于 PWP 模型属于纯表面反应控制模型，它忽略了流动系统中固-液界面间扩散边界层(DBL，相当于阻力层)的存在。将有关数据及参数应用于上述 DBL 模型，我们得到了与试验观测相近的结果，显示出 DBL 模型的适用性。

为了进一步检验 DBL 模型及从理论上深入探讨方解石溶解、沉积速率控制机理，在德国不来梅大学喀斯特过程研究中心进行了室内多条件变化实验研究(Liu 和 Dreybrodt，1997)。实验中的水动力控制通过使用旋转盘技术实现，即 DBL 厚度由转速的改变来调节；溶液中的CO_2转换速率则使用高分子生物催化剂碳酸酐酶(CA，广泛存在于水生植物和藻类中)控制(李强，2004)。

实验结果表明，速率与转速有关，即转速愈高，速率愈大，或 DBL 愈薄，速率愈大。此外，更为重要的是这一关系取决于系统的 CO_2 分压。实验发现，在实验控制的转速范围(100~3500r/min，相应于 DBL 厚度 0.005~0.001cm)内，CO_2 分压愈低，转速对速率的控制愈显著，反映出低 CO_2 分压($P_{CO_2}<0.01atm$，相当于表生钙华形成环境)时速率的水动力(传输)控制机理；然而当 $P_{CO_2}>0.01atm$ 时(相当于内生钙华形成环境)，速率的传输控制已很微弱。

上述实验结果用 DBL 模型进行了成功的预报。按照这一模型，溶液中 CO_2 的慢速转换对速率的控制也非常重要。模型结果显示，高 CO_2 分压($P_{CO_2}>0.01atm$)且 DBL 厚度大于 0.001cm 时，速率与 DBL 厚度的变化几乎无关，反映出该条件下速率的 CO_2 转换控制机理。

为检验这一模型结论的正确性，将能显著催化 CO_2 转换反应($HCO_3^- + H^+ \longleftrightarrow CO_2 + H_2O$)的碳酸酐酶注入反应系统。结果发现，$P_{CO_2}>0.01atm$ 时速率提高约 10 倍，而低 CO_2 分压时，速率只有微弱增加，这有力地证明高 CO_2 分压时(相当于内生钙华形成环境)速率的 CO_2 转换控制机理。

总之，上述野外和室内研究证明，DBL 理论模型能以较满意的精度预测不同条件下方解石沉积或溶解的速率。预测的速率可近似地用以下线性速率定律表示：

$$R = \pm \alpha ([Ca^{2+}]_{eq} - [Ca^{2+}])$$

其中，+和-分别指方解石溶解和沉积；$[Ca^{2+}]_{eq}$ 为与方解石平衡的钙离子浓度；$[Ca^{2+}]$ 为溶液中钙离子浓度；α 为速率常数，取决于系统温度、CO_2 分压、DBL 厚度(与流速等有关，Levich，1962)、CO_2 转换因子等(Liu 和 Dreybrodt，1997)。

上述水动力和 CO_2 转换控制的结论是在远离化学平衡的情况下得到的，而近平衡时方解石的沉积主要受表面反应控制，相关的研究主要是正磷酸盐离子(PO_4^{3-})和有机质的阻滞效应研究(Reddy 和 Nancolla，1973；Reynolds，1978；House，1987；Bischoff et al.，1993；Dove 和 Hochella，1993；Lebron 和 Suarez，1996；Hoch et al.，2000；Reddy 和 Hoch，2001；Plant 和 House，2002；Lin et al.，2005；Lin 和 Singer，2006)。如 Plant 和 House(2002)发现，当磷酸盐浓度低于 20×10^{-6}mol/L 时，方解石沉积的阻滞是通过与磷酸盐的共沉积实现的，而当浓度再大时，方解石沉积完全停止，只形成磷酸钙相。另一方面，Lebron 和 Suarez(1996)发现，溶解有机碳(DOC)浓度从 0.02mmol/dm³ 增加到 0.15mmol/dm³ 时，方解石晶体大小从大于 100μm 减少至不足 2μm，减少了 98% 以上；而当 DOC 达到 0.3mol/L 时，不再有碳酸钙沉积出现。

2. 钙华的空间分布意义与精确定年

水是钙华形成之母，所以钙华的产出及其空间分布无疑反映了古气候的状况。相关研究成果以湖岸线钙华研究为代表，如 Hudson 和 Quade(2013)利用青藏高原早全新世发育的高位古湖岸线钙华重建了这个时期的古降水(季风)状况。他们发现早全新世青藏高原中部的 130 个封闭古湖泊系统的扩张呈现出强烈的东西差异，其中西部高原古湖面面积扩张了大约 4 倍，而东部地区仅 2 倍左右。这一早全新世气候格局与现今高原的东西气候分区类似，即西部降雨与印度夏季风子系统相连，而东部主要与东亚夏季风和印度夏季风的共同影响有关。这些结果表明现代气候分区是高原的一个长期特征，但响应同一太阳辐射驱动，印度季风降雨增加较东亚夏季风降雨多得多。

值得指出的是，钙华古气候重建的另一个关键问题是钙华的精确定年。目前国际上钙华定年的方法主要是^{14}C法和铀系法。由于这部分内容非本书的关注重点，在此不再详述，仅就内生钙华^{14}C定年的问题阐述如下。

对于内生钙华，由于沉积前古老碳酸盐矿物的溶解是受深部CO_2驱动的，因此系统中的碳均是不含^{14}C的，即均属"死碳"。由此看来，对于此类钙华，是不宜用^{14}C方法来进行测年的。假如此种钙华中存在^{14}C，则主要是沉积后与大气圈或生物圈发生交换获得的。无疑，用此种^{14}C确定出的钙华年龄很可能是有问题的。

Valero-Garces等(1999)也注意到大量不含^{14}C的CO_2产生的稀释效应甚至干扰了基于湖相有机质和水生植物的湖泊沉积物的精确^{14}C定年。这些情况表明在^{14}C测年中，首先区分钙华(或其他含碳沉积物)的成因(内生成因或大气成因)是必要和非常重要的。由于内生钙华的"死碳"问题，其测年最好使用铀系法。

第 2 章 世界钙华景观集锦

钙华的形态主要取决于地形决定的水流速度。因此,根据水动力条件的不同,钙华被分为池华、滩华和瀑华,即对应的流速依次增大,其组合形态常形成美丽的钙华梯田景观。

2.1 钙华梯田景观

图 2-1~图 2-5 为各地钙华梯田景观照片。

图 2-1 世界自然遗产地——美国黄石公园

图 2-2 世界自然遗产地——土耳其棉花堡

第2章 世界钙华景观集锦

图 2-3 云南白水台左侧钙华梯田景观[干季(左)：钙华白色；雨季(右)：钙华黄色——水土流失所致]

图 2-4 云南白水台右侧钙华梯田景观

图 2-5 四川黄龙钙华梯田景观

2.2 典型池华景观

图 2-6~图 2-8 为典型池华景观照片。

图 2-6 美国黄石公园池华景观

图 2-7　四川黄龙五彩池池华景观

图 2-8　四川九寨沟神仙池池华景观

2.3 典型滩华景观

图 2-9 和图 2-10 为美国黄石公园和四川黄龙金沙铺地滩华景观。

图 2-9　美国黄石公园的滩华景观(远处为钙华柱)

图 2-10　四川黄龙金沙铺地滩华景观

2.4 典型瀑华景观

图 2-11~图 2-16 为各地瀑华景观。

图 2-11 世界自然遗产地——克罗地亚 Plitvice 湖瀑华景观

图 2-12 土耳其棉花堡瀑华景观(钙华顶部为古代墓室)

图 2-13 四川黄龙瀑华景观

图 2-14 山西娘子关瀑华景观

第 2 章 世界钙华景观集锦

图 2-15 贵州马岭河瀑华景观

图 2-16 贵州黄果树瀑布下的瀑华景观

2.5 我国典型的古钙华

图 2-17~图 2-21 为我国各地典型的古钙华。

图 2-17　山西娘子关树枝古钙华
（约 420ka，树枝已腐烂氧化，仅留下空洞或土壤）

图 2-18　山西娘子关绵河三级阶地上发育的古瀑华（>500ka）

图 2-19　云南白水台古钙华年层（约 500a）（年层＝干季白色微层＋雨季棕色微层）

图 2-20　云南白水台公路旁的古钙华剖面(300~2000a)

图 2-21　四川黄龙张家沟古钙华剖面(10000～12000a)

第3章 中国典型表生钙华探秘

3.1 山西娘子关泉钙华记录的 MIS12/11 以来的气候和植被历史

娘子关泉是我国北方最大的岩溶泉,多年平均流量达 $10m^3/s$ 以上,是山西阳泉市工农业和生活用水的主要供水水源。娘子关泉域包括山西阳泉、平定、昔阳、盂县及寿阳等市县,总面积 $7436km^2$,泉域内出露地层为寒武系—第四系,中奥陶统(O_2)含石膏碳酸盐岩构成区内最主要的岩溶含水层(刘再华,1989;梁永平等,2005)。

娘子关泉群出露于沁水向斜东北翘起端,该向斜核部地层为石炭系—三叠系,两翼为寒武系—奥陶系。泉群分布于温河坡底、桃河程家至绵河苇泽关一带,出露长度约 7km(刘再华,1989)。在垂向上,水帘洞泉和苇泽关泉位于绵河的 Ⅱ 级阶地上,其他则位于 Ⅰ 级阶地或河漫滩上。沿河流流向,程家、城西和坡底泉位于上游,苇泽关泉位于最下游,其余各泉居中(图 3-1)。

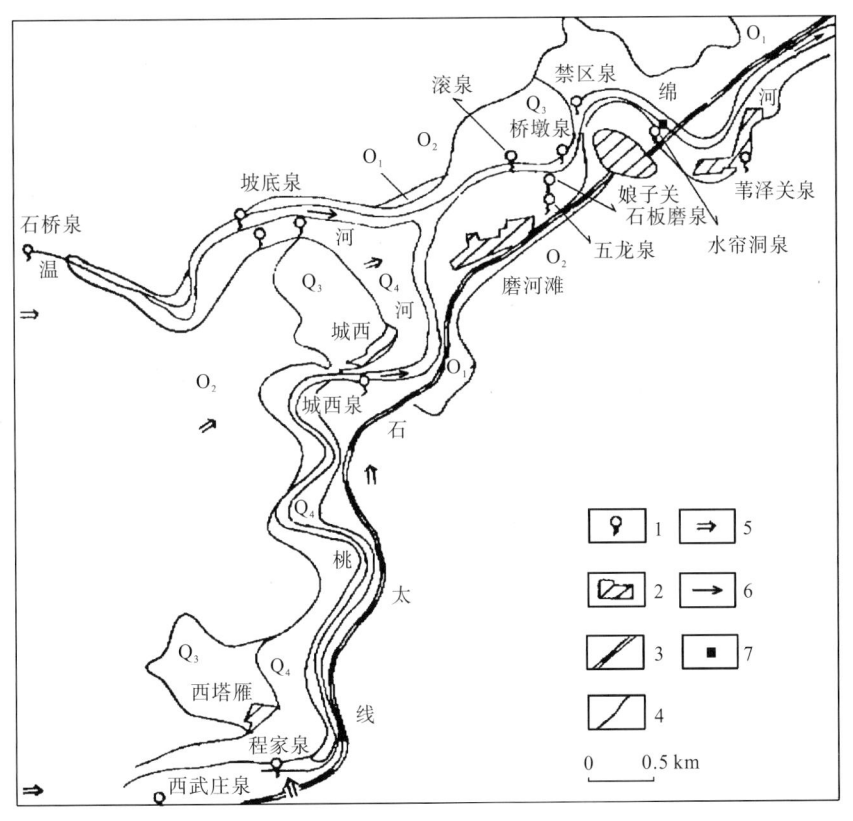

图 3-1 山西娘子关泉各泉点分布图[据(刘再华,1989)修改]

1. 泉;2. 村庄;3. 铁路;4. 地质界线;5. 地下水流向;6. 地表河流向;7. 主要钙华取样点位置

娘子关泉群沿河床展布的地理特征说明，河床下切并揭露下奥陶统（O_1）含水层段，使地下水出露地表为泉群形成提供了前提条件，而泉群附近禁区泉断层西南侧，小型张性断裂发育及禁区泉正断层下盘岩性的阻水作用使地下水位抬高，并沿溶隙、断裂、节理上升成泉，这就是娘子关泉群集中分布、成群出现的构造条件（田清孝，1991）。

娘子关地区在约 2km² 范围内堆积了大量不同时期的泉钙华，局部厚度超过 30m（图 3-2）。其分布规模和沉积特征的时间演变，不仅为我们提供了娘子关泉水文过程变化的证据，而且为我们探讨古气候和流域植被历史提供了重要的依据。如孙连发等（1997）应用泉钙华环境记录和地下水流动系统探讨了娘子关泉群演变历史，认为这一演变过程包括 4 个阶段：Q_2 时期的泉群发育雏形期、Q_3 时期的泉群发育全盛期、Q_4 时期的泉群发育相对稳定期和近代泉群流量衰减期。且随着时间的推移，泉点出露位置有规律地发生横向迁移和垂向下移。近年来由于人类活动引起区域性地下水位降低，从根本上改变了岩溶水流动系统的动态平衡，导致有的泉已干涸，有的将要干涸，泉群流量总体上呈现持续衰减趋势。又如，Li 等（2001）利用娘子关泉钙华进行了古气候和古水文地质的分析，他们得出娘子关绵河Ⅱ、Ⅲ级阶地钙华的年龄分别为 36.2~90.5ka 和 160.2~186.1ka，即分别属晚更新世（Q_3）和中更新世（Q_2），进而依据钙华的碳氧稳定同位素组成认为气候总体向干热方向发展。

图 3-2　绵河右岸Ⅱ级阶地上娘子关泉形成的巨厚钙华体（MIS11-Ⅱ）

然而，由于钙华测年方法、误差和样品数量的限制，利用娘子关泉钙华进行古气候环境重建的分析还有待进一步深化研究工作（Li et al.，2001）。

本研究在对娘子关泉钙华进行高精度 ICP-MS ^{230}Th 测年的基础上，通过大量钙华样品的碳氧稳定同位素组成分析、钙华的空间分布及其特征的观测，对泉域气候和植被历史做进一步的探讨，以揭示娘子关泉的成因和演变过程，为娘子关泉岩溶水资源可持续利用的可行性提供科学依据。

3.1.1 娘子关泉钙华的分布及其结构特征

娘子关泉钙华在本区形成两级较明显的泉钙华台地，分别位于绵河的Ⅱ、Ⅲ级阶地上(图3-3)。Ⅰ级阶地泉钙华分布范围较小，而现代泉钙华则仅形成于由水帘洞泉和苇泽关泉等形成的瀑布上。根据泉钙华的分布特征及其结构，可将其划分为早、中、晚和现代4期。早期泉钙华沉积于绵河的Ⅲ级阶地上(图3-3和图3-4)，分布范围较大，主要分

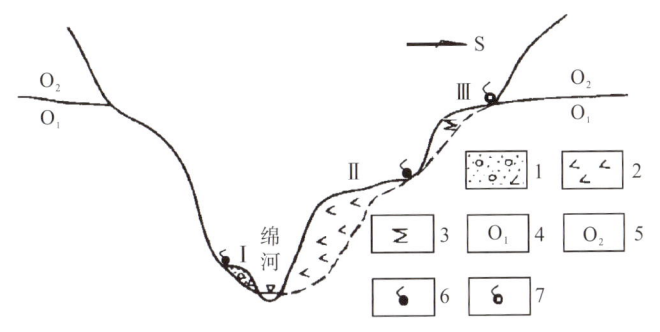

图3-3 娘子关绵河Ⅰ、Ⅱ、Ⅲ级阶地及其泉钙华分布示意剖面图(孙连发等，1997)

1. Ⅰ级阶地上的砂砾石和泉钙华；2. Ⅱ级阶地上的泉钙华；3. Ⅲ级阶地上的泉钙华；
4. 下奥陶统白云岩；5. 中奥陶统灰岩；6. 仍在活动的泉；7. 化石泉

图3-4 绵河右岸Ⅲ级阶地上娘子关泉形成的巨厚钙华体(MIS13?-Ⅲ)

布于河坡村和娘子关以及苇泽关驻军营房后。该期泉钙华结构致密，呈不整合上覆于奥陶系碳酸盐岩上，其顶面位于中、下奥陶统分界面附近。中期泉钙华沉积于绵河的Ⅱ级阶地上(图3-3)，发育规模最大，主要分布于绵河右岸，沿岸延伸约3km(图3-2)，其结构致密，显密集树枝状结构，且钙华体底部沿古树干(现已氧化成空洞)沉积的钙华具良好的似树轮状圈层结构(图3-5)，质地坚硬纯净，很适合用作高精度^{230}Th测年。晚期(Ⅰ级阶地，图3-6)和现代泉钙华(Ⅱ级阶地，图3-7)多断续分布。

图3-5 娘子关绵河Ⅱ级阶地底部产出的沿古树干(现已氧化成空洞)沉积的钙华(MIS11-Ⅱ)
注：手写数字1、2、3、4分别为表3-1样品编号NZG-1、NZG-2、NZG-3、NZG-4取样点的位置

图3-6 娘子关绵河河床中残留的Ⅰ级阶地全新世钙华体(MIS1-Ⅰ)

图 3-7　娘子关绵河Ⅱ级阶地上水帘洞泉瀑布形成的现代钙华

3.1.2　样品采集及其测试

1. 样品采集

娘子关钙华样品分别在绵河的Ⅰ、Ⅱ、Ⅲ级阶地采集，其中Ⅱ、Ⅲ级阶地的钙华取自阶地最底部靠近基岩部位(图 3-4 和 3-5)，以获得阶地钙华的最大年龄和对应的古气候环境信息；Ⅰ级阶地钙华取自其最顶部(图 3-6)；现代正在沉积的泉钙华取自水帘洞瀑布下部(图 3-7)。在野外Ⅰ—Ⅲ级阶地采样时，挑选相对纯净、致密且未发生重结晶的钙华样品，从而避免碎屑钍的引入，以确保样品高精度^{230}Th 测年对铀封闭性的要求。经显微镜下鉴定，发现这些洞穴碳酸盐均由结晶良好的细小针状方解石矿物组成。X 射线物相分析表明，测试样品均为纯净的低镁方解石，未见文石和黏土等杂质矿物。

2. 样品的测试

钙华^{230}Th 测年工作由美国 Minnesota 大学地质地球物理系同位素实验室完成，测试仪器为 Finnigan MAT 262-RPQ 质谱仪。年代误差为±2σ，测量统计误差<2%。

钙华样品的碳氧稳定同位素组成测试在中国科学院地球化学研究所环境地球化学国

家重点实验室进行，测试仪器为 IsoPrime 连续流同位素质谱仪，分析系统误差均小于 0.2‰。

3.1.3 测试结果及其分析

1. 娘子关钙华的 ^{230}Th 测年结果与分析

表 3-1 列出了山西娘子关绵河各阶地上泉钙华的 ^{230}Th 测年结果。由表 3-1 可知，绵河 II 级阶地娘子关泉钙华最大年龄约为距今 466ka，主要分布在 407～436ka，这个年龄对应海洋氧同位素(MIS)12/11 期(350～470ka)。这一结果较 Li 等(2001)报道的绵河 II 级阶地钙华的最大年龄 90.5ka 向前推了约 330ka。分析原因，很可能与 Li 等(2001)采用的测年方法(热发光法)、误差(>7%)和载体(石英砂)不同有关。由于 ^{230}Th 测年是目前钙华(碳酸盐)定年最精准和最直接的测年方法，因此，本研究获得的钙华年龄应该是最精确(<2%)和可信的，而且这也符合后面将要阐述的钙华稳定同位素揭示的古气候环境特征。

表 3-1 山西娘子关泉钙华 ^{230}Th 测年结果（所有误差为 2σ）

样品编号	^{238}U /×10^{-9}	^{232}Th /×10^{-12}	^{230}Th /^{232}Th /×10^{-6}	^{230}Th /^{238}U	^{230}Th 年龄 /ka（未校正年龄）	δ^{234}U 初始值** （校正值）	^{230}Th 年龄 /ka BP*** （校正年龄）	阶地
NZG-S1	1632.6±2.2	9880±99	581±6	0.2134±0.0004	5.851±0.012	3107.4±2.9	5.751±0.033	I
NZG-S2	1750.2±3.4	71503±715	78±1	0.1933±0.0005	5.300±0.015	3090.5±5.0	4.952±0.206	I
NZG-1	1450.9±2.1	9051±91	6526±66	2.4713±0.0040	465.927±7.597	4044.8±87.2	465.834±7.595	II
NZG-2	1459.5±2.2	21046±211	2805±28	2.4551±0.0043	435.703±6.525	3726.8±69.1	435.557±6.522	II
NZG-3	1485.6±2.2	14254±144	4155±42	2.4203±0.0052	406.761±6.121	3412.5±59.4	406.641±6.119	II
NZG-4	1465.7±2.2	23846±239	2456±25	2.4258±0.0041	417.956±5.513	3509.7±55.1	417.794±5.510	II
NZG-5	1386.2±2.6	11786±119	4729±48	2.4408±0.0061	423.227±8.212	3588.4±83.8	423.116±8.209	II

注：年龄计算时取 $\lambda^{230}=9.1577\times10^{-6}\,y^{-1}$，$\lambda^{234}=2.8263\times10^{-6}\,y^{-1}$，$\lambda^{238}=1.55125\times10^{-10}\,y^{-1}$；校正的 ^{230}Th 年龄假定初始 ^{230}Th/^{232}Th 原子数比为 $(4.4\pm2.2)\times10^{-6}$。* δ^{234}U=(^{234}U/^{238}U-1)×1000；** δ^{234}U 初始值=δ^{234}U 测定值×$e\lambda^{234}\times T$（T：^{230}Th 年龄）；*** BP 相对于公元 1950 年。

2. 不同阶地钙华的 δ^{18}O、δ^{13}C 特征及其古气候环境意义

同洞穴石笋一样，钙华的碳氧稳定同位素组成(δ^{13}C、δ^{18}O)是了解过去气候环境变化的重要环境替代指标(Ford 和 Pedley，1996；刘再华等，2004；Smith et al.，2004；Torres et al.，2005；Andrews，2006)。对于达到同位素平衡的钙华，其 δ^{18}O 变化直接反映了当地温度的变化和大气降水的 δ^{18}O 变化。钙华的 δ^{13}C 则起源于基岩、大气 CO_2 和土壤 CO_2，而土壤 CO_2 与受气候影响的上覆植被有关。因此钙华的 δ^{18}O 和 δ^{13}C 都具有反映气候变化的潜力(Andrews，2006)。然而，某些局部环境过程可能改变钙华的 δ^{18}O 和 δ^{13}C，从而掩盖主要的气候变化信息(Andrews，2006)，这些过程为：①动力过程，包括钙华在非同位素平衡条件下的沉积；②蒸发过程，包括地表或近地表水的蒸发。

绵河不同阶地娘子关泉钙华的 δ^{18}O 和 δ^{13}C 组成总结于表 3-2、图 3-8 和图 3-9。可见，不同阶地钙华具有明显不同的碳氧稳定同位素组成特征，反映不同的气候环境条件(Ford 和 Pedley，1996；刘再华等，2004；Smith et al.，2004；Torres et al.，2005；Andrews，2006)。特别是自 MIS12/11 形成Ⅱ级阶地上的钙华以来，$\delta^{18}O$ 和 $\delta^{13}C$ 呈现逐步增加的趋势，反映区域气候总体上向干冷方向发展，植被则呈现逐步退化的趋势。尤其是现代，由于人类过度利用土地(孙连发等，1997；Li et al.，2001；梁永平等，2005)，植被破坏严重，水土流失加剧，泉域蒸发作用愈加强烈，钙华的 $\delta^{18}O$ 和 $\delta^{13}C$ 达到历史的最高值(表 3-2、图 3-8 和图 3-9)。此外，从表 3-2、图 3-8 和图 3-9 可知，Ⅱ级阶地上钙华的 $\delta^{18}O$ 和 $\delta^{13}C$ 是所有钙华中最低的，反映了形成Ⅱ级阶地钙华 MIS11 时期的气候在本区是最湿热的，这与北大西洋深海沉积记录的 MIS11 时期的气候是一致的，即 MIS12/11 阶段是过去 500ka 中温度升高最迅速、幅度最大，而且持续时间最长的时期(Oppo et al.，1998；McManus et al.，1999；Kunz-Pirrung et al.，2002；Thunell et al.，2002)，这也是为什么绵河Ⅱ阶地上娘子关泉钙华形成规模最大的原因。MIS11 时期湿热的气候条件也造成了我国 S4 古土壤层的形成(Heslop et al.，2000；Sun et al.，2006；Wu et al.，2007)。这些再次表明了亚热带地区和北大西洋对 MIS11 时期全球气候变化的响应具有一致性(Helmke et al.，2008)。从图 3-8 和图 3-9 还可看出，Ⅲ级阶地钙华的 $\delta^{18}O$ 与Ⅱ级阶地钙华近似，但其 $\delta^{13}C$ 明显偏正，反映Ⅲ级阶地钙华形成时气候与 MIS11 时同样炎热，但相对偏干(Andrews，2006)。Ⅲ级阶地钙华规模明显小于Ⅱ级阶地钙华规模，可能与此气候相对偏干有关(Dreybrodt，1988)。

3.1.4 小结

对山西娘子关绵河不同阶地上沉积的泉钙华进行的高精度 ^{230}Th 测年发现，绵河Ⅱ级阶地的娘子关泉钙华的最老年龄为 407～466ka，远大于早前通过钙华中石英砂热发光法(TL)获得的年龄，即绵河Ⅱ级阶地的娘子关泉钙华是在中更新世 MIS12/11 阶段形成的，而非原来认为的是晚更新世的产物。

钙华 ^{230}Th 测年获得的绵河Ⅰ级阶地的钙华形成于五千年前，即是在全新世中期以前形成的。

通过对钙华规模及其碳氧稳定同位素组成分析进一步发现，绵河Ⅰ、Ⅱ和Ⅲ级阶地上的娘子关泉钙华均主要是湿热气候下的产物，然而自Ⅱ级阶地钙华形成至今，气候总体上向干冷方向发展，泉域植被则呈现退化的趋势。

表 3-2 绵河Ⅰ、Ⅱ、Ⅲ级阶地娘子关泉钙华和现代钙华的碳氧稳定同位素组成

样品编号	$\delta^{13}C$/‰	$\delta^{18}O$/‰	钙华年龄/ka(BP)	阶地编号
SL-1(现代钙华)	−4.32	−8.57	0	Ⅱ
NZG-S1	−8.07	−11.23	5.751±0.033	Ⅰ
NZG-S2	−8.12	−11.32	4.952±0.206	Ⅰ
NZG-S3	−7.70	−10.26	—	Ⅰ
MIS 1-Ⅰ(平均)	−7.96	−10.94	5.351	Ⅰ
NZG-Ⅱ1	−8.17	−11.36	—	Ⅱ

续表

样品编号	$\delta^{13}C$/‰	$\delta^{18}O$/‰	钙华年龄/ka(BP)	阶地编号
NZG-Ⅱ 2	−7.40	−11.29	—	Ⅱ
NZG-Ⅱ 4	−7.80	−11.12	—	Ⅱ
NZG-Ⅱ 6	−7.83	−11.60	—	Ⅱ
NZG-Ⅱ T1-1′	−8.71	−12.33	—	Ⅱ
NZG-Ⅱ T1-2′	−8.71	−12.65	—	Ⅱ
NZG-Ⅱ T1-3′	−8.90	−12.87	—	Ⅱ
NZG-Ⅱ T2-1′	−9.04	−13.07	—	Ⅱ
NZG-Ⅱ T2-1′(2)	−9.02	−12.76	—	Ⅱ
NZG-Ⅱ T2-2	−8.81	−12.79	—	Ⅱ
NZG-Ⅱ T3-1′	−8.98	−12.75	—	Ⅱ
NZG-Ⅱ T3-2′	−8.95	−12.75	—	Ⅱ
NZG-Ⅱ T4-1′	−9.15	−13.23	—	Ⅱ
NZG-Ⅱ T4-2′	−8.87	−12.43	—	Ⅱ
NZG-Ⅱ T5-1′	−8.69	−12.14	—	Ⅱ
NZG-Ⅱ T5-2′	−8.45	−12.68	—	Ⅱ
NZG-Ⅱ T-BT1	−8.20	−11.55	—	Ⅱ
NZG-Ⅱ T-BT2	−7.70	−11.82	—	Ⅱ
NZG-Ⅱ T-S1	−8.62	−12.17	—	Ⅱ
NZG-Ⅱ T-S2	−7.44	−12.60	—	Ⅱ
NZG-Ⅱ T-S3	−6.54	−12.00	—	Ⅱ
NZG-Ⅱ T-UP	−8.71	−12.72	—	Ⅱ
NZG-1	−8.76	−11.91	465.834±7.595	Ⅱ
NZG-2	−8.77	−11.94	435.557±6.522	Ⅱ
NZG-3	−8.71	−11.97	406.641±6.119	Ⅱ
NZG-4	−8.71	−12.13	417.794±5.510	Ⅱ
NZG-5	−8.56	−12.23	423.116±8.209	Ⅱ
NZG-6	−8.31	−11.82	—	Ⅱ
NZG-7	−8.51	−11.82	—	Ⅱ
MIS 11-Ⅱ(平均)	−8.45	−12.32	429.788	Ⅱ
NZG-Ⅲ-1-1	−7.14	−12.32	>470.000	Ⅲ
NZG-Ⅲ-1-2	−7.11	−12.34	—	Ⅲ
NZG-Ⅲ-2-1	−7.27	−11.84	—	Ⅲ
NZG-Ⅲ-2-2	−7.16	−11.93	—	Ⅲ
NZG-Ⅲ-OLD-1	−4.70	−12.19	—	Ⅲ
NZG-Ⅲ-OLD-2	−6.51	−12.84	—	Ⅲ
NZG-Ⅲ-OLD-3	−5.53	−11.82	—	Ⅲ
MIS13?-Ⅲ(平均)	−6.49	−12.18	>470.000	Ⅲ

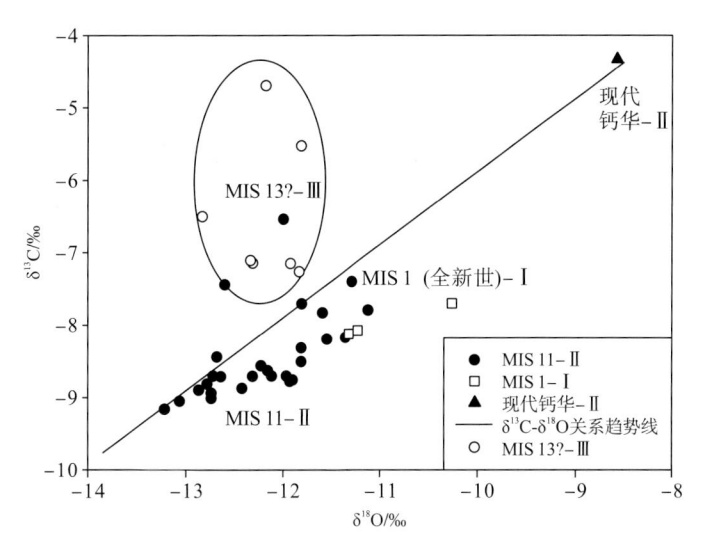

图 3-8 绵河Ⅰ、Ⅱ、Ⅲ级阶地娘子关泉钙华和现代钙华的碳和氧稳定同位素组成关系图

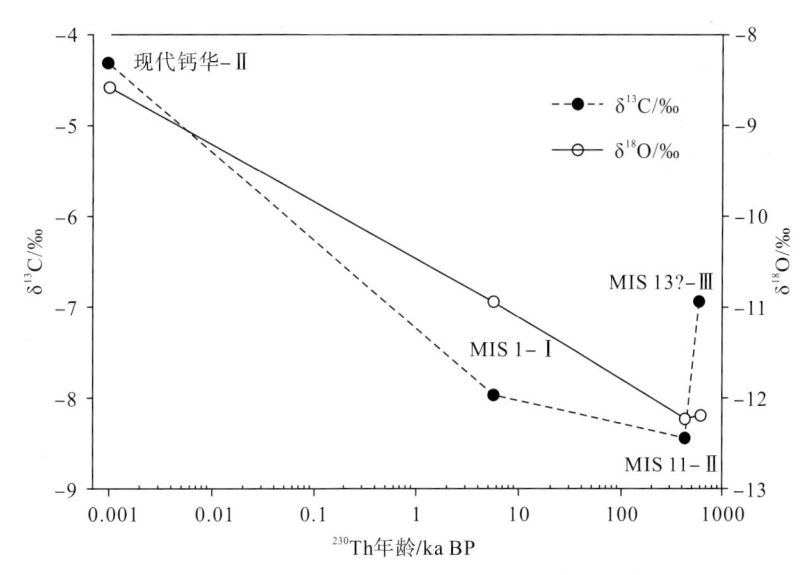

图 3-9 绵河Ⅰ、Ⅱ、Ⅲ级阶地娘子关泉钙华的碳和氧稳定同位素组成变化

3.2 贵州荔波小七孔钙华反映的生态环境演变(石漠化过程)

小七孔风景区位于贵州省荔波县境内西南部,海拔 400~700m,距县城 33km。该风景区是贵州茂兰国家级风景名胜区(世界自然遗产地——中国南方喀斯特的一部分)主要景区之一,区内发育响水河,河床中则可见各级钙华坝(图 3-10),后者是构成岩溶景观的主要要素之一。

经现场监测,响水河河水的 Ca^{2+} 和 HCO_3^- 浓度非常低,这明显与区内大规模钙华的存在和景区内发育的茂密植被不匹配(图 3-10)。仔细观察发现,钙华表面有被侵蚀的痕迹,如溶蚀槽和溶蚀坑等(图 3-11)。这说明,目前所见钙华可能是过去环境条件下的产物。无疑，探求这种古环境变化，对景区的保护和响水河上游生态环境建设、岩溶石漠化治理及水土保持具有重要的指导意义。

图 3-10 贵州荔波小七孔景区响水河发育的古钙华坝

图 3-11 贵州荔波小七孔景区响水河钙华表面的侵蚀现象
（图中白色部分，黑色凸起物为不易被溶蚀的硅质砾石）

3.2.1 研究区概况

贵州荔波山地多为碳酸盐岩类，岩溶发育，地表水流小而短，谷深流急，多盲谷和伏流，地下水系发育，而碎屑岩分布的丘陵及低山地、地表水发育较好(李景阳，1979)。

荔波地处中亚热带南部，属中亚热带季风湿润气候，四季分明，冬无严寒，夏无酷暑，夏长冬短，无霜期长，雨量充沛，日照也比较充足，雨热同季。根据荔波县气象站(海拔423.9m)记录，年平均气温18.3℃，年平均降水量1320.5mm，4~10月降水量为1162.4mm，占年降水量的80%(李景阳，1979)。

响水河发源于现今石漠化严重的贵州独山县黄后乡，由地下河伏流至荔波县驾欧乡卧龙寨附近出露称为黄后地下河，其出口是卧龙潭，离出口约50m由人工坝形成高约20m、宽约30m的瀑布。河水从瀑布倾泻而下，明流数公里后到达鸳鸯湖。鸳鸯湖是盲谷湖，面积约20hm²，湖岸是岩溶原生森林。湖水从这里又潜入地下，途经蝙蝠洞、野猪巢漏斗森林、天钟洞、水上原生森林，最终在小七孔景区龟背山原始森林山脚下的上地下河出口出露。明流1km后注入打狗河，流域面积总计460.5km²，主河道全长11km，平均流量8.03m³/s，最低流量0.6m³/s，河流落差314m(李景阳，1979)，曾建成原规划4级电站中的第一、第二和第四级电站(图3-12)，后因世界遗产地保护而停止运转。

从龟背山下的上地下河出口到第四级电站形成的拉雅瀑布处，这段河流河水总落差逾40m，有跌水达68级之多，水声隆隆，波浪滔滔，故称之为响水河。而钙华主要沉积在这一段不到1km的河道里，河谷可分为三段，河水从上段河谷龟背山脚下峡谷口往下层层泻落，形成多级几米至十几米不等的瀑布。中段河谷从乱石堆、钙华滩上跨越飞下，河床逐渐变宽，地势降低，钙华沉积从此段往下发育并逐渐变厚变宽。下游段河床低缓，钙华沉积更厚更宽成滩成坝。

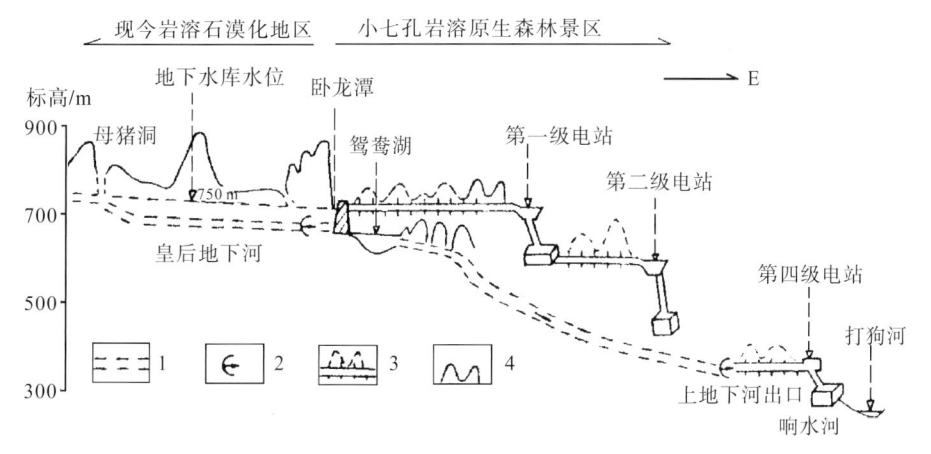

图3-12 响水河与黄后地下河、卧龙潭、鸳鸯湖和上地下河水力联系图
1. 地下河；2. 地下河出口；3. 引水渠道；4. 岩溶峰丛

河流两岸有多个溶洞，都是早期地下河出口，现在基本上为干洞，只有在洪水季节才有水流。由于河水的机械冲刷磨蚀，以及现代河水的侵蚀，钙华滩和坝上发育有溶蚀

坑、溶蚀穴，深 10~70cm，直径 10~50cm。另外钙华滩上还发育有溶蚀槽，宽 20~50cm，深 10~40cm；钙华坝陡坎上很少新钙华层覆盖，老钙华剖面显露明显，一般可以看到三层结构和砾石层基底。钙华表面有的覆盖有低等藻类，有的裸露呈姜黄色，从这些可以判断钙华滩和坝可能都是早期环境下的产物。

3.2.2 研究方法

在小七孔景区响水河上的第四级水电站处（即为钙华沉积河床段），选择在钙华滩的末端，由高 2.55m 沉积厚实的钙华组成的钙华陡坎，取一剖面，即Ⅰ号钙华剖面（图 3-13），根据较为明显层次由下面上，每隔约 5cm 从钙华坝底部往顶部取样，共计 52 个样品；另沿钙华沉积滩，即逆流而上，除Ⅰ号剖面外，又在第一石桥下、木头残坝、跌水大滩、下地下河和上地下河出口下的钙华坝这 5 个地方共取了 14 个钙华样品，包括表面现代钙华（图 3-14）。所有样品送实验室测试 $\delta^{13}C$ 和 $\delta^{18}O$。碳氧同位素分析采用标准流程先将碳酸盐与 100% 纯磷酸反应生成 CO_2，并经纯化后用 MM903E（英国 VG 公司）进行质谱分析，$\delta^{18}O$ 和 $\delta^{13}C$ 的分析系统误差均为 0.1‰。

测年样品主要选取Ⅰ号剖面和上地下河出口钙华的顶底，共 10 个 AMS-^{14}C 样品，以控制钙华形成的顶底年龄。

水化学分析则采用现场测定和取样送实验室分析的方法。现场测定使用德国 WTW 公司产 MULTI-LINE P3 多参数仪和德国 Merck 公司产硬度计和碱度计，测定项目包括：pH、水温、电导率、Ca^{2+} 和 HCO_3^-。室内主要分析项目包括：K^+、Na^+、Ca^{2+}、Mg^{2+}、Cl^-、SO_4^{2-}、HCO_3^-。水的 CO_2 分压（P_{CO_2}）和方解石饱和指数（SI_c）根据野外和室内分析结果由 SOLMINEQ88 软件计算获得。

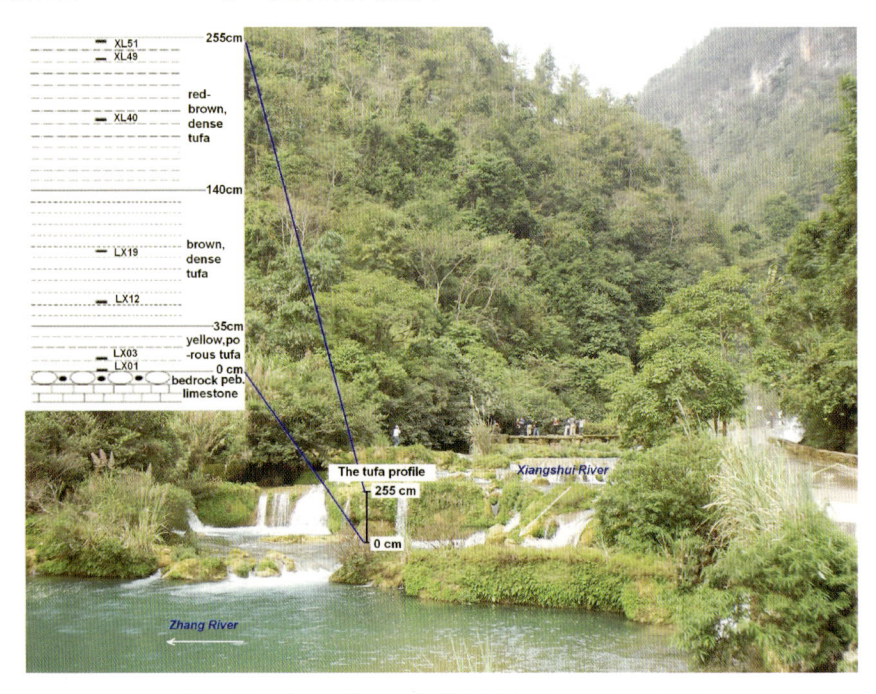

图 3-13 响水河钙华取样剖面（据 Liu et al., 2011）

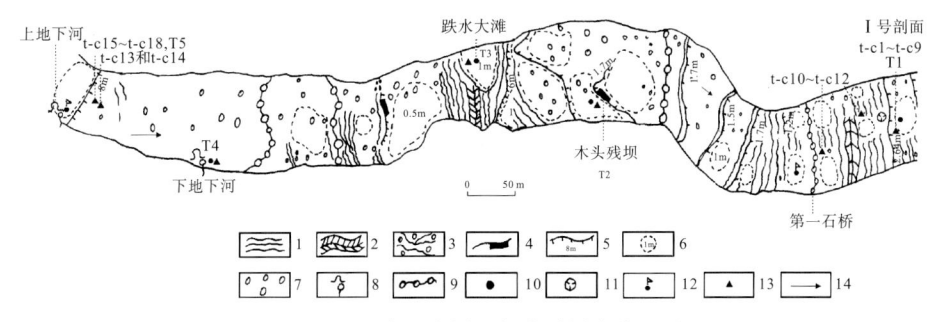

图 3-14 响水河水样和钙华采样点位置图

1. 钙华滩层；2. 高跌水钙华坝；3. 含砾钙华层；4. 含木头的钙华层；5. 钙华陡坎及其垂直高度；
6. 水潭及水深；7. 砾石、砂卵石、巨砾块；8. 地下河出口；9. 石桥；10. 水化学观测点及采水样点；
11. 深大于1m的侵蚀槽；12. 水化学定期监测点；13. 钙华采样点；14. 河流流向

3.2.3 结果及分析

1. 响水河的水化学特征

表 3-3 列出了不同季节自卧龙潭、鸳鸯湖至响水河上游至下游各监测点的水温、pH 和电导率的野外测定值和水化学指标的室内分析结果，及水的 CO_2 分压 (P_{CO_2}) 和方解石饱和指数 (SI_c) 的计算值。

表 3-3 响水河水化学特征

取样点-日期	水温/℃	pH	K^+	Na^+	Ca^{2+}	Mg^{2+}	Cl^-	SO_4^{2-}	HCO_3^-	P_{n1}/%	P_{n2}/%	电导率/(μS/cm)	SI_c	P_{CO_2}/Pa
卧龙潭-														
2002.07	19.7	7.52	0.34	0.62	63.16	0.27	5.21	13.76	170.42	98.19	86.57	283	0.05	468
2002.09	—	7.56	0.44	0.73	63.06	2.59	3.48	13.64	191.21	92.41	89.13	314	—	—
2002.11	19.1	7.53	0.34	0.42	64.21	2.00	2.61	6.91	191.21	94.31	93.51	269	0.11	513
2003.03	19.6	8.00	0.50	0.70	63.18	2.27	3.55	4.98	191.02	93.15	93.89	298	0.57	58
鸳鸯湖-														
2002.07	21.3	7.82	0.51	0.68	63.16	0.27	4.34	10.59	166.27	97.98	88.83	274	0.36	234
2002.09	—	8.09	0.54	0.95	64.01	2.01	3.48	14.77	174.58	93.50	87.58	305	—	—
2002.11	17.4	8.04	0.54	0.63	65.86	0.50	2.61	6.91	180.82	97.54	93.16	252	0.57	145
2003.03	21.8	8.44	0.47	0.75	58.60	2.02	4.43	7.97	164.36	93.22	90.26	274	0.93	186
上地下河-														
2002.07	19.9	8.16	0.28	0.45	62.28	0.27	6.08	11.64	164.19	98.44	86.68	278	0.66	102
2002.09	—	8.16	0.30	0.52	59.74	2.30	2.61	12.50	168.35	93.08	89.21	307	—	—
2002.11	18.9	8.06	0.37	0.44	62.98	1.25	2.61	7.89	174.58	95.95	92.33	258	0.58	135
2003.03	18.4	7.90	0.37	0.42	59.02	2.02	3.55	8.97	166.58	93.77	90.49	274	0.37	54
下地下河-														
2002.07	19.8	7.90	0.36	0.41	62.72	0.27	5.21	11.64	170.42	98.44	87.77	280	0.42	195
2002.09	—	8.18	0.23	0.51	62.59	2.01	3.48	14.77	178.74	94.12	87.84	307	—	—
2002.11	19.4	7.83	0.29	0.36	64.21	1.50	2.61	3.95	182.89	95.59	95.06	266	0.39	246
2003.03	18.7	8.23	0.34	0.30	59.85	2.52	5.32	5.98	175.47	92.81	91.29	283	0.72	110
跌水大滩-														
2002.07	19.8	8.20	0.31	0.39	62.72	0.27	3.48	9.53	164.19	98.51	90.08	278	0.70	93
2002.09	—	8.25	0.23	0.52	62.11	2.59	2.61	13.64	176.66	92.71	89.01	308	—	—
2002.11	16.9	8.28	0.26	0.32	62.98	1.00	1.74	8.88	170.42	96.81	92.27	240	0.75	78
2003.03	19.2	8.23	0.34	0.39	55.85	2.77	4.43	5.98	157.70	91.51	91.20	277	0.65	120

续表

取样点-日期	水温/℃	pH	K⁺	Na⁺	Ca²⁺	Mg²⁺	Cl⁻	SO₄²⁻	HCO₃⁻	P_{n1}/%	P_{n2}/%	电导率/(μS/cm)	SI_c	P_{CO_2}/Pa
木头残坝-														
2002.07	18.8	8.26	0.31	0.43	62.72	0.27	3.48	11.64	164.19	98.46	88.77	278	0.74	79
2002.09	—	8.20	0.19	0.51	60.22	1.15	3.48	15.91	166.27	96.08	86.39	306	—	—
2002.11	16.4	8.23	0.26	0.29	52.28	2.25	2.61	6.91	143.41	92.67	91.53	210	0.56	72
2003.03	20.5	8.28	0.45	0.32	48.63	2.27	3.55	5.98	148.82	91.89	91.57	227	0.65	141
I号剖面-														
2002.07	21.0	8.33	0.28	0.41	62.28	0.80	5.21	9.53	170.42	97.14	89.00	277	0.56	59
2002.09	—	8.18	0.29	0.52	59.27	1.15	2.61	14.77	157.95	95.93	87.17	300	—	—
2002.11	18.5	8.19	0.29	0.34	61.74	2.25	2.61	7.89	180.82	93.64	92.57	259	0.70	102
2003.03	19.1	8.12	0.23	0.42	65.67	3.78	3.55	6.97	202.12	91.08	93.11	308	0.71	74

注：P_{n1}、P_{n2}分别是Ca^{2+}和HCO_3^-占阳离子和阴离子的当量百分数。

由表 3-3 可总结出响水河的水化学特征有如下几点：①HCO_3^-和Ca^{2+}为水中主要的阴、阳离子，分别占阴、阳离子的 85% 和 90% 以上，所有水样属于HCO_3-Ca 型，反映了岩性对水化学类型的控制；②自响水河上游至下游，水的HCO_3^-和Ca^{2+}浓度基本保持稳定，并与源头的卧龙潭和鸳鸯湖基本保持一致，并不存在明显的下降趋势，这说明在现代环境下，钙华的沉积几乎不存在，或即使存在，沉积速率也非常低；③不同季节水的HCO_3^-和Ca^{2+}浓度基本保持不变；④与同是亚热带，且岩性也相似的桂林岩溶试验场（刘再华，1992）相比，响水河水的HCO_3^-、Ca^{2+}浓度、电导率和CO_2分压显著偏低，可能反映了源区现今岩溶石漠化环境对水文地球化学的控制。

上述特征也说明小七孔岩溶原生森林环境对响水河水化学和钙华形成的影响较小。

2. 响水河钙华碳氧稳定同位素记录与古气候、古环境演变

1）测年结果与钙华碳氧同位素记录

钙华年龄的测试结果及碳氧同位素组成如表 3-4、表 3-5 和图 3-15 所示。

表 3-4 贵州荔波响水河主剖面钙华 AMS ¹⁴C 测年结果及其校正

实验室编号	样品编号	至钙华底部的距离/cm	AMS¹⁴C 年龄（¹⁴C a BP）[a]	校正年龄（cal a BP）[b]	考虑死碳效应的年龄（a BP）[c]
BA06566	LX-01	0-1	4750±35	5580	4280
BA06567	LX-03	10	4205±35	4820	3520
—	—	35	—	3400	2100[d]
BA06568	LX-12	55	2300±35	2330	1030
BA06569	LX-19	90	2085±35	2050	750
BA06571	XL-40	195	1990±35	1930	630
BA06572	XL-49	240	1580±30	1520	220
BA06573	XL-51	250	1535±45	1430	130
—	XL-52	255	—	—	110[e]

注：计算年龄时取¹⁴C 半衰期 5568a；a. 相对于 1950 年；b. 根据 Reimer 等（2004）（IntCal04）；c. 考虑死碳比例 DCF=15%（Srdoc et al.，1980；Genty 和 Massault，1997）；d. 据 Liu 等（2004a）；e. 据沉积速率外推值。

表 3-5　响水河钙华的碳氧稳定同位素组成

样品编号	地点或部位	$\delta^{13}C/‰$	$\delta^{18}O/‰$	^{14}C 年龄/a(BP)
t-c10	第一石桥下	−11.50	−8.95	3790±160
t-c11	第一石桥下	−11.16	−8.88	—
t-c12	第一石桥下	−11.36	−8.28	—
t-c13	上地下河出口瀑布钙华	−8.68	−9.07	980±95
t-c14	上地下河出口瀑布钙华	−9.06	−9.31	—
t-c15	上地下河出口瀑布钙华	−8.24	−9.24	—
t-c16	上地下河出口瀑布钙华	−7.98	−8.79	—
t-c17	上地下河出口瀑布钙华	−8.40	−8.60	—
t-c18	上地下河出口瀑布钙华	−8.62	−9.30	2110±90
T1	Ⅰ号剖面	−7.36	−8.13	表面现代钙华
T2	木头残坝	−7.60	−9.26	表面现代钙华
T3	跌水大滩	−7.33	−9.24	表面现代钙华
T4	下地下河出口	−7.32	−8.03	表面现代钙华
T5	上地下河出口	−7.48	−9.26	表面现代钙华

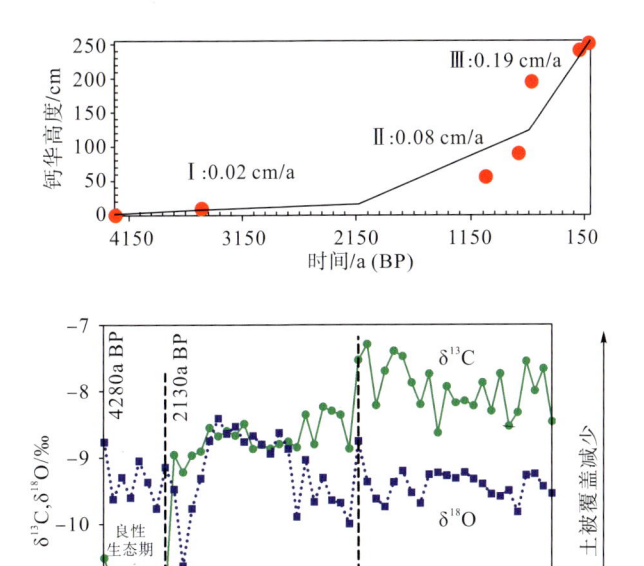

图 3-15　贵州独山黄后地下河下游响水河中的表生钙华记录
重建的生态环境变化[据(Liu et al.，2011)修改]

2)钙华碳氧同位素记录反映的古气候、古环境变化信息分析

从钙华测定的年龄,荔波小七孔景区钙华沉积主要发生在全新世中后期,全新世是与人类关系最密切的一个时期,人类从原始人演变为现代人就是在此时期完成的。研究此时期的气候和环境变迁,既有助于为当前环境保护提供科学依据,又可为未来环境演变趋势预测打下基础。

根据前面所述研究区主要概况及水化学和同位素特征可知,响水河钙华是表层岩溶动力系统中岩溶作用的产物(Liu et al.,1997),即土壤(和大气)CO_2溶解碳酸盐岩后,水中方解石过饱和而出现碳酸钙沉积的结果。由 Deines 等(1974)的研究结果,在开放系统中,此类碳酸钙沉积的 $\delta^{13}C$ 仅取决于环境中 CO_2 的 $\delta^{13}C$,而与石灰岩本身的 $\delta^{13}C$ 无关。而土壤 CO_2 的 $\delta^{13}C$ 的变化则受其上覆植被类型(C3、C4 植被)和大气 CO_2 的共同影响。受到气候的影响,生态环境也要发生相应的变化,即在温暖、多雨的情况下,植被、土壤发育,且森林、灌木林等 C3 植被($\delta^{13}C=-25‰$)也发育,土壤 CO_2 主要来自 C3 植被的呼吸作用和其有机质的生物化学降解作用,因而形成的碳酸钙沉积物具有较低的 $\delta^{13}C$;而在气候冷干条件下,发育较多的 C4 植被($\delta^{13}C=-14‰$)(O'Leary,1988)形成的碳酸钙具有较高的 $\delta^{13}C$。此外,在人类活动改变土地利用结构,如毁林造地造成严重水土流失的情况下,大气来源 CO_2($\delta^{13}C=-7‰$)在系统中的比例增加,此条件下产生的钙华也具有较高的 $\delta^{13}C$(覃嘉铭等,2000)。总之,碳酸钙沉积的 $\delta^{13}C$ 越轻,反映温湿气候条件,流域内以 C3 植物为主的植被发育,水土保持良好;$\delta^{13}C$ 越重,则气候冷干,流域内以 C4 植物为主的植被发育(覃嘉铭等,2000),或流域内植被退化,水土流失加剧,石漠化程度加重,生态恶化。

关于氧同位素变化的特点,据研究(覃嘉铭等,2000),我国东亚季风对全球增暖的响应是:全球变暖—夏季风增强,全球变冷—夏季风减弱。当全球气温增暖,夏季风增强,则夏季风降水与全球总降水的比值增大,$\delta^{18}O$ 偏轻;反之,当全球气温变冷,夏季风减弱,则夏季风降水与全球总降水的比值降低,$\delta^{18}O$ 偏重。此外,我国广大地区包括贵州是季风气候区,气候特点是雨热同期,根据全球范围内普遍的雨量效应和暴雨效应的存在,即月降雨越多,降水强度越大,则 $\delta^{18}O$ 偏轻;反之,则 $\delta^{18}O$ 偏重(覃嘉铭等,2000;张素琴和李松勤,1996)。

这样通过分析不同年代(层位)钙华碳氧同位素的变化,即可对钙华形成过程中的气候和生态环境变化进行探讨。

根据响水河钙华测年,从钙华剖面底部到其顶部,年龄是趋向年轻的,即Ⅰ号钙华剖面是以老钙华在下,新钙华覆盖在老钙华上面的正常顺序沉积的,可以判断 4000a 以来,该地区几乎没有发生大的构造运动。从碳氧同位素变化曲线(图 3-15)看,随着钙华逐层沉积,氧同位素值变化较小且相对稳定,反映气候变化不大,但碳同位素值变化较大,具体分析如下。

由图 3-15 可以看出,响水河的钙华主要发育于 4280~110a BP。根据河中完整钙华剖面 $\delta^{13}C$ 特征,可将补给区土地覆被变化分为三期:第一期(Ⅰ)为 4280~2130a BP,钙华的 $\delta^{13}C$ 最低,反映最好的土地覆被条件,植被以 C3 为主;第二期(Ⅱ)为 2130~680a BP,钙华的 $\delta^{13}C$ 显著增加,反映人类活动产生了轻度的石漠化;而第三期(Ⅲ)为 680~110a BP,钙华的 $\delta^{13}C$ 最高,反映较差的土地覆被条件,岩溶石漠化较重,并受玉米(C4

植物)引种的影响。而 4280a BP 前和 110a BP 以后,响水河几乎无钙华发育,其中原因可能完全不同:110a BP 以后,本区河流钙华的缺失是补给区强烈人类活动导致高强度岩溶石漠化的结果。石漠化导致土壤 CO_2 降低,碳酸钙溶解减少,进而无法提供钙华形成所需的 Ca^{2+} 和 HCO_3^-;然而 4280a BP 前,本区处在全新世气候最适期,水热条件好,有利于植被和土壤发育,加之此时期人类活动影响微弱,因而土壤 CO_2 浓度高,因此此时期钙华的缺失可能是土壤 CO_2 浓度高导致水的 pH 过低,方解石不饱和的结果。可见,同一地点钙华的缺失可能是土地覆被变化的两个极端情况的反映。

3.3 小　　结

本研究表明,水化学和钙华碳氧稳定同位素组成同其他环境替代指标一样,可作为古气候和古环境重建的重要标志(刘再华等,2002;Pazdur et al.,1988;Preece et al.,1986;Ihlenfeld et al.,2003)。而且,与洞穴石笋相比,钙华代表的往往是整个流域的信息,而非局部环境变化的产物,所以用钙华恢复古环境和古气候可能更有代表性。此外,钙华产出于地表,对气候环境变化更敏感,沉积速率更快,因而用其进行古气候环境重建的精度和分辨率也可能更高。我国分布有大量的不同地质、气候、水文和生态环境下的钙华资源,钙华的古环境信息提取工作值得在全国全面深入的展开。

第4章　中国典型内生钙华探秘

4.1　四川黄龙钙华沉积速率和C-O同位素组成的气候环境意义

黄龙于1982年经国务院批准为国家级重点风景名胜区，1992年12月被列入世界自然遗产，2000年被纳入"世界人与生物圈保护区"，为中国首批AAAA级景区，2002年取得"绿色环球21"证书，2004年被列入国家岩溶地质公园，成为国内同时具有三项国际桂冠的顶级风景名胜区和自然保护区。主景区黄龙沟的巨型钙华岩溶是当今世界规模最大、保存最完好的喀斯特地貌景观。黄龙主景区黄龙沟全长3.5km，南起望乡台(3658m)，北至涪江河谷(3080m)，沟内黄色的钙华南起流量达50L/s的断层泉组，北至横切该沟的涪江，黄龙以彩池、雪山、峡谷、森林"四绝"著称于世。巨型的地表钙华坡谷蜿蜒于葱茏苍翠的林海和石山冰峰之间，宛若金色巨龙腾游天地，连接着3400多个千姿百态、色彩斑斓、错落有致的钙华彩池、钙华瀑布，素来享有"胜地仙境，人间瑶池"的美誉(图4-1)。

图4-1　研究区钙华彩池景观

4.1.1　研究区的自然地理概况

地理位置。黄龙风景区位于四川省北部阿坝藏族羌族自治州松潘县境内的岷山山脉南段，属青藏高原东部边缘向四川盆地的过渡地带，青藏高原东缘岷山主峰雪宝顶东北侧，属高山峡谷区。范围为东经 103°25′59″~104°8′45″，北纬 32°30′53″~32°54′17″。最高峰——岷山主峰雪宝顶海拔 5588m，终年积雪，是中国存有现代冰川的最东点。总面积 700km²，外围保护地带面积为 640km²。距成都 300km，距松潘县城 55km(图 4-2)。

图 4-2　黄龙沟位置(图片来自 www.sc666.com)

河流。境内主要的常流性河流：岷江，发源于弓杠岭降板棚，流经县内 3 个区；涪江，发源于雪宝顶北坡的三岔子，流经黄龙、小河和施家堡 3 个乡 12 个村；毛尔盖河，发源于毛尔盖的辣子山，流长 91km。黄龙风景区水文上为涪江、岷江源头分水岭；黄龙属涪江水系，牟尼沟属岷山水系。涪江源于雪山梁，向东北偏南而流，纳入草弯沟、大弯沟、龙滴水等支流，于扇子洞出境，构成完整典型的树枝状涪江源水系。区内地下水发育，丰富的岩溶裂隙水是钙华沉积的唯一物质来源。

植被。黄龙的植被处于东部湿润森林区向青藏高寒高原亚高山针叶林草甸草原灌丛区的过渡地带。属东亚、喜马拉雅、北半球亚热带和温带四个植物区系的交汇地带，垂直带谱明显，植物种类丰富，植被类型复杂，群落结构和森林生态系统完整。黄龙景区森林分布海拔为 1700~3800m，森林覆盖率 65.80%(唐思远，2003)，林相多姿，古木参天，松萝挂枝，苔藓和低等植物广泛发育，茵绿鲜嫩，松软如絮。区内植被类型从低到高依次出现常绿与落叶阔叶混交林、针叶阔叶混交林、亚高山针叶林、高山灌丛草甸及高山荒漠等类型，具有南北种类混生的特征。区内有国家保护植物连香树、水青树、四川红杉、铁杉、红豆杉，还有中国特有或区内特有的植物，如雪莲花、麦吊云杉、密枝圆柏、松潘杈子柏。保护区内云杉、冷杉属植物种类多，箭竹分布广泛，为大熊猫栖息的良好场所。

气候。气候上处于北亚热带湿润区与青藏高原—川西湿润区界边缘，该区属高原温带至亚寒带季风气候类型。气候垂直分带明显：海拔 4500m 以上为高山寒带；4000～4500m 为高山亚寒带；3000～4000m 为高山温带；3000m 以下为山地温带。气候特点是：高山湿润寒冷，河谷干燥温凉，冬季漫长，春涸夏盈，季节性强，温度变化大，日照充足，早晚雾多。年降水量 760mm 左右，且主要集中在 5～9 月，降水量占全年降水量的 72%，其余时间多为降雪，年均气温 1.1℃，年平均无霜期 60d 左右，有早霜、伏旱、低温、冰雹等灾害性气候。黄龙地区的水汽输送有着明显的季节变化，这种差异和季风环流演变有密切的关系。来自南海、西太平洋地区和孟加拉湾地区的水汽对本区有重要影响，同时中纬度的偏西风水汽输送一直对黄龙地区有所贡献(周长艳等，2006)。

地貌。研究区地处青藏高原东北部，是青藏高原向四川盆地陡跌的两大地貌单元的过渡地带，是我国第一大地形台阶的坎前转折部位，在四川地貌图上属于盆地外围山地区，总体南高北低，西高东低。研究区有岩溶流水侵蚀堆积山地和雪宝顶冰蚀山地小区两种地貌。前者以高中山为主，中山次之，偶见冰川作用遗迹。以蚀余峰丛、钙华滩流、边石坝彩池、钙华台地、钙华堤坝、钙华瀑布、钙华洞穴等地貌为主要特征；后者以高山、极高山为主，地貌外营力主要表现为高山寒冻风化和冰川作用。强烈的冰雪寒冻风化使岭脊地区形成了角峰、刃脊、峰丛，在山脚下因崩塌形成大片泥石滩和崩塌裙带，并多处于活动状态，常沿山坡向下方缓慢运动。该区最高峰雪宝顶海拔为 5588m，终年被积雪覆盖，发育现代冰川，以主峰西南的悬股冰川最为壮观，长 2km，宽 500m。该地段因季节性积雪造成了强烈寒冻风化作用，形成大量的松散坡积物，因植被发育差，处于不稳定状态，是泥石流、坡面泥石流等灾害地貌形成的物源地(石岩，2005)。

地质构造。黄龙在地质构造上处于扬子准台地、松潘—甘孜褶皱系与秦岭地槽褶皱系三个大地构造单元结合部(图 4-3)。区域上位于松潘—理县褶皱-推覆带中部，西为松潘—金川隐伏断裂带，东为青川—茂汶断裂带。黄龙沟处于东西向构造之雪宝顶倒转复背斜的北翼，发育着近东西向线性紧密的背、向斜和多条逆冲断裂构造，主要为东西向雪山断裂、牙断裂和南北向岷山断裂、扎尕山断裂，交叉切错，黄龙所处的岷山地区更新世以来不断隆起，成为现代隆起高山区。在更新世，山岳冰川广布全区；进入全新世，

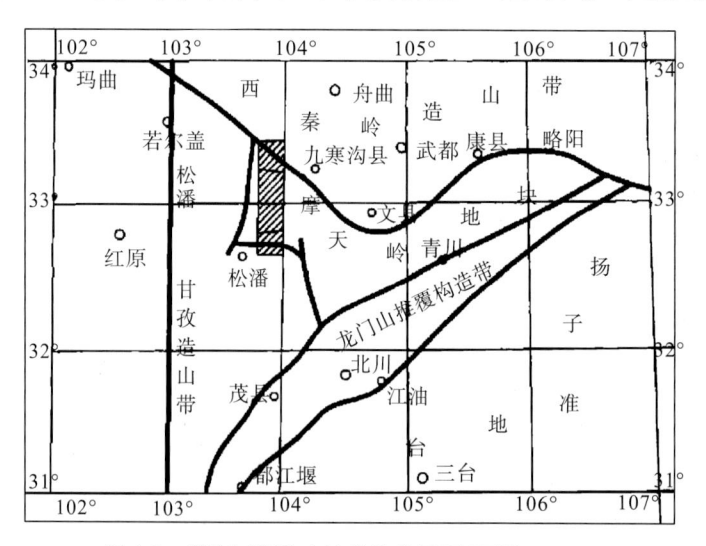

图 4-3 研究区所处大地构造位置图(石岩，2005)

区内发育现代冰川,因而留下了冰蚀地貌和大量冰碛物。大气降水下渗形成的岩溶水以断层泉方式转为地表径流,在沿沟向下流动过程中形成了钙华堆积,正是这种不断变化的钙华堆积呈现出绚丽的钙华风貌。研究区的主要构造线方向呈东西向展布。根据断层围限、沉积建造、变形特征、变质作用及地貌特征的差异将其进一步划分为三个次级构造单元,即九寨沟褶皱推覆构造岩片、雪山断裂带、雪宝顶推覆构造岩片。从推覆构造的观点看,九寨沟褶皱推覆构造岩片为异地系统,雪宝顶推覆构造岩片为准原地系统,其内褶皱断裂发育。

1. 九寨沟褶皱推覆构造岩片

该岩片展布于东门沟、三舍驿张家沟、正沟及偏沟一带,由古生代及中生代浅海相碎屑岩及碳酸盐岩组成。主要构造线呈北西向展布,为一系列延伸北西向、轴向近于直立的褶皱构造及延伸北西向的平移断层。

2. 雪山断裂带

该断裂带作为九寨沟褶皱推覆构造岩片与雪宝顶推覆构造岩片的分界断裂,呈东西向展布,横贯黄龙全区。区内延伸长约 23km,宽 0.6~6.5km,由西向东呈带状散开的构造混杂岩带。断裂带内发育北西向、北东向平移断层及东西向性质不明断层,整体显示出非史密斯地层系统的特征。

3. 雪宝顶推覆构造岩片

雪宝顶推覆构造岩片位于雪山断裂带南侧,由黄龙寺—下干河坝构造岩片、三道坪构造岩片、鹰嘴岩构造岩片、门洞河坝构造岩片四个次级构造岩片组成,各次级岩片内褶皱、断裂发育。

地层岩性:黄龙属昆仑秦岭地层区,西秦岭分区,摩天岭小区,上古生界、中生界及新生界第四系地层发育较全。志留系、泥盆系、石炭系、二叠系以碳酸盐沉积为主,厚度达 4000m 以上;三叠系为碎屑岩沉积,厚度达万米;第四系为冰川沉积和钙华沉积。黄龙沟周围出露地层由老至新为志留系硅质板岩夹砂岩、泥盆系板岩夹页岩、石炭—二叠系灰岩、三叠系凝灰岩砂岩、板岩和千枚岩,第四系冰碛砂及碎块石。钙华属第四纪产物(卢国平,1994)。望乡台以南地区广泛堆积了浅海碳酸盐岩,厚 1192m,为黄龙钙华景观提供了物质基础。望乡台以北分布地层主要为三叠系,以海相砂泥质沉积为主,厚 3149m,其上为第四系冰川堆积和钙华堆积区(郭建强等,2002)。

研究区的主要地层为基岩地层和松散堆积层。

1) 基岩地层

黄龙地区地层可以雪山断裂带为界划分,其北部属南秦岭—大别山地层区摩天岭地层分区九寨沟小区;南部属巴颜喀拉地层区玛多—马尔康地区分区金川小区。黄龙景区望乡台以南为可溶性碳酸岩分布,其北为第四系松散堆积(钙华体及冰川堆积),下伏地层为一套砂板岩地层。

2) 松散堆积层

冰碛层。冰碛物为区内分布最广、最为发育的一种第四系类型,常见于海拔 3400m

以上的冰川 U 谷和冰斗、冰川悬谷中。由于其含泥质成分，透水性远不及钙华含水体，在地下水运移过程中起着相对隔水层的作用。

钙华层。 区内钙华体主要分布于黄龙沟、大湾张家沟、黄龙寺西侧无名沟以及丹云峡观音庙等地，海拔集中于 3110~3550m，最高可达 3800m，最低可达 2500m。由于钙华体结构疏松多孔，成为良好的贮水介质和地下水运移空间。除钙华透水体外，区内沿涪江河谷还分布有河流阶地堆积及河漫滩堆积，具有较好的透水性。

土壤层。 黄龙地区土壤层以棕壤为基带土，其垂直带谱为：山地棕壤土—山地暗棕壤土—亚高山草甸土—高山草甸土—高山寒漠土及流石滩。各带的代表性土壤类型具有以下分布规律(石岩，2005)：山地棕壤土主要分布在海拔 2300~3100m；山地暗棕壤土主要分布在海拔 3000~3400m；亚高山草甸土主要分布在海拔 3300~4100m；高山草甸土主要分布在海拔 4100~4500m；高山寒漠土及流石滩主要分布海拔>4500m。

4.1.2 野外选点与研究方法

1. 研究区实验点情况

沿黄龙沟自泉口向下游方向至近涪江，选取 4 个钙华沉积监测子系统及 7 个沿途出露的主要泉点(图 4-4)。4 个钙华沉积子系统分别是：1 号子系统为五彩池—马蹄海子系统，包括最上游从源头泉水出露后至出现明显钙华沉积的点(图 4-5)和沟内融雪水和泉水补给的滩流点(图 4-6)；2 号子系统是位于中游的争艳彩池子系统(图 4-7)；3 号子系统是金沙铺地子系统，位于 2 号点下游的钙华滩流(图 4-8)；4 号子系统是位于最下游的迎宾彩池子系统，主要由龙泉眼的泉水来补给(图 4-9)。这样可以较好地观测黄龙沟溪流水的水化学和钙华碳氧同位素组成的时空演变特征。此外，源头补给泉水为 1′号泉，空间上往下游方向，根据泉水出露的先后顺序分别为 2′~6′号泉(图 4-3)，此外在上游马蹄海段的山脚栈道处有一表层泉水出露，作为表生泉的代表，取为 7′号点，为了更详细地研究每一个地表-地下水循环阶段内的水和钙华的地球化学特征，在循环段内部还沿空间由上往下进行了加密采样。

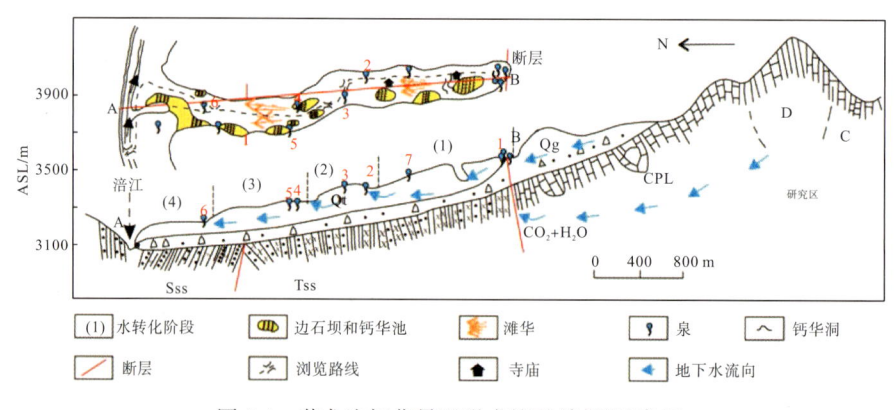

图 4-4 黄龙沟钙华景观形成的平/剖面示意图

Qt. 第四系钙华；Qg. 冰碛砂及砾石；Tss. 三叠系凝灰质砂岩、板岩和千枚岩；
CPL. 石炭系和二叠系灰岩；C. 二叠系灰岩；D. 泥盆系板岩夹灰岩；Sss. 志留系硅质板岩夹砂岩

黄龙沟源头转花池泉群稳定的水源补给是黄龙沟钙华形成的物质保障(郭建强等,2002)。此外,在上游由雨水和融雪水混合形成的地表水和转花池泉群一起组成了黄龙沟的主要水源。1'号泉水黄龙泉在流经1号点(五彩池)处大部分转入地下,一小部分在2号点和地表融雪水、表生泉水(7'号点)及雨水混合,然后在中游又以二次转化泉(接仙桥泉)的形式出露地表,形成3号点(争艳彩池)的主要水源,沿途多次在地表-地下转化,直到5号点迎宾彩池。研究区内的泉水不断地进行地表、地下水的转换,为景区景观的形成提供了必要的物质基础,也使得景区内水的变化过程变得更加复杂。

图 4-5　五彩池

图 4-6　马蹄海滩流钙华

图 4-7　争艳池

图 4-8　金沙铺地

图 4-9 迎宾池

2. 研究方法

为了更详尽地了解研究区水化学和钙华碳氧稳定同位素值的特征及其变化过程，本书采用现场自动监测、野外人工监测、水化学现场测定、室内分析等方法进行数据采集和分析，具体操作过程如下。

自动监测。用澳大利亚 Greenspan 公司生产的 CTDP300 多参数自动记录仪对泉水进行监测，仪器每隔 15min 记录一次，监测指标包括：水位、水温、pH、电导率，分辨率分别达 0.001m、0.01℃、0.01pH 单位和 0.1μS/cm；用美国产 HOBO 便携小型自动气象站自动记录降水量，设置为每 15min 记录一次，分辨率为 0.2mm。这些数据对了解泉水的时间动态变化，为景区水的演变提供了重要的参考。

野外人工监测。进行每天一次的野外监测，了解水化学的空间和时间变化。监测使用德国 WTW 公司生产的 Multiline 350i 便携式水质多参数测试仪，监测内容包括每个实验点的水温、pH 和电导率，它们的分辨率分别达 0.1℃、0.01pH 单位和 1μS/cm。

水化学现场测定、取样和样品室内分析。每隔 10d 左右用装有 0.45μm 的玻璃纤维滤膜的过滤器采集水样装在 60mL 聚乙烯塑料瓶中，密封且内部不留气泡，瓶子在实验室提前用 10% 的硝酸浸泡并用超纯水清洗后烘干处理。用作分析阳离子的样品加超纯 HNO_3 酸化至 pH<2 后密封放于暗箱中保存，用于测定阴离子的样品直接密封保存，取样后冷藏并尽快带回中国科学院地球化学研究所环境地球化学国家重点实验室测定水化学指标。现场测定使用德国 Merck 公司生产碱度和硬度试剂盒测试取样点水的 HCO_3^- 和 Ca^{2+} 浓度，精度分别达到 0.1mmol/L 和 2mg/L。室内主要分析项目包括 K^+、Na^+、Mg^{2+}、Cl^-、SO_4^{2-} 等水化学常量离子。水化学常量分析由美国 Dionex 公司生产的 ICS-90 型离子色谱仪和美国 Vista 公司生产的 Vista MPX 型电感耦合等离子体-光发射光谱仪测定。水的 CO_2 分压（P_{CO_2}）和方解石饱和指数（SI_c）根据野外和室内分析结果由

Watspec 软件计算获得(Wigley et al.，1977)。

钙华沉积速率和氧碳同位素组成的测定。在选取的监测点统一放置有机玻璃试片，试片大小为 5cm×5cm×0.5cm(平均表面积大约为 60cm²)，以研究钙华 δ^{18}O、δ^{13}C 和钙华沉积速率的季节变化和空间变化。

钙华沉积速率的计算。沉积试片在放入水中之前及回收后，在 50℃ 条件下置于烘箱中烘干 24h，然后用分析天平称重(分辨率为 0.1mg)，按式(4-1)计算钙华沉积速率：

$$R = (W_{ts} - W_s)/AT \tag{4-1}$$

式中，W_{ts} 为玻璃试片放入溪流水中大约 10d 后玻璃试片重量(即玻璃试片净重加沉积钙华样重量)；W_s 为玻璃试片放入溪流水之前重量(即玻璃试片净重)；A 为玻璃试片总表面积(60cm²)；T 为玻璃试片在溪流水中停留时间(精确到分钟)。

钙华的氧碳稳定同位素分析。将大约 2mg 的钙华样品装入玻璃瓶中，放入磁力搅拌子，抽真空。加入 3mL 纯 H_3PO_4 与样品反应，生成的 CO_2 被液氮冷却装置固定下来，封入真空玻璃管中，随后在 Finnigan MAT 252 气相质谱仪上进行氧碳同位素测试。参考标准为国际通用的 Vienna Pee Dee Belemnite(VPDB)，测试结果用‰表示。氧碳同位素测试的标准偏差为±0.1‰。

钙华沉积水体氧氢同位素、DIC 碳同位素及雨水氢氧同位素的取样及测定。采集钙华样品的同时，采集沉积水体。我们在试片放置点采集水样用于同位素分析，用于测试氧氢同位素组成的水样用 60mL 的塑料瓶进行采集。采集时尽量在水下采集，以保证瓶中没有气泡。水中溶解无机碳(DIC)样品用沉淀法进行采集。先用润洗过的纯净水瓶装约 500mL 水样，立即加入 10mL NaOH(2mol/L)溶液和 10mL 饱和 $BaCl_2$ 溶液($BaCl_2$ 过量，所有 DIC 完全沉积)，整个过程避免长时间与空气接触。由于极快速的沉积不会发生同位素分馏，因此沉积的 $BaCO_3$ 的氧碳同位素组成就是 DIC 的氧碳同位素组成(McCrea，1950)。得到的 $BaCO_3$ 样品在 24h 内烘干。

采集台面附近雨量筒里的雨水进行同位素分析，样品尽量在雨后立即采集，以防止蒸发对同位素组成的影响。雨水的采样方法和沉积水体的采集方法类似，用 60mL 的塑料瓶进行采集。

碳酸钡碳同位素的测试方法与钙华样品的测试方法一致。水样的氧氢同位素组成(δ^{18}O 和 δD)利用 Finnigan MAT253 进行测试，样品无需进行前处理。δ^{18}O 和 δD 的测试精度分别为 0.1‰ 和 1‰。

CO_2 气体和氦同位素的分析。水中 CO_2 气体在泉口用排水集气法采集，得到的样品密封带回实验室用 MAT252 同位素质谱仪测定 δ^{13}C，水中的氦同位素值同样采用排水集气法，样品送中国科学院兰州地质研究所用 MM5400 质谱仪测定水中的 ^{3}He/^{4}He 和 ^{20}Ne，以辨别泉水中气体的来源和组成并了解其对沟内水化学演变和钙华沉积的影响。

4.1.3 黄龙源泉中气体来源研究

表生钙华和内生钙华两者的根本区别在于水中 CO_2 的来源不同：表生钙华起因于大气和土壤成因 CO_2 对碳酸盐岩的溶解和再沉积；而内生钙华起因于非大气和非土壤成因 CO_2(如来自地球深部的变质成因 CO_2 或地幔成因 CO_2)对碳酸盐岩的溶解和再沉积。由

于 CO_2 来源的不同,利用钙华进行古气候环境重建时环境替代指标的指代意义也可能是不同的。

黄龙源泉水是黄龙沟的主要补给水源之一,对黄龙沟内钙华的沉积和各种景观的形成起着至关重要的作用。要想了解沟内钙华的成因机理,必先弄清楚源泉水中气体的来源,以便进一步区分沟内钙华到底属于哪一种成因类型。

黄龙沟内构造运动复杂,发育着近东西向线性紧密的背、向斜和多条逆冲断裂构造(郭建强等,2002)。它处在深大断裂带的过渡带上,受区域断裂构造的影响很大。因此黄龙 1′号泉很可能含有大量源自地球深部的气体,尤其是 CO_2 气体。据袁道先等(2002)的研究发现,深源 CO_2 沿断裂带释放有三种形式:①断裂位于碳酸盐岩地区,CO_2 释放后留下大量沉积物;②断裂位于以硅酸盐矿物为主的岩石地区,有大量气体释放,伴随地热(热气、热水)及其他化学物质释放,但没有或很少有沉积物在地表沉积;③断裂带上有很厚的覆盖层,释放的 CO_2 又被储藏在气田中。因此对深大断裂的 CO_2 释放作用研究是一项非常重要和有意义的工作,它对于弄清岩溶动力系统、碳的全球地球化学循环过程等都是不可缺少的方面。在研究区内,CO_2 是灰岩侵蚀溶解的动力,为钙华沉积带来丰富的物质来源,确定 CO_2 来源是判断钙华成因的关键依据,因此有必要探讨黄龙泉水 CO_2 的来源。

由我们野外所测和室内实验、计算得到的 1 号泉泉口处水的各项水化学指标均表明了它和一般的表生泉存在显著的差异(刘再华等,2000; Wang et al.,2010),那么它是否包含有大量深部来源的物质呢?这也是一个长期以来存在争议的问题(刘再华,2008)。为了解决这一问题,必须对泉水中气体同位素的特征有所了解,首先要对其中 CO_2 气体的碳同位素特征有所了解。

目前 CO_2 来源问题的探讨主要还是依靠对 $\delta^{13}C$ 的分析。不同来源的碳具有不同的 $\delta^{13}C$,因此应用碳同位素示踪可以追溯物质来源,揭示物质循环过程。而地下水中 CO_2 的来源一般有三个:①土壤中有机质(腐殖质)的分解或植物根的呼吸作用产生的土壤 CO_2。土壤生物成因 CO_2 溶解灰岩产生的溶解无机碳浓度很少超过 10mmol/L,通常为 2~5mmol/L,即使在温暖湿润的热带和亚热带地区最高不超过 10000Pa (Pentecost et al., 2001;刘再华等, 2002)。不同气候和植被产生的 CO_2 的 $\delta^{13}C$ 不同,温暖气候带植被产生的 CO_2 的 $\delta^{13}C$ 为 $-25‰$,半干旱地区平均为 $-15‰$。C3 植物(乔木、灌木)产生的 CO_2 的 $\delta^{13}C$ 为 $-32‰\sim-23‰$,C4 植物(禾本草本植物)产生的 CO_2 的 $\delta^{13}C$ 为 $-14‰\sim-8‰$。②溶解在雨水中的大气 CO_2。大气 CO_2 分压很低(黄龙大气约 30Pa),与土壤相比在多数情况下可以忽略,但在无植被或植被很少的地区,大气 CO_2 可能占很大的比例。大气 CO_2 的 $\delta^{13}C$ 为 $-9‰\sim-7‰$。③源于火山或岩浆活动的 CO_2。这种深部地热来源的 CO_2 的 $\delta^{13}C$ 在 $-6‰\sim-2‰$。其中地幔成因 CO_2 的 $\delta^{13}C$ 为 $-11‰\sim-4‰$。石灰岩变质成因 CO_2 的 $\delta^{13}C$ 为 $\pm3‰$(Liu et al., 2003)。

黄龙泉水(1′号点)中气体 CO_2 的 $\delta^{13}C$ 平均值为 $-6.50‰$($-6.96‰\sim-6.09‰$),介于地幔和变质成因的 CO_2 之间,但与大气 CO_2 的平均值为 $-7‰$ 也较为相近,不能据此辨别是否有深部成因的 CO_2 影响所致。前面所述泉口的 CO_2 分压高达 120hPa 以上,且环境温度常年偏低(年均气温 1.1℃左右),故应该排除土壤生物成因和大气成因为主的可能。

虽然 CO_2 是断裂带气体中的主要组分之一,其碳同位素组成也是判识气体成因与来源的常用地球化学指标，但影响碳同位素组成与变化的因素很多，故具有多解性。为了进一步确定泉水中气体的来源，使用碳稳定同位素与稀有气体同位素等地球化学指标结合的方法进行综合判识则更具科学性(陶明信等，1996)。其中，既不参与化学反应过程又具有显著分馏特征的稀有气体He，被证明是一种获取加厚地壳深部物质信息的灵敏示踪剂(Hoke et al.，1994；Hoke et al.，2000)。深源稀有气体中He的同位素比值(^{3}He/^{4}He)是揭示其物质来源的最可靠参数之一。不同来源的He其^{3}He/^{4}He明显不同，一般认为幔源He、大气He和壳源He的参考值分别为$(1.1\sim1.4)\times10^{-5}$、$1.4\times10^{-6}$和$2\times10^{-8}$，任何^{3}He/^{4}He大于空气值(Ra)的He释放中均可视为含有幔源He。因此，可在分析δ^{13}C的基础上，进一步分析^{3}He/^{4}He的特征，以确定其来源。

黄龙泉水的^{3}He/^{4}He为$0.0860\sim0.1702$Ra，它可能是几种来源的混合，为了确定其来源和各自所占的比例，我们根据下列公式可得到泉水中He的来源(Sano et al.，1985)：

$$^3\text{He}/^4\text{He}=(^3\text{He}/^4\text{He})_A\times A+(^3\text{He}/^4\text{He})_S\times S+(^3\text{He}/^4\text{He})_R\times R \quad (4\text{-}2)$$

$$1/(^4\text{He}/^{20}\text{Ne})=A/(^4\text{He}/^{20}\text{Ne})_A+S/(^4\text{He}/^{20}\text{Ne})_S+R/(^4\text{He}/^{20}\text{Ne})_R \quad (4\text{-}3)$$

$$A+S+R=1 \quad (4\text{-}4)$$

其中，A、S、R分别代表大气源、幔源和壳源，$(^4\text{He}/^{20}\text{Ne})_A=0.318$，$(^4\text{He}/^{20}\text{Ne})_S=1000$，$(^4\text{He}/^{20}\text{Ne})_R=1000$。计算得出泉水逸出He中平均约含有幔源、壳源和大气源各占的比例分别是5.0%、67.7%和27.3%，说明黄龙泉水中He大部分来源于地壳和沉积岩中的U和Th的放射性衰变，也说明了黄龙泉泉水中的气体大部分属于沿断裂带释放的深部成因。这与刘再华等(2000)的研究结果相似，都表明了泉水中CO_2和He等气体是深部成因为主。但是之前的研究由于没有考虑大气成因类的气体来源，所以导致计算结果中深部成因的比例偏高，且通过碳同位素值来追踪气体来源具有多解性，而本书中用氦同位素来计算水中气体来源的方法更为可靠和全面。

综合以上特征，说明黄龙泉中所含气体主要来源于地球深部，而不是主要来自于大气或生物成因补给，是由地球深部碳酸盐岩地热变质成因CO_2经过了一定程度的地下水循环而出露的，因此包含有地球内部的信息。另一方面，钙华在地表形成时受外界气候影响，所以它不仅可以反映地球构造活动(如地震和火山活动等)历史，也可以反映气候变化的影响，记录着气候变化的信息。

4.1.4　基于水化学和同位素特征的四川黄龙沟泉群分类研究

泉水是地下水的天然露头，其地球化学特征反映了泉域的地质和气候背景条件以及地表地下水文过程。作为世界自然遗产的四川黄龙沟，随着资源开发和旅游环境建设的发展，在人类活动影响下的水质已发生某些变化，如钙华沉积减慢、砂化和变黑等问题相继出现(刘再华等，2009a；Wang et al.，2010)。因此，自然和人为影响背景的研究需要进一步深入：一方面是区域地质与地理背景，包括岩石、水系和气候等方面的特征；另一方面是监测和探明人类活动对自然环境的影响。目前，区域内水化学和同位素的系列资料较少，黄龙沟的水文地球化学研究工作还需进一步深入。本书主要研究不同地貌背景条件下的黄龙沟泉水水化学和同位素的差异，以期揭示黄龙沟地表、地下水水化学主要是受何种因素控制和影响，以便为维系钙华景观的水资源管理提供科学依据。

1. 结果与讨论

1)泉水水化学的特征及其季节变化规律分析

黄龙沟 7 个泉点的水化学特征总结于表 4-1,据此可将这些泉水分为 3 大类:深部泉(1 号泉)、表生泉(7 号泉)和转化泉(2～6 号泉)。

表 4-1 黄龙沟泉水水化学特征

类别	地点	T/℃	pH	$[Ca^{2+}]$ /(mg/L)	$[HCO_3^-]$ /(mg/L)	EC /(μS/cm)	SI_c	P_{CO_2} /×10²Pa
深部泉	1 号泉	6.5 (6.4～6.6)	6.54 (6.41～6.62)	270 (264～280)	802 (784～831)	1104 (1080～1141)	0.03 (−0.09～0.12)	169.8 (138～233)
转化泉	2 号泉	5.3 (4.5～6.0)	7.65 (7.45～8.23)	144 (131～160)	419 (382～468)	601 (553～666)	0.62 (0.35～1.26)	7.8 (2.01～10.96)
	3 号泉	5.5 (4.6～7.0)	7.38 (7.17～7.67)	153 (141～199)	447 (409～585)	637 (588～820)	0.40 (−0.59～0.87)	14.9 (8.79～23.55)
	4 号泉	6.2 (4.3～7.9)	7.59 (7.42～7.71)	128 (121～136)	371 (351～394)	539 (512～568)	0.50 (0.35～0.58)	7.3 (5.24～11.01)
	5 号泉	5.7 (4.7～6.6)	7.48 (7.4～8.0)	145 (131～192)	423 (381～565)	606 (551～793)	0.47 (0.31～1.38)	11.0 (9.08～13.09)
	6 号泉	6.3 (4.6～8.2)	7.51 (7.27～7.71)	126 (112～171)	365 (324～502)	530 (476～710)	0.40 (0.23～0.57)	9.5 (4.46～19.82)
表生泉	7 号泉	3.0 (2.5～3.3)	8.30 (8.06～8.66)	43 (40～47)	114 (103～126)	201 (187～217)	0.30 (0.02～0.65)	0.4 (0.2～0.7)

三大类泉水中表生泉的水温和 P_{CO_2} 最低,pH 最高,并且具有最低的电导率和 Ca^{2+}、HCO_3^- 浓度,因其 CO_2 主要来源于土壤和大气(表 4-1 和图 4-10)。深部泉因其 CO_2 主要来源于地球深部(刘再华等,2000,2009b),故具有最高的 P_{CO_2}、最低的 pH、最高的电导率和 Ca^{2+}、HCO_3^- 浓度;而转化泉主要是表生泉(地表融雪水)和深部泉水的混合,故其水化学特征介于表生泉和深部泉水之间,如表 4-1 所示。

从图 4-10 中还可以看出深部泉的水温常年较为稳定,表生泉由于受温度较低的融雪水补给的影响,其水温比其他泉水偏低,它与转化泉的水温均呈现出夏季升高冬季降低的季节变化特点。表生泉的 P_{CO_2} 夏季高,表现出表生岩溶系统相似的特征,与土壤中 CO_2 含量的变化有关(Liu et al.,2007)。深部泉则呈现冬季升高,夏季降低的趋势,可能是冬季来自于深部的 CO_2 较多,受雨水稀释作用影响小的缘故,还与冬季气温低,水中的 CO_2 气体逸出速度较夏季缓慢有关。转化泉受其影响为主,也表现出相似的季节变化特点。表生泉在夏季随着 P_{CO_2} 的升高,pH 降低,而深部泉的 pH 变化相对稳定,在误差范围内。转化泉主要受温度的影响,夏季 CO_2 逸出增加,导致 pH 出现升高趋势。受其影响转化泉的 SI_c 也出现夏季升高的特点。深部泉由于较少受外界因素影响,SI_c 受水温和 pH 的制约也相对稳定。表生泉的方解石饱和指数则受其夏季 P_{CO_2} 升高、pH 降低的影响而出现降低趋势。水中的主要阳离子 Ca^{2+} 的含量则在深部泉中为最高,夏季受到雨水的少量稀释,而它在表生泉中的含量在春季时偏高应该是与土壤中 CO_2 含量的增加有关,夏季降低则主要是稀释效应影响为主(Liu et al.,2004,2007)。由于沿途钙华的沉积使转化泉中 Ca^{2+} 的含量远低于深部泉,季节上的变化则主要受稀释作用和较强的沉积作用而呈现出夏季降低的特点。

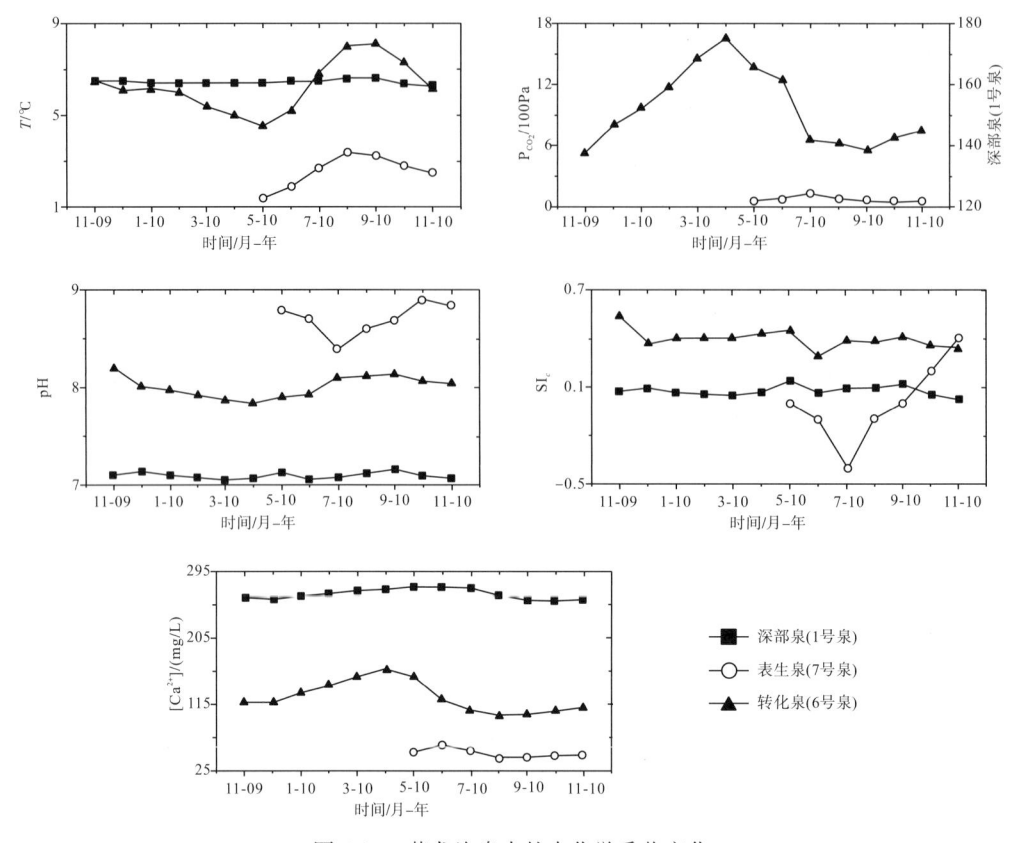

图 4-10 黄龙沟泉水的水化学季节变化

2) 泉水碳和氢同位素的特征及其季节变化规律分析

由于不同碳库的 $\delta^{13}C$ 差异较大,所以利用碳同位素能很好地示踪泉水中碳的来源及演化(Fritz et al.,1989)。表生泉的 $\delta^{13}C$ 最低,反映出其碳来源的生物成因特征,而其 $\delta^{13}C$ 在雨季升高可能是因为有深部的重碳混入。深部泉水因 CO_2 主要来源于深部非生物成因(刘再华等,2000,2009a),故其碳同位素值偏高,且随着深部泉水出露后 CO_2 逸出,向下游流动过程中钙华大量沉积,产生碳同位素的分馏作用,导致下游转化泉水的碳同位素值进一步增加(图 4-11)。雨水的 δD 在春季偏高,反映了该研究区春季降水偏少而蒸发强烈的特点。主要受雨水补给的表生泉的 δD 在夏季降低,但比雨水滞后 1~2 个月,反映了表生泉水的循环速率还是较为缓慢的。转化泉的 δD 和深部泉的变化规律较为相似,但深部泉的 δD 较低,反映了其补给高程可能是最大的,转化泉的 δD 较高应该主要是受蒸发作用的影响所致。

3) 黄龙沟泉群的进一步分析

李前银等(2009)的研究表明,黄龙景区水循环系统由钙华源泉岩溶地下水系统、地表水系统和地表、地下水转化系统三部分组成。若无沿途众多泉水的补给,黄龙沟内溪水水化学应随源头泉水的距离增加单调增加或降低,但每一循环段出露的转化泉打破了各项地球化学指标空间上的规律性(图 4-12 和图 4-13),不仅构成下一循环段水量上的"源泉",也对沟内溪水中各种离子再次进行补充;每一循环段钙华的生长都随景观水流路径的延长、碳酸钙的不断析出而减弱,景区最为艳丽壮观的五彩池、争艳彩池、金沙铺地和迎宾池都位于各循环段邻近"源泉"的区域。随着沉积作用的不断进行，水中碳酸钙含量逐渐减少，到黄龙沟口已与地表水相差无几，相应地各循环转化段也显示出由泉口往下钙华沉积作用由弱至强再减弱的趋势，如到每个循环阶段的最后一段，钙华沉积已非常缓慢，且大部分出现钙华砂化变黑等退化趋势。

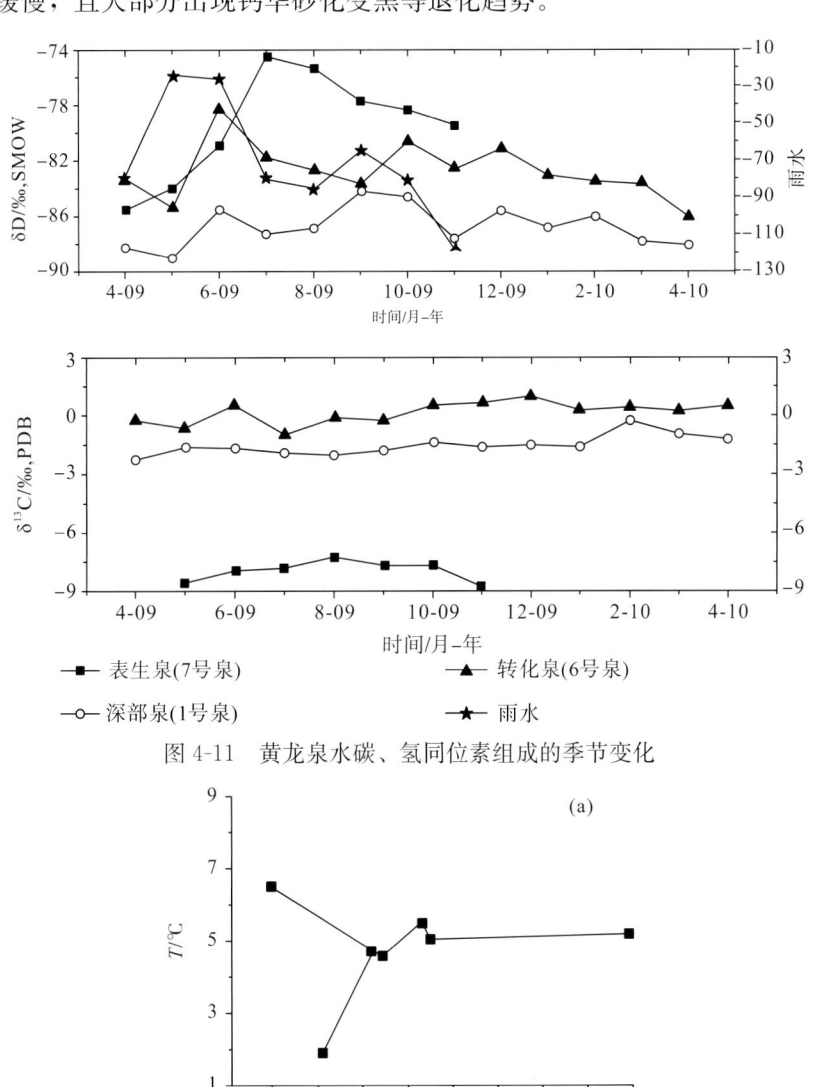

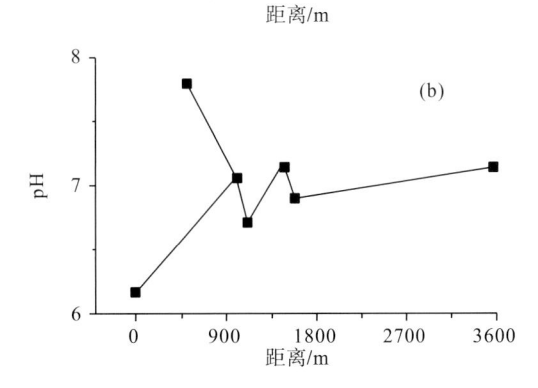

■ 表生泉(7号泉)　　▲ 转化泉(6号泉)
○ 深部泉(1号泉)　　★ 雨水

图 4-11　黄龙泉水碳、氢同位素组成的季节变化

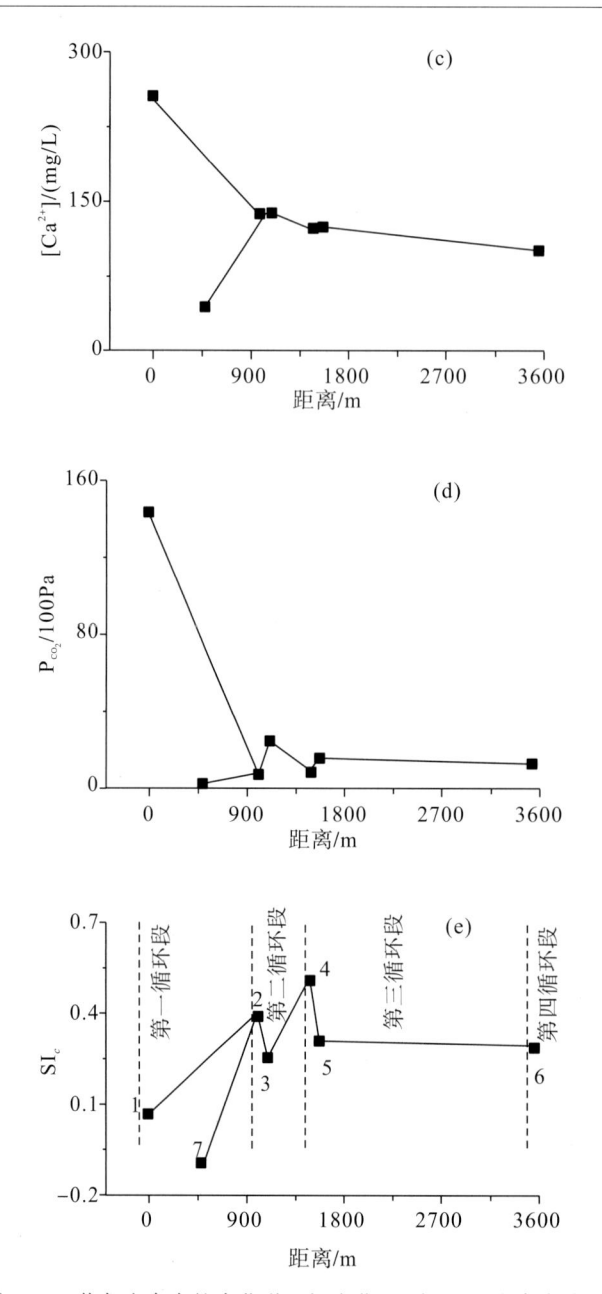

图 4-12 黄龙沟泉水的水化学空间变化(图中 1~7 为泉水编号)

下面,根据泉水的地貌位置和泉水的地球化学特征,探讨其空间分布意义,如表 4-2 所示。

黄龙景区源头岩溶地下水(泉群Ⅰ)出露地面后与地表融雪水混合形成沟内主要的景观水源,在流动过程中不断沉积 $CaCO_3$ 形成钙华景观并沿途大量漏失转化为地下水,又在一定条件下以泉的方式出露形成转化泉,周而复始,在核心景区形成四个转化段,从而构成一个特殊的水循环及景观演化系统。

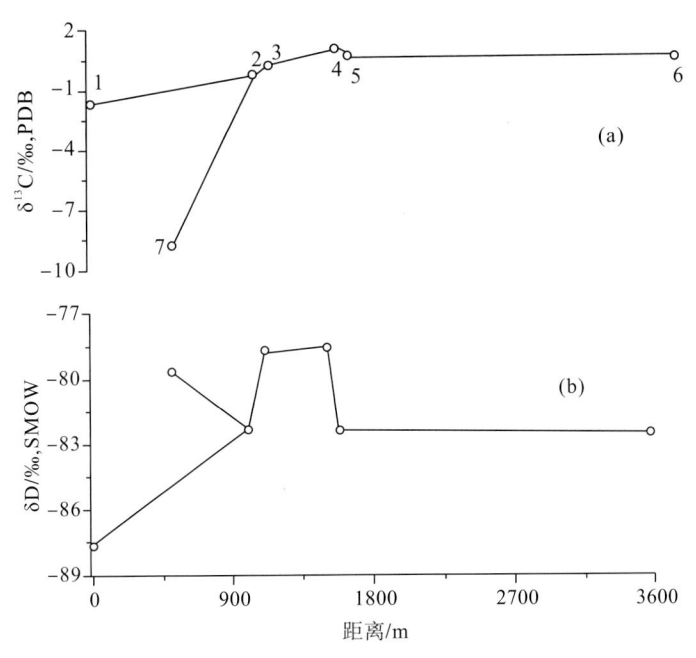

图 4-13　黄龙沟泉水同位素的空间变化

表 4-2　黄龙沟泉群类型的划分及其基本特征

泉群归属	所属泉点	基本特征
泉群Ⅰ（深部泉）	1	位于黄龙沟钙华景观的源头，海拔约3590m，出露于石炭系—二叠系灰岩地层的大断层处。地下水运移时间较长，运移深度也较大，各种离子的浓度较高。尤其是有很高的二氧化碳分压和低的pH，各项化学指标较为稳定
泉群Ⅱ（转化泉）	2、3、4、5、6	沿黄龙沟依次分布，海拔为3400～3200m，出露于三叠系凝灰质砂岩、板岩和千枚岩及志留系硅质板岩夹砂岩地层之上，它们是泉群Ⅰ和地表融雪水混合然后进入地下再次出露的转化泉，化学性质主要受泉群Ⅰ和地表融雪水的影响。且有部分泉点可能受到人类活动的影响，即使在地表水稀释作用下，个别离子含量（如PO_4^{3-}）往下游方向反而升高（刘再华等，2009a）
泉群Ⅲ（表生泉）	7	位于黄龙沟东侧山脚处，索道栈道旁。海拔约3506m，出露于高山冻融崩解作用产生的砾石堆处，是山上雨水渗漏形成的表生泉水，故各种离子的浓度较低。因其流量很小，故对转化泉的影响较小

(1) 五彩池—接仙桥转化段

1号泉群和7号泉出露后与地表融雪水混合，一路漏失，至马蹄海附近完全转入地下。漏失的水流在钙华与下伏冰碛层接触带汇集，最终形成的泉水在接仙桥一带的沟谷两侧边缘出露，从而完成了景观水的第一次转化。代表景观：五彩池。随着1号深部泉的出露，水流向下的流动过程中，水中P_{CO_2}远大于大气中的P_{CO_2}，导致水中CO_2大量快速逸出，CO_2分压急剧降低，再加上地表融雪水的混入，导致沿途水的pH显著升高，方解石饱和指数也有较大的增加，钙华大量沉积，钙和重碳酸根的含量也有显著下降（表4-1，1号泉和2号泉间的变化，图4-12）。

(2) 接仙桥—争艳池转化段

第一阶段漏失后形成的地下水在接仙桥2号泉点以下汇入3号泉形成沟状水流，流至宿云桥附近分流。东侧形成彩池群及钙华滩流并沿途漏失，部分漏失水流在争艳彩池附近的三岔路口形成4号泉；西侧水流则形成艳丽无比的争艳彩池，然后很快漏失，并在彩池末端形成5号泉,从而完成了景观水的第二次转化。代表景观:争艳池。第一阶段漏失的水量在此又重新得到补充,由于泉水的出现,水中的各项地球化学指标与第一段末段相比均有明显变化(图4-12和图4-13),在经过地下一段距离的流动过程后,CO_2得到了一定程度的补充,在2号、3号泉水出露处泉水水温较为稳定,与第一循环段末端的地表水流相比,2号、3号转化泉的P_{CO_2}升高,pH降低,方解石饱和指数降低。

(3)争艳池—莲台飞瀑转化段

4号泉出露后与第二阶段的东侧剩余水流汇合,加上5号泉,共同沿平坦而倾斜的沟面倾泻而下,与此同时景观水流也在不断漏失,到莲台飞瀑时,下渗水流在莲台飞瀑下形成6号泉,从而完成了景观水的第三次转化。代表景观:金沙铺地。此阶段钙华沉积形态以钙华滩为主,形成的钙华滩流是目前世界上发现的同类地质构造中状态最好、面积最大、距离最长的地表钙华滩流。4号和5号泉是这一循环段的主要补给水源,在继承了两个主要补给泉水的各项特征的基础上,在长约1.3km的距离内水的地球化学特征在空间上体现出相对较为有规律性的变化:随着水流的向下流动,沿途pH呈升高趋势,P_{CO_2}和电导率降低(图4-12)。

(4)莲台飞瀑—黄龙沟口转化段

6号泉与该段地表水混合后向下游流动,在形成和养护下游钙华景观的同时,一路漏失。漏失的水流多数以潜流的方式流入涪江,从而完成了景观水的最后一次转化。代表景观:迎宾池。在第三循环段的末段,水量已大大减少,水中的离子含量也大为降低,钙华的沉积能力变得微弱,此时6号泉水的出露及时地补充了下游的水量,并在一定程度上增加了水中的P_{CO_2}及钙和重碳酸根的含量,对最下游的迎宾彩池的形成和养护起到了非常重要的作用。

2. 结论

黄龙沟地区泉水在地表和地下进行了多次转换,其过程主要受地形地貌的控制。通过对沟内沿途出露的7个泉点水化学和同位素时空变化特征(反映了CO_2逸出、钙华沉积、蒸发效应等诸多因素的影响)的分析,将泉水划分为三种类型:深部泉、表生泉和转化泉,它们受控于沟内四个水循环转化段:五彩池—接仙桥转化段、接仙桥—争艳池转化段、争艳池—莲台飞瀑转化段和莲台飞瀑—黄龙沟口转化段。

总之,本书通过水化学和同位素时空变化规律的分析,对于景区地表地下水的转换过程有了更清晰的认识,这对于下一步可能进行的各景观段地表水的调配和防渗工程提供了重要参考,同时也为有效防治景观水的污染提供了科学依据,因为只有保持黄龙水资源量和质的相对稳定,才能更好地保护黄龙景区的旅游资源。

4.1.5 四川黄龙沟源头黄龙泉泉水及其下游溪水的水化学变化研究

碳酸钙沉积在许多地质过程中起着非常重要的作用。这些过程包括:海洋沉积物的早期成岩、岩溶溪流的水化学演化(Dreybrodt et al., 1992; Herman et al., 1987; Liu et al., 1995)、钙华和洞穴化学沉积物的形成(Dreybrodt, 1980)。近年来,更由于其与全球碳循环和古环境重建的关系,无论是碳酸钙沉积室内机理研究(刘再华等, 2002),

还是野外观测实验(Dandurand et al.,1982；Herman et al.,1988；Drysdale et al.,2002；刘再华等,2003),都有了大量的工作和进展。然而,由于自然界环境条件变化的复杂性,至今碳酸钙沉积时地球化学指标的时空演化特征、过程和机理仍不十分清楚,这对于利用岩溶化学沉积物进行古环境重建是不利的。目前,国内外利用碳酸钙沉积物进行古环境和古气候重建的研究,空间上主要涉及地球化学指标的区域分布差异(Pentecost,1995),时间上则将分辨率提高到了年,甚至季节尺度,但对于地球化学指标在同一区域的空间分布,特别是日变化特征及其原因则关注不够。下面以四川黄龙沟为例,在已有水化学变化空间分析的基础上,讨论钙华沉积过程中水化学的空间变化和日变化特征及其控制机理。

1. 结果及分析

1) 黄龙沟泉水的水化学组成及动态变化

黄龙转花池泉群是黄龙沟的主要补给源泉之一。每次取样时均用 Multiline-P3 现场测量黄龙泉泉水的 pH、温度和电导率,并将水样拿回实验室进行化学成分分析。由表 4-3 可知,形成黄龙沟钙华的泉水的 HCO_3^- 和 Ca^{2+} 浓度分别高达 750mg/L 和 240mg/L 以上,而 K^+、Na^+、Mg^{2+}、Cl^- 和 SO_4^{2-} 浓度较低(<25mg/L)。从表 4-3 中还可以看出,黄龙沟泉水化学的 HCO_3^- 和 Ca^{2+} 浓度月动态变化不大(<15%),这说明黄龙沟泉为黄龙沟钙华的形成提供了持续稳定的物质保障。

表 4-3 黄龙沟泉泉水化学特征

时间	K^+	Na^+	Ca^{2+}	Mg^{2+}	Cl^-	SO_4^{2-}	HCO_3^-	水温/℃	pH	电导率/(μS/cm)	SI_c^a	P_{CO_2}/100Pa
2007-9-3	0.43	3.79	254	20.80	0.84	24.12	763	6.3	6.65	1074	0.10	125.03
2007-9-18	0.41	3.67	242	20.56	1.09	24.35	750	6.4	6.59	1107	0.01	141.91
2007-10-7	0.42	3.71	242	20.63	1.15	24.34	763	6.3	6.56	1035	−0.01	154.17
2007-10-24	0.41	3.67	244	20.74	1.14	23.90	756	6.2	6.59	1035	0.01	142.56
2007-11-7	0.43	3.65	240	20.76	1.27	23.54	738	6.2	6.56	1034	−0.03	149.28
平均值	0.42	3.70	244	20.70	1.10	24.05	754	6.3	6.59	1057	0.02	142.59
2008-4-29	0.38	2.48	254	21.04	0.26	22.78	793	6.2	6.58	1110	0.06	145.88
2008-5-5	0.37	2.38	262	21.18	0.25	21.93	793	6.1	6.62	1112	0.10	139.00
2008-5-13	0.38	2.45	276	21.53	0.26	22.19	817	6.2	6.56	1152	0.06	164.06
2008-5-16	0.40	2.48	270	21.24	0.30	21.64	824	6.2	6.61	1138	0.11	147.57
平均值	0.38	2.45	266	21.25	0.27	22.14	807	6.2	6.59	1128	0.08	149.13

注:a 为水中方解石的饱和指数(SI_c=lgIAP/K,式中,IAP 为离子活度积,K 为平衡常数)。如果 SI_c>0,泉水处于方解石过饱和状态并可产生碳酸钙沉积;如果 SI_c<0,水对方解石具有侵蚀性;而 SI_c=0,水处于方解石溶解/沉积平衡状态;SI_c 和 P_{CO_2} 用 Watspec 软件计算得到(Wigley,1977)。

在用多参数仪记录的数据计算 SI_c 和 P_{CO_2} 时,由于 K^+、Na^+、Mg^{2+}、Cl^-、SO_4^{2-} 浓度较低,这些离子随时间的变化可以忽略不计,在计算时采用它们各自的平均值。为了得到连续的 SI_c 和 P_{CO_2} 变化情况,还需要知道 HCO_3^- 和 Ca^{2+} 的浓度。通过电导率的监测数据与碱度计和硬度计现场滴定水中的[HCO_3^-]和[Ca^{2+}]，得出黄龙沟水中 HCO_3^- 和 Ca^{2+} 浓度与电导率(EC)的线性关系分别如下：

$$[HCO_3^-](mg/L) = 0.7367 \times EC(\mu S/cm) - 24.942, \quad r^2 = 0.9992 \quad (4-5)$$

$$[Ca^{2+}](mg/L) = 0.2426 \times EC(\mu S/cm) - 6.5166, \quad r^2 = 0.9991 \quad (4-6)$$

通过上述公式，将2007年7～9月所得的连续监测数据进行处理，得到图4-14(a)。

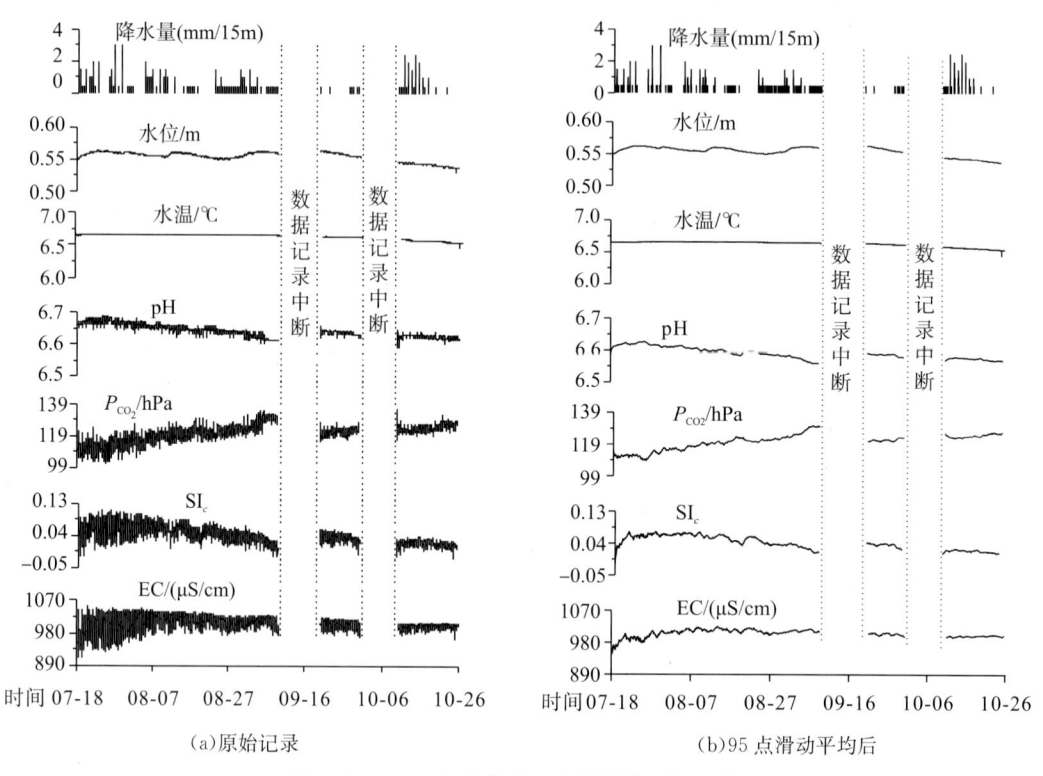

(a) 原始记录　　　　　　　　　　(b) 95点滑动平均后

图 4-14　2007年黄龙泉口水化学的时间变化

图 4-14(a)中 EC 的高频数据开始时波动比后期幅度大的原因之一是仪器刚安装后不稳定造成的。特别是，由于仪器 EC 量程的问题及实际 pH 的变化较小，故两参数及计算 SI_c 和 P_{CO_2} 数据上下波动较大，为便于观察，此四参数已经滑动平均处理得到图4-14(b)。

由图4-14(b)分析可知，黄龙泉的水温比较稳定，基本不随外界的温度和降水量的改变而改变，常年基本稳定在6.6℃左右。从黄龙泉的水位波动来看，水位随降水量的波动也不大(0.02m左右)，说明系统的水文调蓄功能较强。泉水水化学的各项指标也比较稳定，pH、EC、SI_c 和 P_{CO_2} 的变化都与降水量关系不大。这可能反映了深部岩溶系统的特点(刘再华等，2003)，并与表层岩溶系统形成鲜明的对照：表层岩溶泉的特点之一是水化学特征具有明显的季节变化，这些季节变化与气温的变化同步(Liu et al.，2007)。黄龙泉水温常年稳定(表4-3，图4-14)可能反映地热活动常年比较稳定，而黄龙泉水化学常年相对稳定也说明影响黄龙泉深部的 CO_2 分压比较稳定。

2) 黄龙沟溪流水化学的变化

(1) 黄龙沟溪流水化学的空间变化

图4-15给出了观测和计算获得的黄龙沟溪流雨季(2007年9月)和旱季(2007年11

月)的水化学空间变化特征。

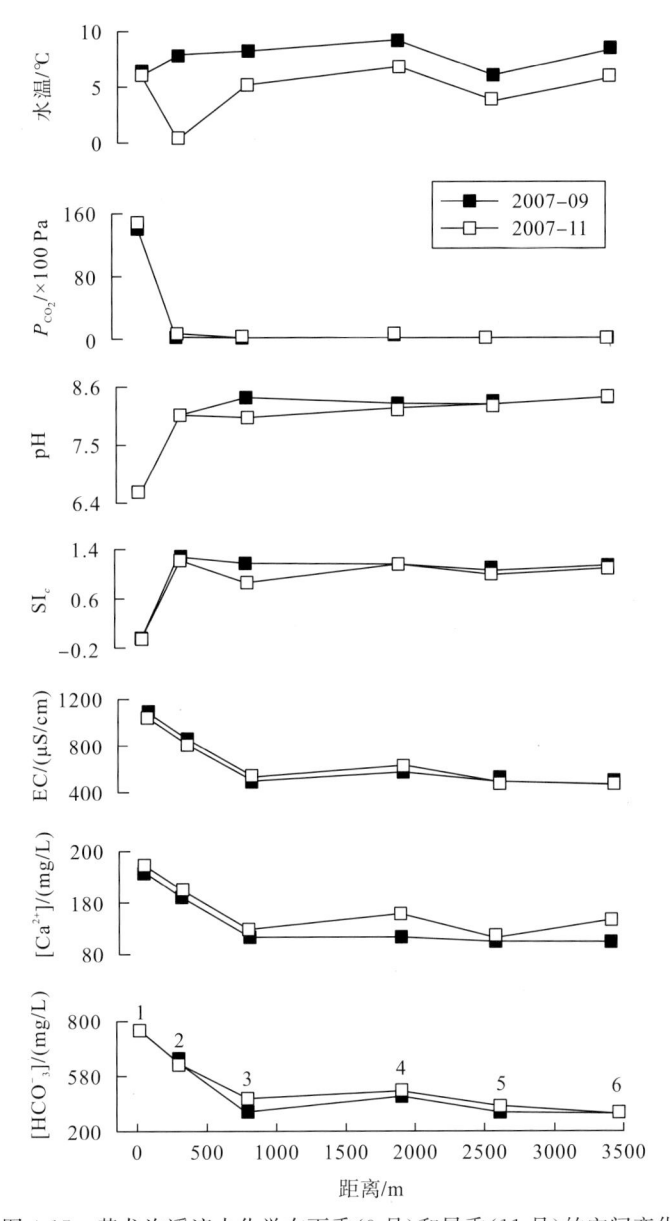

图 4-15 黄龙沟溪流水化学在雨季(9月)和旱季(11月)的空间变化

由图 4-15 可见，伴随着水中 CO_2 向大气的释放，自泉口向下游方向，水的二氧化碳分压 P_{CO_2} 迅速降低至 100Pa 左右，pH 升高至 8.1 以上，方解石饱和指数 SI_c 增大至 1.0 以上，电导率 EC 降至 430μS/cm。相应的，$[HCO_3^-]$ 和 $[Ca^{2+}]$ 则分别降低至 310mg/L 和 100mg/L 左右。HCO_3^- 和 Ca^{2+} 浓度的大幅度降低反映了溪流中大量碳酸钙沉积的结果。胥良等(2007)根据渠道流量和上下游钙离子浓度的差的乘积得到整个黄龙沟的钙华堆积量大约为 $1.08×10^6$ kg/a，整个现代堆积区内的平均沉积速率为 2.51~4.86mm/a，可见沉积速率是惊人的。

此外，由于沟内流水不停地在地表-地下间转换，使有泉眼出露处及其下游附近的水化学指标发生新的变化，$[HCO_3^-]$和$[Ca^{2+}]$升高，如表4-4中的接仙桥泉和龙眼泉，以及图4-15中的4号和6号点，这使得沿途水化学呈现波动的特点。同时由图4-15可以看出，水中CO_2的快速逸出主要发生在1号泉口到2号监测点之间，造成pH和SI_c显著升高，而$[HCO_3^-]$和$[Ca^{2+}]$显著降低，但3号监测点$[HCO_3^-]$和$[Ca^{2+}]$继续陡降则主要是黄龙沟内地表融雪水混入稀释的结果（表4-4），这可进一步从3号点方解石饱和指数SI_c的降低得到证明（图4-15）。

表4-4 黄龙沟上游地表融雪水及下游泉水水化学特征

地点时间(年-月-日)	水温/℃	电导率/(μS/cm)	$[Ca^{2+}]$/(mg/L)	$[HCO_3^-]$/(mg/L)	pH	SI_c	P_{CO_2}/Pa
上游地表融雪水							
2008-04-29	2.1	201	46	110	8.45	0.41	29
2008-07-25	7.4	201	42	116	8.29	0.32	47
2008-08-11	4.1	202	40	110	8.21	0.15	52
2008-08-26	5.2	214	42	128	8.04	0.08	92
2008-09-11	4.2	217	45	104	7.95	−0.08	91
2008-09-26	4.6	218	46	116	7.90	−0.07	114
2008-10-02	4.2	226	48	122	7.98	0.04	99
2008-10-07	3.8	231	46	128	7.82	−0.12	150
平均值	4.5	213	44	117	8.08	0.09	76
4号接仙桥泉							
2008-05-05	4.2	639	148	445	7.60	0.60	822
2008-07-26	5.8	630	136	415	7.49	0.46	1007
2008-08-12	6.0	584	124	409	7.41	0.34	1202
2008-08-26	6.2	638	142	445	7.47	0.49	1132
2008-09-11	6.1	632	142	439	7.43	0.44	1227
2008-09-26	6.4	643	152	451	7.34	0.39	1552
2008-10-02	6.1	657	148	439	7.39	0.42	1343
2008-10-07	6.1	649	144	445	7.37	0.39	1426
平均值	5.9	634	142	436	7.44	0.44	1189
6号龙眼泉							
2008-04-29	4.7	700	166	491	7.35	0.44	1618
2008-05-05	4.6	695	154	476	7.30	0.35	1766
2008-05-11	4.6	690	161	483	7.43	0.50	1324
2008-05-16	4.8	685	160	480	7.38	0.45	1479
2008-07-26	7.2	514	110	329	7.54	0.35	728
2008-08-12	7.7	476	110	348	7.56	0.40	738
2008-08-26	7.9	475	106	323	7.59	0.39	643
2008-09-11	7.9	478	106	329	7.54	0.35	735

续表

地点时间 (年-月-日)	水温/℃	电导率/(μS/cm)	[Ca^{2+}]/(mg/L)	[HCO_3^-]/(mg/L)	pH	SI_c	P_{CO_2}/Pa
2008-09-26	7.6	502	110	311	7.74	0.53	435
2008-10-02	7.7	506	114	348	7.45	0.30	951
2008-10-03	7.8	505	116	348	7.43	0.29	995
2008-10-07	7.8	506	112	348	7.46	0.31	929
平均值	6.7	561	127	384	7.48	0.40	966

(2) 钙华沉积溪流中水化学的日变化动态

图 4-16 和图 4-17 分别是 2007 年 8 月 22~24 日黄龙泉和下游生物较多的激滟湖池水的物理化学指标的日变化曲线。

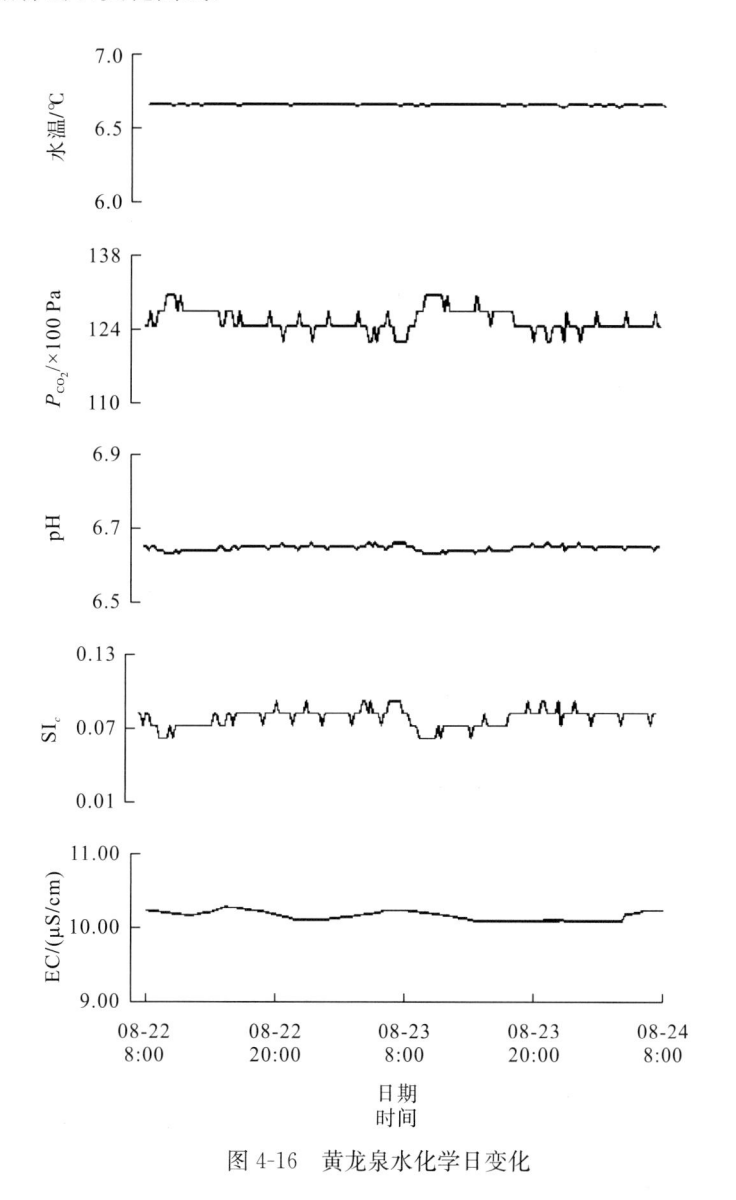

图 4-16 黄龙泉水化学日变化

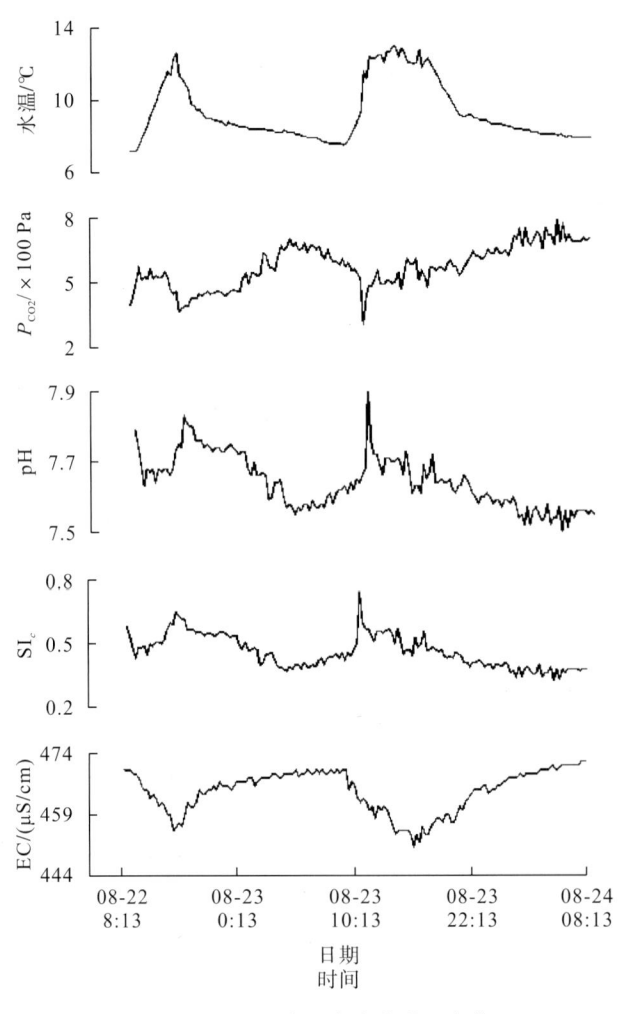

图 4-17 潋滟湖池水水化学日变化

由图 4-17 可知，黄龙泉各项物理化学指标变化很小，且无明显的日变化周期。与此形成鲜明对照，潋滟湖的各项指标存在明显的昼夜周期变化规律，即水温白天高，夜晚低，最大相差可达 6℃；P_{CO_2} 白天低，夜晚高，最大相差达 488Pa；水的 pH 和 SI_c 白天高，夜晚低，最大相差分别达 0.40 和 0.43；水中 HCO_3^- 和 Ca^{2+} 浓度和电导率白天低，夜晚高，最大相差分别达 15mg/L、6mg/L 和 20μS/cm，说明白天方解石沉积速率较夜晚快。沉积速率日变化的驱动起因于温度和水生生物光合作用两者引起的水中 P_{CO_2} 的变化(Liu et al., 2006b)。温度日变化对岩溶水化学的影响，可以通过计算温度对亨利常数的影响来估算。CO_2 分压最高为 798Pa，此时对应温度较低为 8.0℃，计算得亨利常数为 $K_{h1}=0.059336$；CO_2 分压最低为 310Pa，对应温度较高为 11.6℃，计算得亨利常数为 $K_{h2}=0.050967$，所以温度对 CO_2 分压的影响倍数最高为 $K_{h1}/K_{h2}=1.16$，由此得到假设只有温度影响时的最高 CO_2 分压是 798/1.16=688(Pa)，温度作用对 CO_2 分压日变化的贡献为 798Pa−688Pa=110Pa。由于温度和水生生物对 CO_2 分压的共同影响是 798Pa−310Pa=488(Pa)，故温度作用对 CO_2 分压日变化的影响百分比是 (110/488)×100%≈23%，其余则为水生生物光合作用对 CO_2 分压日变化的影响，即 100%−23%=77%。

2. 结论

黄龙钙华的沉积主要起因于水中 CO_2 的大量释放，结果造成溪流自泉口向下游方向水的 P_{CO_2} 降低，pH 和 SI_c 升高。但仔细观测发现，水化学的这一空间变化主要发生在 $SI_c<1.0$ 时。而当 $SI_c>1.0$ 后，向下游方向，水化学趋于稳定。同时，黄龙沟地表融雪水和沿途泉水分别产生的稀释和浓集作用对溪流水化学的这一空间变化产生了显著的影响。

黄龙泉水化学各项指标基本稳定，受外界影响较小，反映了深部岩溶泉的特点。

黄龙泉水化学无明显日变化，而下游方向的钙华池则有明显的水化学昼夜周期变化规律，即白天 P_{CO_2}、EC 较低，而 pH 和 SI_c 较高，反映出白天方解石沉积速率较夜晚快，并得出潋滟湖钙华池的温度作用对 CO_2 分压日变化的影响百分比是 23%，生物光合作用对 CO_2 分压日变化的影响为 77%。

4.1.6 5·12 汶川地震对黄龙世界遗产地源泉水文地球化学的影响

2008 年 5 月 12 日的汶川特大地震不仅造成了惨重的人员伤亡和巨大的经济损失，而且对当地生态环境产生了严重的影响(王文杰等，2008)。下面主要结合国家自然科学基金项目(世界遗产——黄龙钙华景观退化的人为和自然影响机理研究)获得的部分高分辨率和高精度水文地球化学监测数据，对 5·12 汶川特大地震对黄龙世界自然遗产地的影响作进一步的分析，旨在为保护和修复不可再生的钙华景观资源等提供科学支撑。

黄龙位于川西北高原，阿坝藏族羌族自治州境内，属于青藏高原东部边缘向四川盆地的过渡地带，距离汶川地震震中约 200km(图 4-18)。

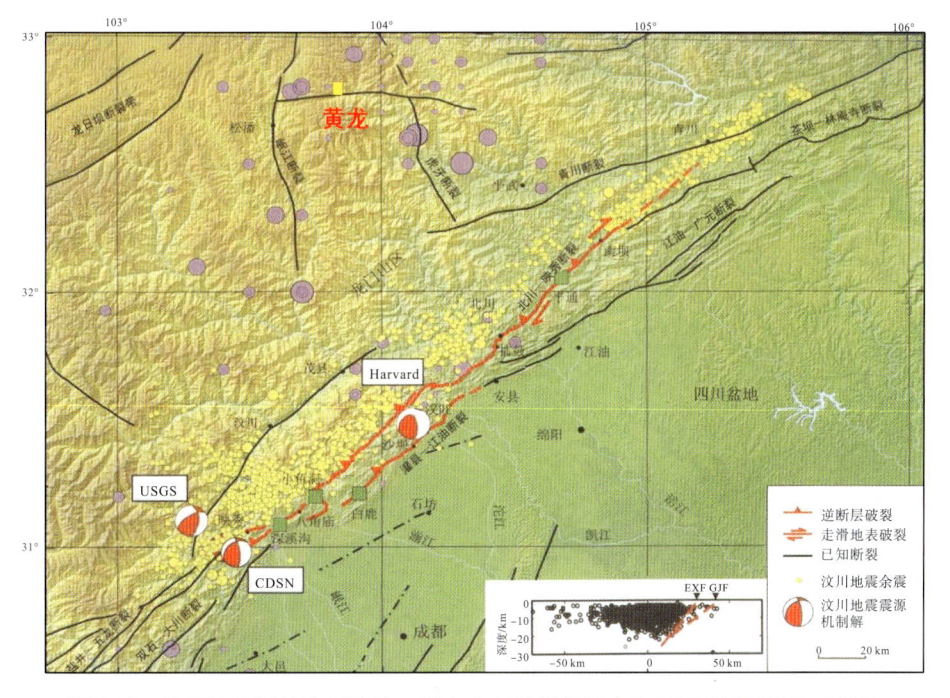

图 4-18 汶川地震区域地震构造、震中分布及黄龙所在位置图(徐锡伟等，2008)

1. 研究结果

水文地球化学采样时间从 2008 年 5 月 10 日到 10 月 6 日。采样期间通常每半个月左右取一次样,但因地震危险,黄龙景区进行清场,故 5 月 17 日～7 月 24 日的人工观测数据缺失。

1) 5·12 汶川地震前后黄龙源泉水文和水化学的监测结果及其分析

(1) 短时间尺度变化分析

5·12 汶川大地震开始于 2008 年 5 月 12 日 14 时 28 分。图 4-19 显示了地震前后 3d 黄龙源泉短时间尺度的水位、水温和水化学变化。由图 4-19 可见,泉水位变化几乎立刻响应地震,在 14:30 左右即刻升高 2cm,由 47cm 到 49cm,反映了地震造成的地应力迅速增加的影响;同时,水温升高 0.01℃,但仍然在仪器的分辨率范围之内。另一方面,泉水 P_{CO_2}、pH、电导率和方解石饱和指数在 14:30 左右未显示显著的变化,反映了地震通过溶质传输对泉水化学的影响慢于地应力快速传输对泉水位的影响,这在以下水文水化学的长时间尺度分析时更易看出。

(2) 长时间尺度变化分析

图 4-20 显示了地震前后 5 个月的黄龙源泉长时间尺度的水位、水温和水化学变化。由图 4-20 可见,从长时间来看,地震后泉水位在 5 月 12 日 14:30 左右有一个跃升后继续呈升高趋势,水温也继续走高。水位和水温的升高固然和季节性气候变化有关,但地震后源泉水温升高达 1℃ 以上在黄龙 20 余年的观测记录中是创纪录的,可见地震增加了地下向地表的水热通量,这可能与我们前期发现的黄龙源泉受深部地热系统影响有关(刘再华等,1997,2000)。而且,水位和水温升高的同时,泉水 P_{CO_2}(增加 40%)、电导率(增加 20%)和 SI_c(由 -0.05 增加至 0.05)也呈现明显上升,而 pH 则呈现下降趋势(图 4-19)。这些变化表明,地震不仅增加了地下向地表的水热通量,而且增加了 CO_2 和钙(与电导率呈正相关,王海静等,2009)的通量。所有这些变化持续时间 2 个月有余,即直至 2008 年 7 月 15 日左右。而后,泉水位、水温、SI_c 保持相对稳定,而 pH 呈升高趋势,P_{CO_2} 和电导率(或 Ca^{2+} 和 HCO_3^-)则降低,但仍高于地震前(图 4-19),反映了地震的影响在逐步降低。

总之,与泉水水化学稳定的 2007 年相比(王海静等,2009),黄龙泉 2008 年的水化学的波动明显偏大,因此可以认为地震对水化学变化的影响主要发生在地震至 2008 年 7 月 15 日,而后地震的影响在逐渐降低(图 4-19)。对于地震引起水位和水化学变化的机理,Hartmann(2006)认为其与地震波驱动了由地幔气泡成核产生的地下水泵有关,结果导致泉流量、气体含量的增加和不同来源水混合比例的变化。尽管黄龙的观测结果有相似之处,但其形成机理则可能主要与汶川地震诱导控制黄龙源泉的东西向深源大断层活动有关(图 4-18)。详细分析见下节。

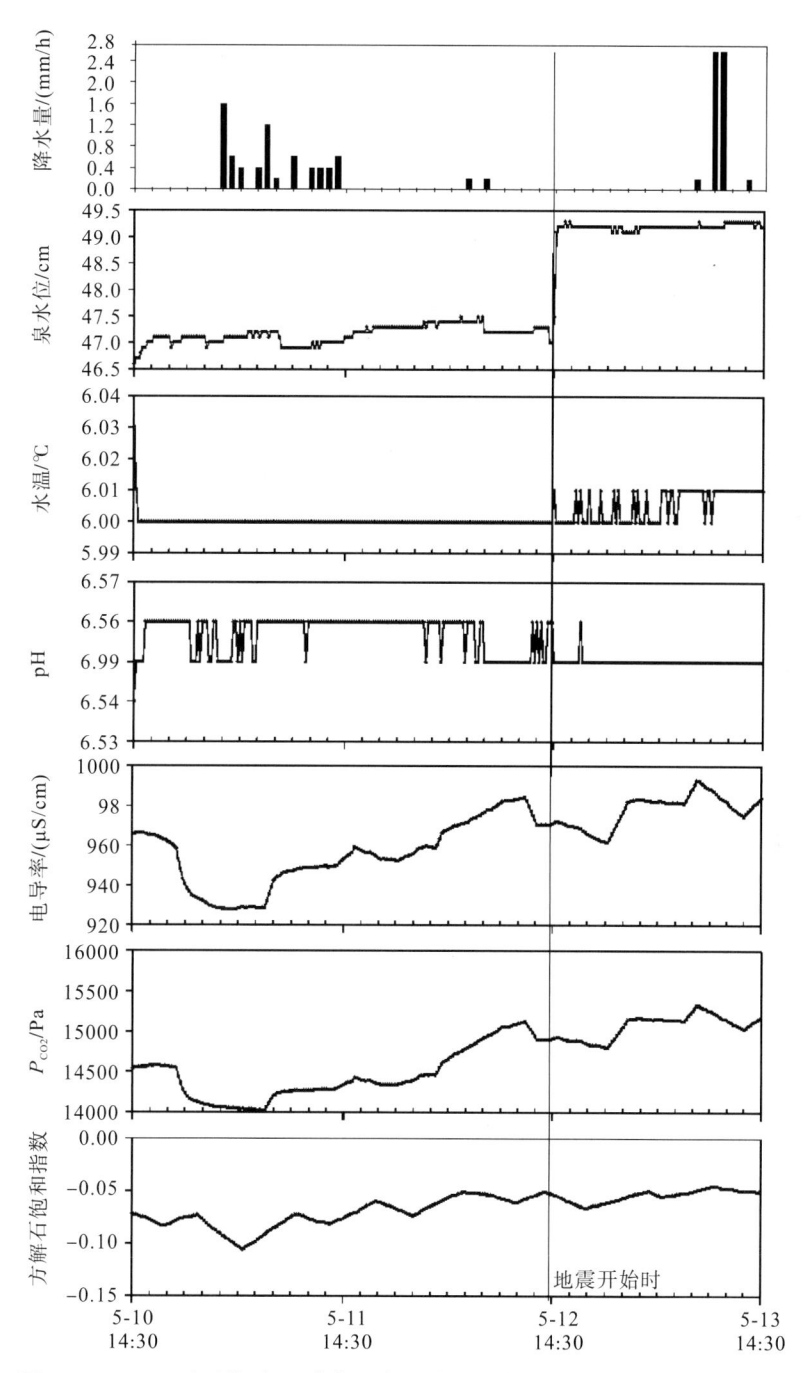

图 4-19 5·12 地震前后 3d 黄龙源泉短时间尺度的水位、水温和水化学变化

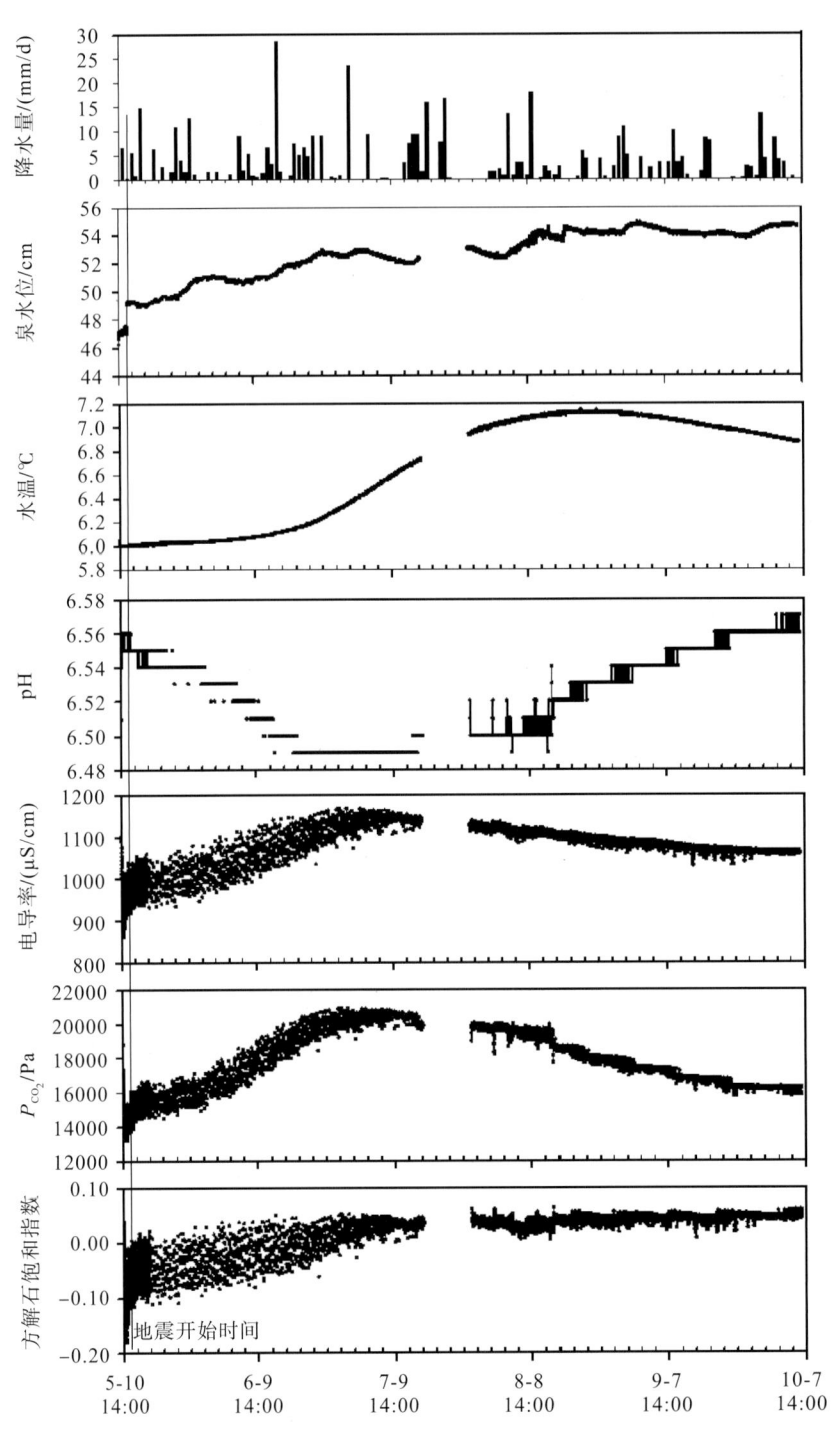

图 4-20 5·12 地震前后 5 个月的黄龙源泉长时间尺度的水位、水温和水化学变化

注：地震后水位、水温、电导率和 CO_2 增加意味着地震改变了地下水、热、钙和碳的通量，从而将对黄龙钙华景观产生影响

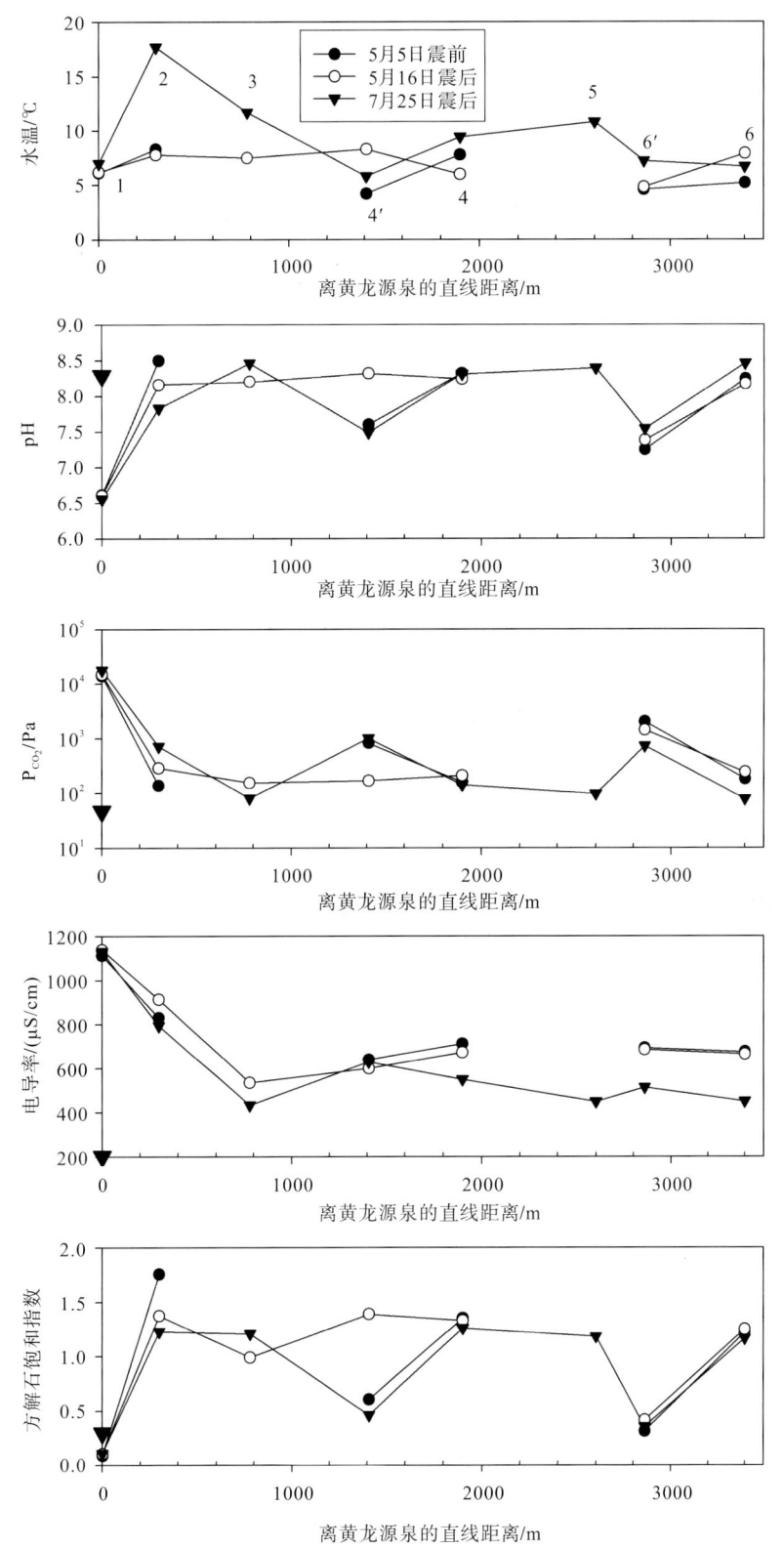

图 4-21 地震前后水温、水化学的空间变化差异
注：纵坐标大三角对应 2008 年 7 月 25 日震后地表水相应参数的值

(3) 地震前后黄龙沟水温、水化学的空间变化差异

图 4-21 显示了地震前的 5 月 5 日和地震后的 5 月 16 日和 7 月 25 日黄龙沟水温、水化学的空间变化差异。由图 4-21 可见，除了 4′号点接仙桥泉外，其他各点地震前后反映的水温和水化学变化趋势与黄龙源泉是相似的，说明这些点相似的补给水源和 CO_2 来源，也说明了因地震改变的 CO_2 通量具有线状或面状的特点。4′号点接仙桥泉地震后的 5 月 16 日 pH 不降反升，以及 P_{CO_2} 和电导率不升反降，可能是地震造成地表水（以低 P_{CO_2}、低电导率和高 pH 为特征）的漏失增加了对接仙桥泉补给的结果。

2) 黄龙源泉溶解无机碳(DIC)的 $\delta^{13}C$ 变化

图 4-22 显示了黄龙源泉 $\delta^{13}C_{DIC}$ 在 5·12 地震前后的变化。从图中可以明显看出地震后 $\delta^{13}C_{DIC}$ 迅速升高，反映了具有较高 $\delta^{13}C$ 的深部热成因 CO_2 的输入增加，因为据刘再华等(2000，2003)的研究，黄龙泉中高分压 CO_2 主要来自地球深部地热成因 CO_2，具有较土壤生物成因 CO_2 显著偏高的 $\delta^{13}C$（约 $-7‰$）。可见，地震不仅增加了黄龙源泉的排泄通量（水位升高），还增加了它的 CO_2 通量（P_{CO_2} 升高，图 4-20），且主要来自地球深部。此外，从图 4-22 中也看到，7 月下旬和 8 月上旬，黄龙源泉的 $\delta^{13}C_{DIC}$ 又显著降低，甚至低于地震前的值，反映了气候，特别是降水入渗土壤，继而补给泉水产生的稀释效应占主导地位，这与上述水化学的变化及其原因分析相互呼应，相互印证。

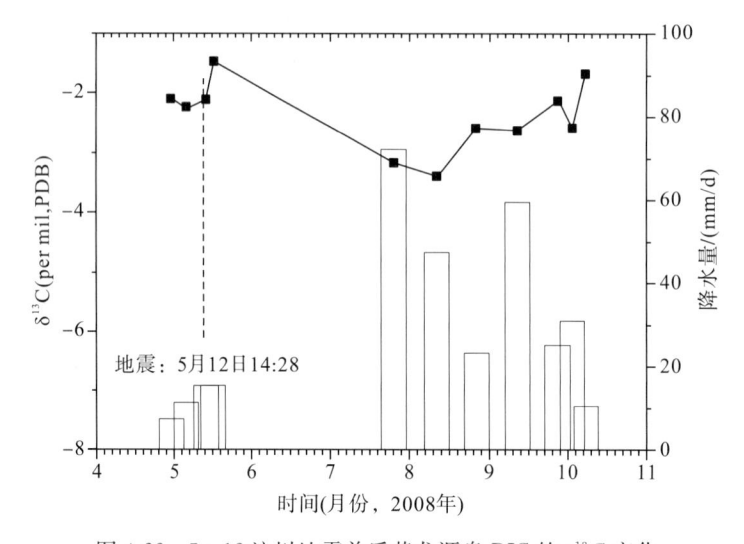

图 4-22 5·12 汶川地震前后黄龙源泉 DIC 的 $\delta^{13}C$ 变化

注：地震后 $\delta^{13}C$ 急剧升高意味着地球深部来源 CO_2 在增加。此外，因地震危险，黄龙景区进行清场，故 5 月 17 日~7 月 24 日的人工观测数据缺失。

2. 汶川特大地震对黄龙水文地球化学产生影响的构造分析

1) 汶川特大地震发生的地质构造背景

2008 年 5 月 12 日 14 时 28 分，四川省阿坝藏族羌族自治州汶川县发生强烈地震，中国地震台网测定震级 $M_s8.0$，震中为 31.0°N、103.4°E，震源深度 14km。这是迄今世界上仪器记录到的最大的板内地震，与 1923 年日本关东大地震相同，是新中国成立以来中国大陆发生的破坏性最为严重的地震。

这次特大地震发生在青藏块体与扬子块体的接触带内，龙门山构造带是本次地震的主要发震构造(图 4-18)。龙门山构造带开始发育于三叠纪晚期，是一 NE 向展布的褶皱-逆断层带，处于松潘—甘孜造山带与扬子准地台的接合部位。构造带长约 500km，EW 向宽约 30km，经过印支运动和喜马拉雅运动的剧烈构造变形，造就了复杂的龙门山褶皱逆断层带及与其伴生的四川前陆盆地，以及青藏高原与成都平原之间数十千米范围内，约 4000m 的巨大地形落差。自西向东由茂汶—汶川断裂、北川—映秀断裂、灌县—江油断裂及山前隐伏断裂与前陆盆地组成(图 4-18)。龙门山构造带为明显的地貌构造单元分界，也是大地构造和活动地块划分的主边界构造带(徐锡伟等，2008；郑文俊等，2008)。

第四纪以来，龙门山推覆构造带的活动主要集中在前山(彭县—灌县断裂)、中央(北川—映秀断裂)和后山(茂县—汶川断裂)和山前隐伏断裂上，这次地震发生在龙门山推覆构造带中段(图 4-18)，汶川、北川和青川等县受到了毁灭性打击(徐锡伟等，2008)。

2) 黄龙与汶川地震区域地震构造和震中的关系

由上分析介绍可知，黄龙并不在汶川大地震发生的主构造带上，且距离震中约 200km(图 4-18)，这是黄龙世界自然遗产得以保存之万幸。然而，尽管如此，由于此次地震强度太大，加之黄龙钙华的形成与近东西向的次级深部地质构造有关(刘再华等，2000，2003)，因此黄龙仍然受到了地震的较大影响，包括泉水位、水温、电导率、P_{CO_2} 和 $\delta^{13}C_{DIC}$ 升高，以及泉水的 pH 降低。所有这些表明汶川特大地震可能通过诱发黄龙钙华景观得以形成的东西向次级地质构造-雪山大断裂的活动增加了从深部向泉的水和 CO_2 通量，从而影响到黄龙源泉。后者无疑将影响到景区钙华的形成，有待继续观测。

3. 结论和存在问题

由上述分析可知，5·12 汶川特大地震通过诱导控制黄龙源泉的深大断层显现了它对黄龙源泉水文和水化学的影响，主要表现为泉流量、水温、电导率和 P_{CO_2} 升高，反映出地震增加了地下向地表的水、热、钙离子和 CO_2 通量。黄龙作为汶川地震的诱导影响区，高分辨率和高精度的水文地球化学监测显示了这一技术在震后水、热和离子通量变化异常识别方面的应用价值。无疑，这一技术也能应用到主震区，可通过其记录的水文和水化学的异变进行地震的前期预报(Hartmann et al.，2006)，值得相关部门关注。

此外，由于泉水是钙华最主要的补给源，因此地震也将会影响到钙华的形成和生长。而钙华是黄龙作为世界自然遗产的主要组成部分，所以地震对钙华的后续影响问题将不容忽视，需要做进一步的监测研究。

另一方面，从黄龙源泉流量及其深源 CO_2 的增加可以推知，地震也导致向大气排放 CO_2 的增加，因此汶川特大地震造成深部 CO_2 向大气排放 CO_2 对全球碳循环的影响也有待进一步的评估。

4.1.7 沉积环境对钙华氧、碳稳定同位素组成的影响

欲利用钙华进行古气候环境重建，必须先了解钙华地球化学指标的气候指代意义，并建立起地球化学参数(主要是钙华稳定同位素组成)与气候因子间的定量/半定量关系。

钙华沉积系统有明显的异地性，不同沉积点钙华同位素组成的影响因素和影响过程也可能不同，使得利用钙华进行古气候环境的研究较为复杂。Matsuoka 等(2001)研究了采自日本西南部 Shirokawa 地区的表生钙华样品，发现钙华 $\delta^{18}O$ 和 $\delta^{13}C$ 随钙华年层有明显的周期性变化，其中 $\delta^{18}O$ 的变化反映了水温的季节变化，而 $\delta^{13}C$ 的变化则受土壤 CO_2 浓度和地下水 CO_2 脱气控制。Liu 等(2006a)也发现白水台一人工渠道内沉积的内生钙华样品的 $\delta^{18}O$ 和 $\delta^{13}C$ 有季节性的周期变化，但是作者认为引起它们变化的是该地的降水强度，即夏季强降水时，来自雨水、地表河水和坡面流的水混入到渠道中，使得钙华 $\delta^{18}O$ 和 $\delta^{13}C$ 变低。笔者在云南白水台的研究还发现，渠道系统和池子系统内沉积的钙华其氧同位素组成变化有不同的控制机理，反映了不同的物理化学过程或者气候因子，即使两个系统处于一个气候背景下(Yan et al., 2012)。以上例子说明，要把某一处的钙华古气候研究成果照搬移植到其他地区甚至推广到全球是不合理的，得到的结果也可能是完全错误的。但是，我们可以通过对比几个不同的钙华研究点，找出它们之间的共性，从而得到一些可以适用于类似特征的沉积系统中。

我们以黄龙钙华沉积子系统(五彩池—马蹄海子系统，图 4-4)为研究对象，研究不同的沉积环境(水动力条件)对钙华氧碳同位素组成($\delta^{18}O$、$\delta^{13}C$)及它们之间的相互关系的影响，以及沉积环境对其气候指代意义的影响。五彩池系统由沟内最大的泉之一黄龙泉补给。流经五彩池的水随后与一支由雪山融水补给的地表水混合，共同补给马蹄海滩流系统。由于黄龙泉的水量相对稳定，马蹄海系统水量的变化由地表水的水量控制(图 4-23)。

1. 研究结果

1)黄龙沟五彩池和马蹄海系统水化学随时间的变化

图 4-24 和图 4-25 给出了黄龙沟五彩池和马蹄海钙华沉积点 2010 年 5 月 20 日至 11 月

(a)五彩池系统

(b) 马蹄海系统

图 4-23　黄龙钙华沉积系统

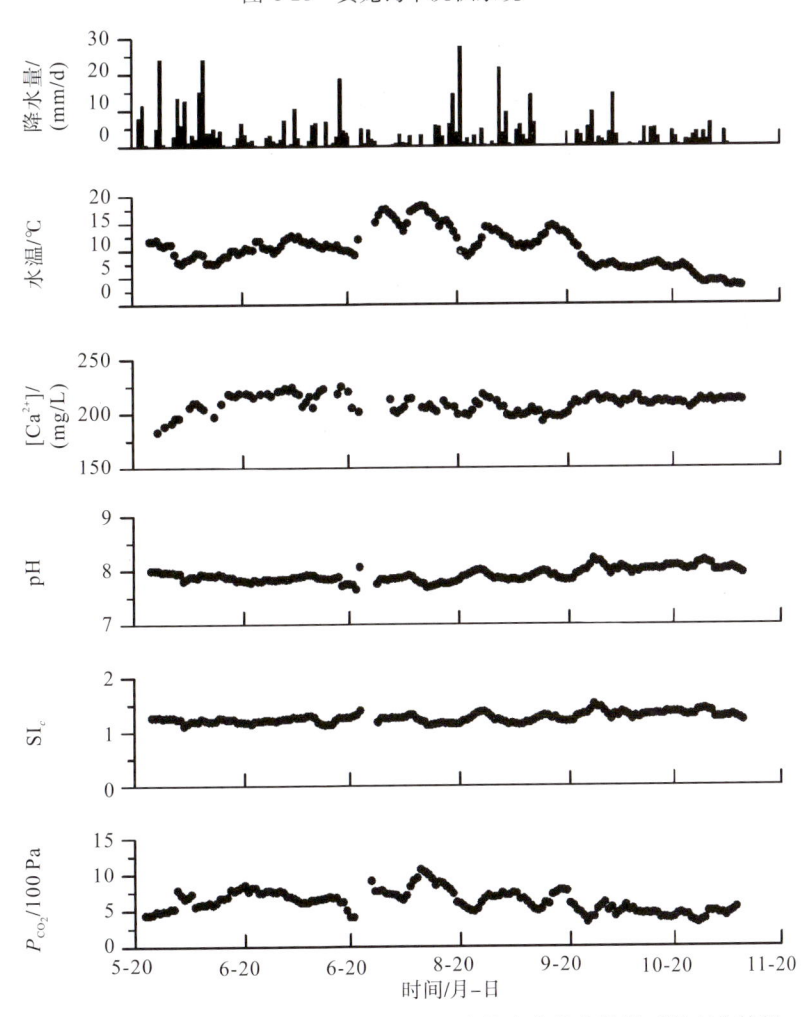

图 4-24　2010 年五彩池钙华沉积点的水化学参数随时间变化特征

20日的水化学变化特征。可以看出，两个点的水温都有明显的季节变化。五彩池沉积点的pH和SI$_c$的平均值分别为7.91和1.25。[Ca^{2+}]变化幅度较小，为208±8mg/L。这是由于五彩池沉积点与黄龙泉的距离较短，且坡度很缓，降水和坡面流对水化学的稀释作用有限。这可以通过pH和[Ca^{2+}]与降水量的相关性较差反映出来（pH：$R=-0.003$；[Ca^{2+}]：-0.06）。但是该点水体的P_{CO_2}与水温却有明显季节变化（P_{CO_2}：616±156Pa；T：10.2±3.5℃），且两者呈正相关（$R=0.74$）。

与五彩池沉积点相比，马蹄海滩流沉积点的水化学参数，如[Ca^{2+}]、P_{CO_2}和SI$_c$，变化幅度更大，分别为109±18mg/L，145±38Pa和1.11±0.13，而且在雨季有明显的降低（图4-25）。特别是在6月8日、7月15日、8月21日和10月3日的几次强降水事件后，它们都有一个较大幅度的降低。在10月中旬以后，气温降到0℃以下，研究点由降水变为降雪，同时雪融水量减少，稀释作用降低，[Ca^{2+}]和P_{CO_2}随之逐渐增加。

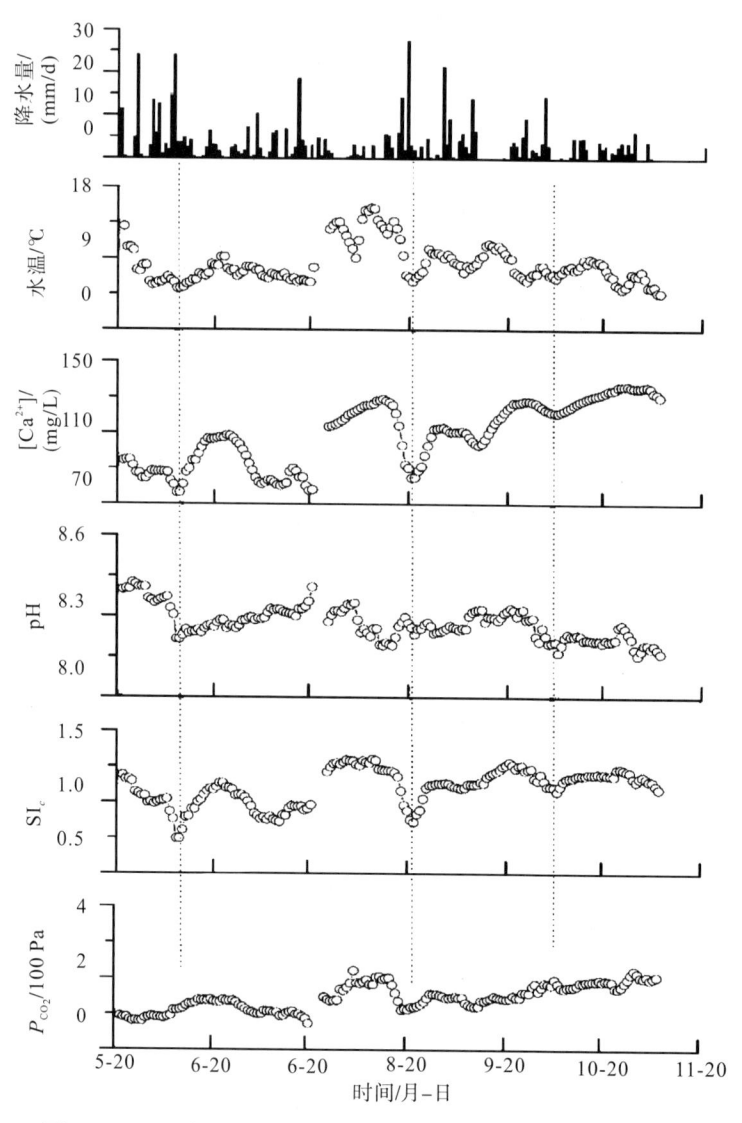

图4-25 2010年马蹄海钙华沉积点的水化学参数随时间变化特征

2) 黄龙沟内生钙华的氧碳钙同位素组成的时间变化

(1) 马蹄海系统

在黄龙马蹄海滩流研究点，钙华 $\delta^{13}C$ 开始有一个缓慢的上升过程，随后在 8 月份的强降雨事件后有所下降，其后随着降雨的减少和旱季的来临，又逐渐升高(图 4-26)。统计分析表明，钙华 $\delta^{13}C$ 与水中 CO_2 分压有一定的正相关关系($R=0.63$)，而与该地区同期的降水量呈负相关($R=-0.68$)。钙华 $\delta^{18}O$ 与 $\delta^{13}C$ 有类似的季节变化，雨季时偏低，到了旱季则增大，两者呈正相关关系($R=0.59$)。

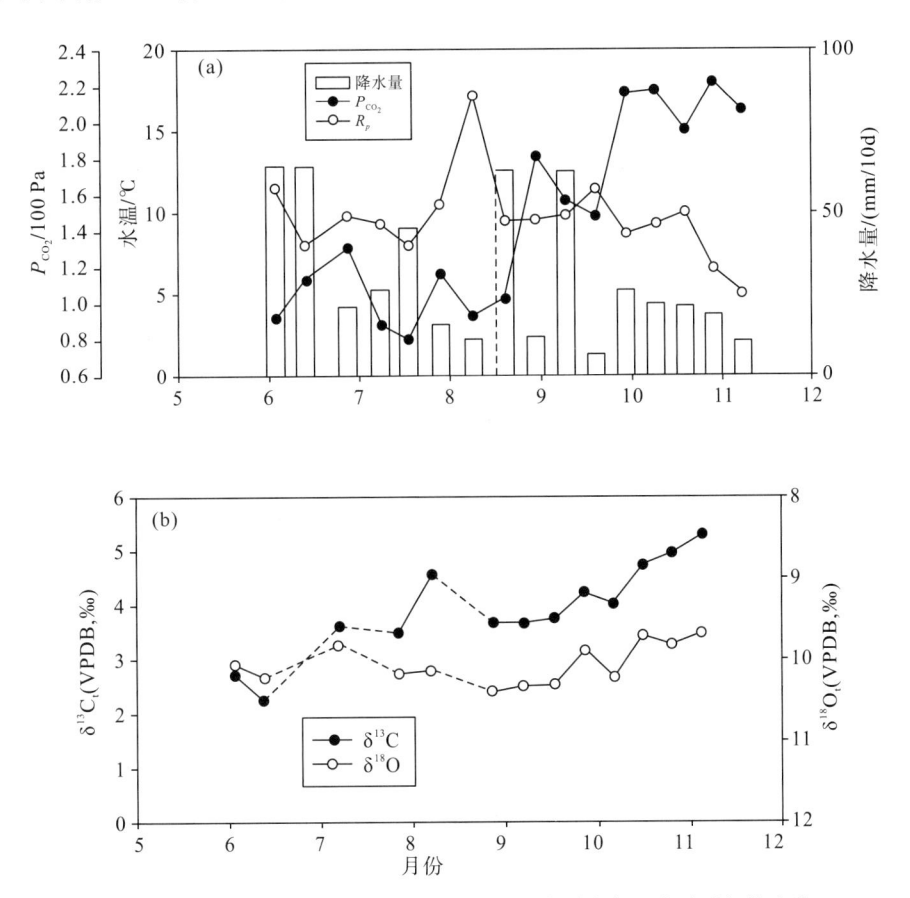

图 4-26 2010 年黄龙马蹄海沉积点钙华氧碳同位素组成随时间的变化

(2) 五彩池系统

图 4-27 给出了黄龙五彩池沉积点的钙华 $\delta^{18}O$ 和 $\delta^{13}C$ 随温度、降水量和水体 CO_2 分压的时间变化特征。在水体的 $\delta^{18}O$ 总体上没有明显季节变化的情况下($-12.08\pm0.26‰$)，钙华 $\delta^{18}O$ 先下降，到八月初到达最低值，随后再逐渐升高。相关性分析表明，钙华 $\delta^{18}O$ 与水温呈负相关关系。而钙华 $\delta^{13}C$ 的时间变化与 $\delta^{18}O$ 则刚好相反，有夏高冬低的变化特征。

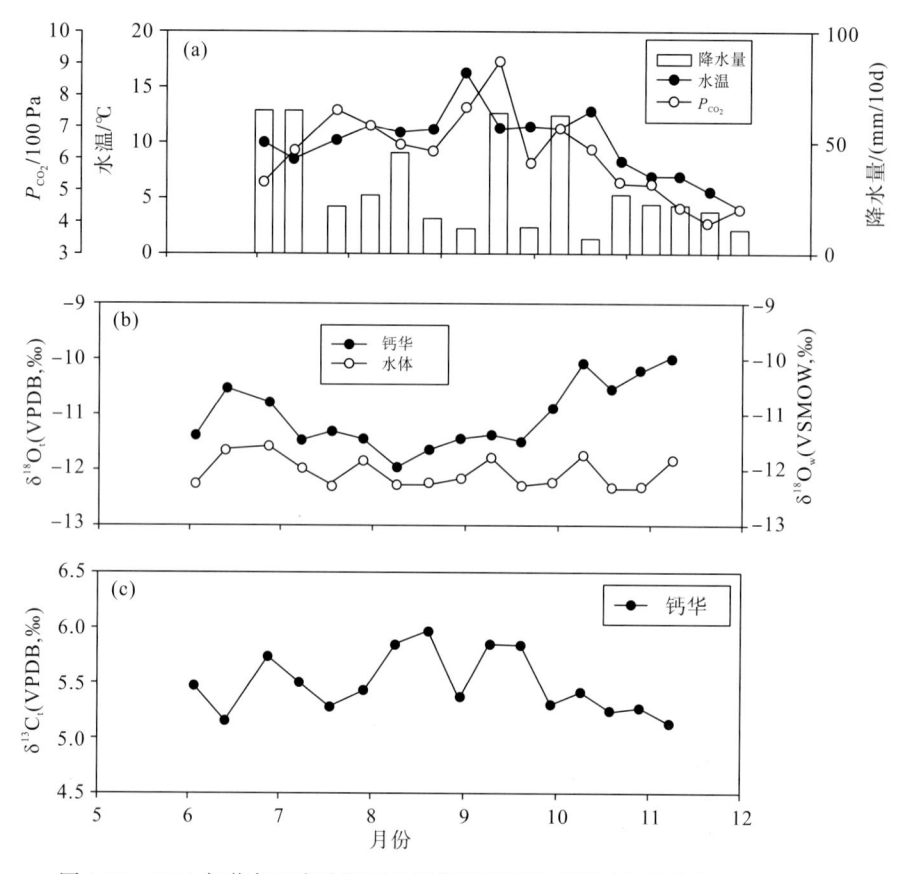

图 4-27 2010 年黄龙五彩池沉积点钙华氧碳同位素随时间的变化

3)黄龙沟内生钙华的氧碳钙同位素组成的空间变化

我们分析了黄龙两个沉积系统 7 月份和 11 月份钙华样品的氧碳同位素组成,分别代表雨季和旱季的变化特征。从图 4-28 中可以看出,与白水台渠道系统类似,黄龙马蹄海滩流系统钙华 $\delta^{13}C$ 和 $\delta^{18}O$ 向下游逐渐升高,且升高的幅度为冬季(旱季)大于夏季(雨季)。对于五彩池钙华系统,钙华 $\delta^{18}O$ 的空间变化为夏季下降,冬季升高(图 4-29),与水温的空间变化有关。

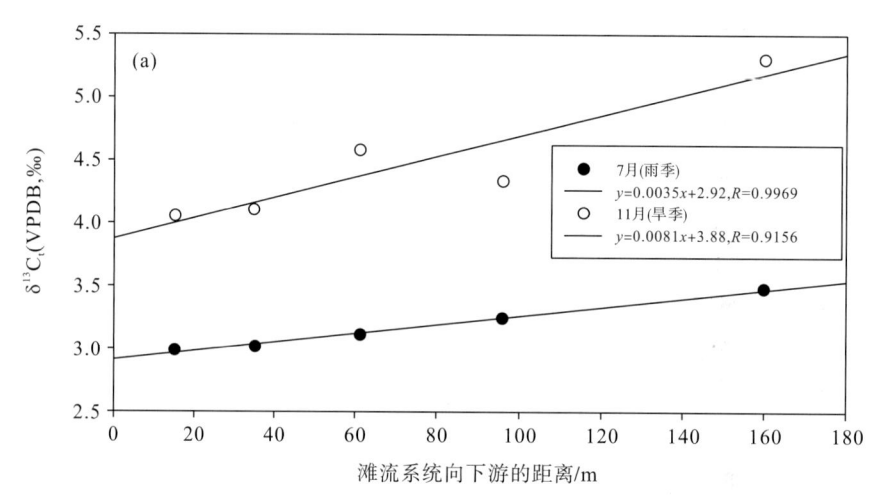

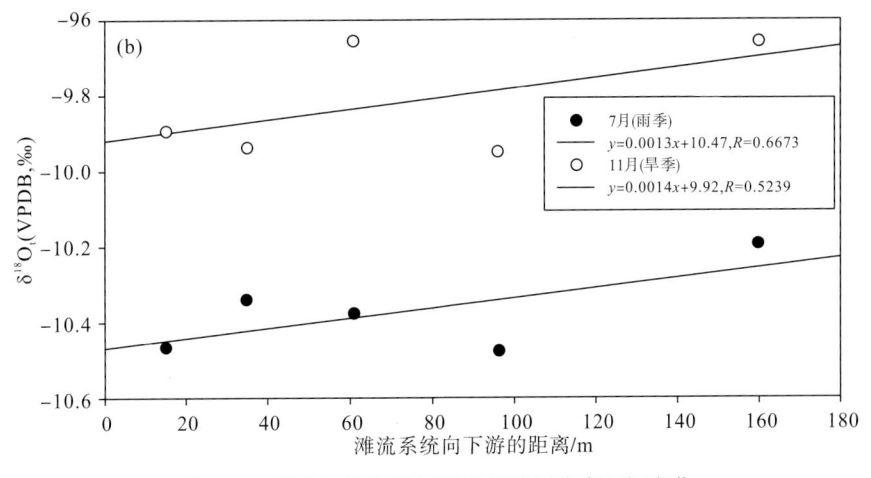

图 4-28　黄龙马蹄海系统钙华氧碳同位素空间变化

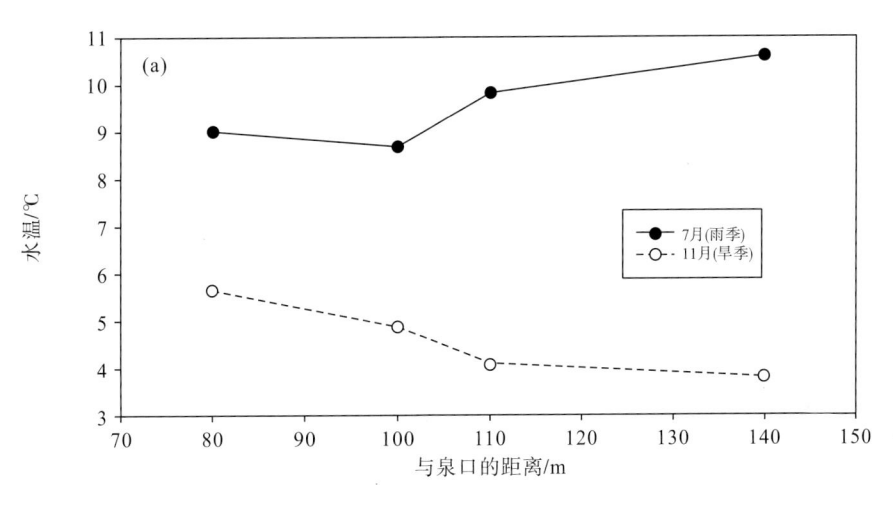

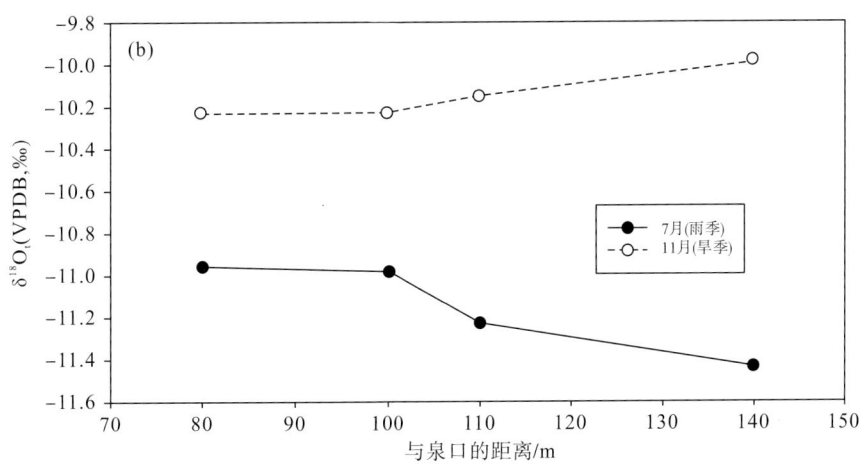

图 4-29　黄龙五彩池系统钙华氧碳同位素空间变化

2. 讨论

1)降雨引起的同位素"稀释效应"对滩流钙华同位素的影响

当满足同位素平衡分馏的条件时，碳酸钙的$\delta^{13}C$与水中DIC(主要是HCO_3^-)的$\delta^{13}C$有关。对于黄龙的马蹄海滩流系统，溶液中的DIC主要是来自地下水的补给，而在雨季时，还有一部分来自地表水的补给。由于黄龙钙华点都是典型的内生系统，即水中的CO_2来自于深部，因此地下水中的DIC浓度和$\delta^{13}C$都常年保持稳定。而后者地表水的水量和水中的DIC浓度则与当地的温度和降雨有关。同时，黄龙风景区是属于典型的亚热带季风气候，超过70%的降雨发生在5~9月。雨季时，充足的雨水使得大量坡面流和土壤水补给到马蹄海系统中，由于坡面流和土壤水溶解的是土壤CO_2，具有低的$\delta^{13}C$，它们的补给使得水体DIC的$\delta^{13}C$也随之降低。另一方面，地表河水或者坡面流的加入使得水中的DIC浓度和CO_2分压下降，减少了水中与大气中的CO_2分压差，从而降低了CO_2脱气的速度。由于CO_2脱气过程会使得剩余的DIC富集^{13}C，CO_2脱气速度的减慢就使得水体DIC的$\delta^{13}C$偏低。因此，来自地表河水或者坡面流的同位素和CO_2分压"稀释效应"的联合作用使得滩流系统沉积钙华在雨季具有较低的$\delta^{13}C$。前一个过程可以从马蹄海滩流夏季钙华比冬季钙华具有更低的$\delta^{13}C$体现出来(图4-28)。后一个过程则可以从P_{CO_2}的季节变化(图4-25)和$\delta^{13}C$冬夏季不同的空间变化斜率看出来(图4-28)。图中旱季时斜率较大说明水体在流动时CO_2逸出速率较大，反之则较小。CO_2逸出速率与水量间的负相关关系在其他研究中也有报道(Hori et al., 2009; Sun et al., 2010)。Hori等(2009)对比了日本的几处表生钙华沉积点，也发现水的流量增大时单位水量的CO_2逸出量则降低。

在平衡条件下，钙华的氧同位素组成不仅和水体的氧同位素组成有关，还与沉积时的水温有关。而前期的研究发现(Sun et al., 2010; 王海静等, 2012; Yan et al., 2012)，黄龙研究区降雨的$\delta^{18}O$有明显的季节变化，即夏季偏低，冬季偏高，这也反映了季风气候的特征。降水量和$\delta^{18}O$的季节变化使得地表河水和坡面流的也有类似的变化(表4-5)。在雨季，具有低$\delta^{18}O$的地表河水和坡面流流入渠道或者滩流系统，使得水体的$\delta^{18}O$降低。同时，夏季较高的温度也使得沉积的钙华氧同位素组成偏负。这两个因素综合效应使得渠道和滩流系统沉积的钙华在夏季具有比在冬季更低的$\delta^{18}O$(图4-28)。这就解释了为什么在渠道或者滩流系统钙华氧碳同位素呈正相关的原因。

表4-5　2010年黄龙坡面流氧同位素组成

日期	$\delta^{18}O$(VSMOW,‰)	日期	$\delta^{18}O$(VSMOW,‰)
2010-04-27	−12.28	2010-09-08	−13.11
2010-05-20	−12.16	2010-09-26	−12.93
2010-06-02	−12.24	2010-10-06	−12.80
2010-07-07	−12.85	2010-10-16	−12.80
2010-07-16	−12.69	2010-10-26	−13.06
2010-08-28	−12.82	2010-11-06	−12.97

我们在白水台的研究发现，在渠道系统水体钙华的氧、碳同位素组成均受瑞利分馏过程控制(Yan et al.，2012)。而夏季的钙华沉积速率要慢于冬季，也就是说夏季相比于冬季，更少的氧、碳以钙华的形式沉积下来，使得剩余水体中DIC富集重的同位素程度低。而在冬季，瑞利分馏使得流到下游的水体富集更多的重同位素，从而沉积的钙华中氧、碳同位素组成变得更重。瑞利分馏程度不同也是渠道或者滩流钙华同位素组成产生季节变化的原因之一。

综上所述，渠道或者滩流钙华同位素组成的变化是由当地的降雨、水温和系统内部的物理化学过程共同决定的。对于碳同位素来说，降雨引起的CO_2分压和同位素"稀释效应"是主要控制因素，因此可以利用碳同位素组成与降雨的关系来重建当地的降水量。图4-30给出了黄龙马蹄海滩流系统钙华$\delta^{13}C$与降水量的相关性分析，两者间存在一定的负相关关系，但相关系数不高($R=-0.68$)。

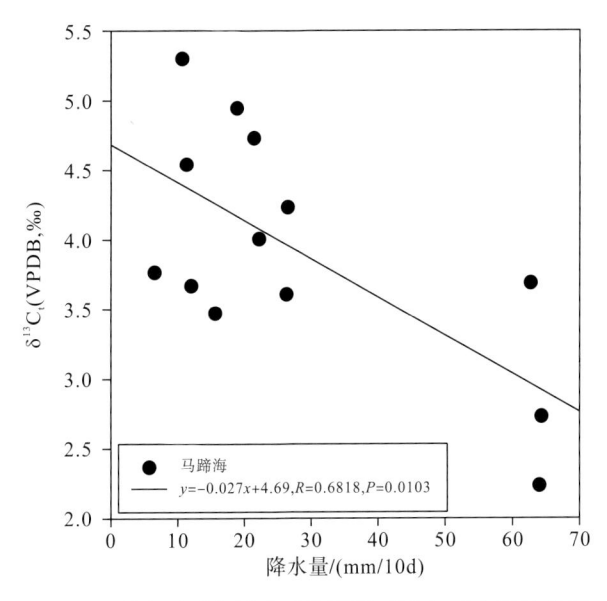

图4-30 黄龙马蹄海滩流系统钙华$\delta^{13}C$与降水量的关系

一个可能的原因是在钙华沉积的周期里(约10d)，稀释效应的强度与这十天的降水量并不同步。也就是说，发生在沉积时段末期的降雨产生的稀释效应不会被该沉积时段的钙华所记录下来，而存在滞后现象。为了更有效地评估降雨引起的稀释效应的强度，我们可以选择实时反映水化学变化的指标，比如水溶液中的SO_4^{2-}浓度(表4-6)。根据Yoshimura等(2004)的研究成果，黄龙泉水中的SO_4^{2-}主要来自于地下硫酸盐矿物的溶解，反映的是地下水初始的信息。因此，SO_4^{2-}浓度的变化则主要是由地表水的混入引起。我们对钙华的$\delta^{13}C$与水溶液中SO_4^{2-}浓度做相关性分析，两者呈显著的正相关($R=0.82$)，说明两者的变化有共同控制因素，即降雨。Sun等(2010)也发现，白水台渠道钙华的$\delta^{13}C$与当地降雨有一定的负相关关系，反映了降水量对钙华碳同位素组成的控制。但两个点所得到的相关性都不是太高，为了提高利用钙华碳同位素组成重建当地降水量的精度，我们需要更长时间甚至多年的监测数据，使得两者的定量关系更具有统计意义。

需要指出的是，黄龙马蹄海滩流系统的水文学特征有一个主要特点，那就是雨季时在源头或者沿途有大量的地表河水或者坡面流补给。这一方面是研究点特殊的地形特点决定的，另一方面，渠道或者滩流系统具有较大的坡度，使得坡面流等地表水更容易混入系统水体，引起"稀释效应"。因此，我们在本研究中所发现的氧碳同位素组成相互之间的关系和碳同位素组成与降水量的负相关关系，对于在季风区一些坡度较陡、有地表水补给的钙华沉积系统是同样适用的。

表 4-6　黄龙五彩池和马蹄海钙华沉积点水中主要离子浓度　　　　（单位：mg/L）

日期	五彩池					马蹄海				
	K^+	Na^+	Mg^{2+}	Cl^-	SO_4^{2-}	K^+	Na^+	Mg^{2+}	Cl^-	SO_4^{2-}
2010-5-26	0.32	2.35	20.69	0.55	26.73	0.13	1.36	11.97	0.23	23.62
2010-6-2	0.36	2.42	20.64	0.64	25.11	0.12	1.35	10.72	0.39	17.64
2010-6-12	0.31	2.40	20.30	0.59	24.63	0.13	1.39	10.55	0.33	16.71
2010-6-25	0.28	2.30	20.19	0.44	25.21	0.12	1.49	12.52	0.49	19.51
2010-7-7	0.30	2.31	20.63	0.47	24.89	0.10	1.18	10.55	0.37	18.58
2010-7-16	0.29	2.40	21.06	0.67	25.00	0.13	1.41	11.88	0.38	19.35
2010-7-28	0.34	2.50	21.78	0.75	26.65	0.14	1.59	12.86	0.32	21.27
2010-8-8	0.34	2.52	21.65	0.63	26.82	0.19	1.80	13.88	0.60	22.98
2010-8-19	0.29	2.23	20.26	0.26	24.95	0.14	1.27	11.31	0.25	22.10
2010-8-29	0.33	2.45	21.56	0.81	26.37	0.15	1.59	13.03	0.33	22.00
2010-9-8	0.34	2.41	21.22	0.50	27.57	0.14	1.51	12.23	0.13	24.85
2010-9-18	0.35	2.41	21.32	0.78	27.10	0.16	1.68	13.45	0.31	23.45
2010-9-27	0.31	2.23	20.44	0.35	27.38	0.19	1.36	14.72	0.45	24.41
2010-10-7	0.33	2.27	20.68	0.56	27.58	0.21	1.33	13.87	0.52	25.15
2010-10-17	0.30	2.21	20.50	0.64	28.07	0.20	1.41	14.76	0.30	25.53
2010-10-27	0.32	2.21	19.84	1.53	27.38	0.20	1.45	15.48	0.71	25.14

2）温度对池子系统钙华同位素组成的影响

平衡条件下，碳酸钙与水的氧同位素分馏与沉积温度有关（Kim et al.，1997）。这是许多古气候研究者利用氧同位素组成进行古温度重建的理论基础。在黄龙五彩池系统，我们发现钙华的 $\delta^{18}O$ 与水温呈显著负相关关系，相关性分析如图 4-31（a）所示。钙华 $\delta^{18}O$ 与水温之间的相关系数 R 大于 0.9 说明在五彩池系统温度是影响池子钙华氧同位素组成的主要因素。同时，钙华 $\delta^{18}O$ 在冬季和夏季相反的季节变化也验证了温度效应的控制作用。根据 Yan 等（2012）的研究结果，在慢速流的池子系统中，溶液 HCO_3^- 与 H_2O 达到氧同位素交换平衡，它们间的分馏值受温度控制，且与温度呈负相关，这也是池子钙华 $\delta^{18}O$ 与温度呈负相关的主要原因。鉴于池子钙华 $\delta^{18}O$ 与水温显著的负相关关系，且由于池子水温通常能反映当地的气温，因此我们可以利用在池子环境形成的古钙华样品来重建该时段的温度变化。

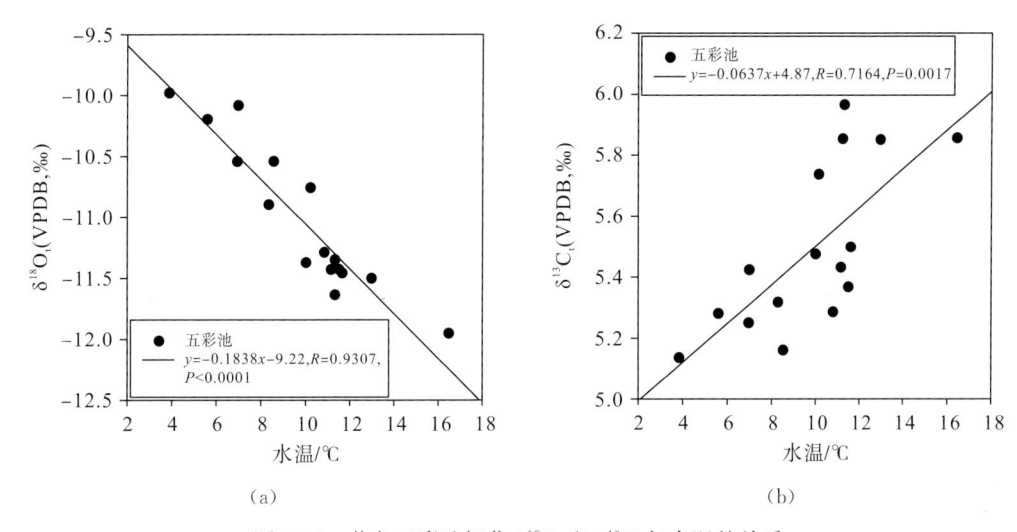

图 4-31 黄龙五彩池钙华 $\delta^{18}O$ 和 $\delta^{13}C$ 与水温的关系

另外，研究发现黄龙五彩池系统钙华的 $\delta^{13}C$ 与水温有一定的正相关关系[图 4-31(b)]。一个可能的原因是，在平衡条件下方解石与溶液 DIC 的碳同位素分馏有微弱的正相关关系(Mook 和 de Vries，2001)，因此在夏季温度较高时，沉积钙华的 $\delta^{13}C$ 也较大。另外一个可能更为主要的原因是，较高的温度使得 CO_2 脱气加快，这可以由五彩池 P_{CO_2} 与温度的正相关关系看出(图 4-24)。由于 CO_2 脱气的过程可以造成巨大的碳同位素分馏(约10‰)，因此使得剩余水中的 DIC 的 $\delta^{13}C$ 显著增大，从而钙华 $\delta^{13}C$ 也增大。这两个过程的联合效应使得温度影响钙华的 $\delta^{13}C$，也使得池子钙华的氧碳同位素组成呈负相关关系(图 4-32)，与渠道钙华的正相关关系刚好相反。然而，目前对于以上两个过程对钙华 $\delta^{13}C$ 变化各自的贡献有多大还尚不清楚，需要进一步的研究来区分。

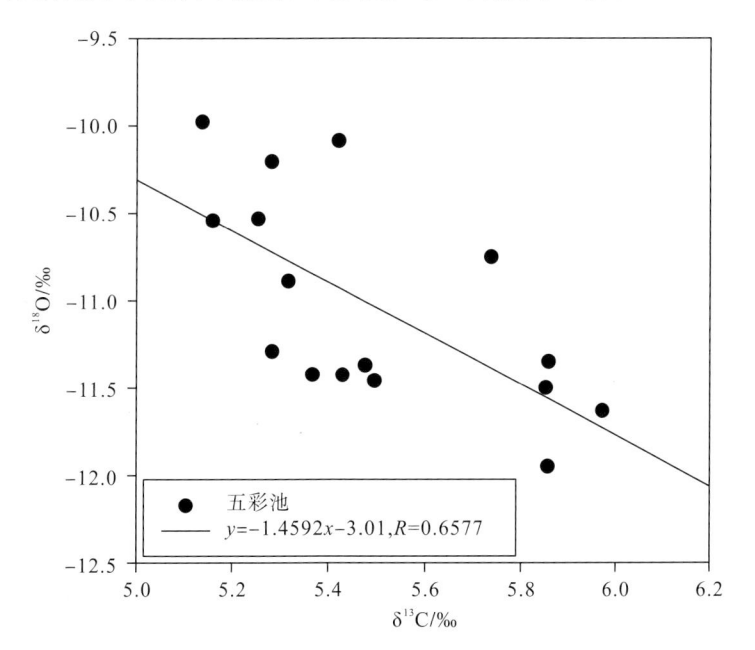

图 4-32 五彩池钙华氧、碳同位素组成的相互关系

3)沉积环境对于利用古钙华进行气候环境重建的重要性

我们对比黄龙的两个钙华沉积子系统后发现，即使在同一个气候背景下，不同的沉积环境（水动力条件）将使钙华同位素组成的季节变化和空间变化不同，同位素之间的相互关系也不同，进而同位素组成所指示的气候意义也不相同。因此，对于古钙华样品来说，辨别样品的沉积环境非常重要，这直接关系到气候解译的准确性。Andrew等（1997）对欧洲多个表生钙华沉积点的研究结果也表明，由于在湖岸沉积的钙华其同位素组成对微环境（主要是生物作用）非常敏感，因此河流沉积的钙华更适合用来反映当地降雨的信息。

在此，我们给出几种辨别古钙华沉积环境的方法：①样品的形态学调查。如果古钙华沉积环境受降雨引起的稀释作用控制，坡面流或者土壤水的混入会带入大量的有机质和黏土矿物，从而造成夏季季层变黄（Liu et al.，2010）。而在池子环境下形成的钙华，坡度一般较缓，稀释作用不强，季层没有明显的颜色变化，季层的厚度差别也不大；②利用同位素之间的相互关系。根据本章的研究结果，池子环境下形成的钙华其氧同位素和碳同位素组成有相反的季节变化，而在渠道环境下的钙华氧碳同位素组成季节上呈正相关；③微观形态学分析。对于某一个样品来说，多种方法联合使用可能是准确判断其沉积环境的保证。

总之，沉积环境对于钙华同位素组成有着重要的影响，必须在古环境重建的研究中引起足够的重视。

3. 结论

通过对四川黄龙不同沉积环境下钙华同位素组成的时空变化研究，得到以下几点认识：①渠道或者滩流系统沉积的钙华氧、碳同位素组成都是夏季偏轻冬季偏重，其中碳同位素组成的季节变化是受降雨引起 CO_2 和碳同位素"稀释效应"控制，氧同位素组成的变化是由降水量和降雨同位素的季节变化加上温度变化共同引起的，同时还受渠道系统内部动力过程的影响；②渠道或者滩流钙华氧、碳同位素组成空间上都是向下游偏重，这是由 CO_2 脱气和钙华沉积导致；③池子环境下形成的钙华氧、碳同位素组成的季节变化主要受温度控制，其中氧同位素组成夏季偏轻冬季偏重，而碳同位素组成则是夏季重冬季轻；④池子环境下钙华碳同位素有明显的空间变化，但是由于 H_2O 与 HCO_3^- 间氧同位素交换产生的缓冲作用使得氧同位素组成没有明显的空间变化。在某些气候干燥的研究区，水体蒸发导致的钙华氧同位素空间变化需要仔细考虑；⑤即使处于同一个气候背景，不同沉积环境（水动力条件）下沉积的钙华同位素组成变化的控制因素也不尽相同，因此所指示的气候意义也不同。渠道环境的钙华的 $\delta^{13}C$ 可以用于重建当地的降水量，而池子环境下的钙华的 $\delta^{18}O$ 可以用来反映当地气温的变化；⑥对于古钙华样品来说，判断样品的沉积环境是正确解译其蕴含的气候信息的先决条件。

4.2 云南白水台钙华沉积速率和C-O-Ca同位素组成的气候环境意义

白水台位于香格里拉东南的三坝乡白地村，距县城100km，海拔2380~3900m。在纳西语中，白水台为"释卜芝"，意为逐渐长大的花。相传，纳西族的两位天神为了让当地的纳西族人学会造田耕地，特地变幻出来这样一片"梯田"，所以又有"仙人遗田"的说法。每年农历二月初八，当地的藏、纳西、彝、白、傈僳等各族群众要到白水台进行祭祀活动，以歌舞娱神，民族风情十分浓郁。白水台钙华台地是中国最大的单体钙华台地之一，也是迪庆高原重要的旅游胜地。围绕白水台钙华台地开发的餐饮、住宿、导游等旅游产业是当地许多居民重要的收入来源。

而我们所关注的白水台钙华沉积系统不仅包括景区的台地部分，本书中称为白水台池子系统，还包括另外一个子系统：渠道钙华沉积系统。渠道系统中的引水渠道于1998年5月建成投入使用，目的是为了将山腰的一处泉水引入白水台台地补充水量。这为我们提供了一个非常宝贵的具有不同水动力条件的野外实验平台：渠道快速流系统和池子慢速流系统。

白水台内生钙华的研究不仅对如何可持续地开发白水台景区，维持当地居民收入有重要的指导意义，同时也对内生钙华沉积机理和其具有的古气候环境科学问题也有重要意义。

4.2.1 研究区概况

1. 研究区的自然地理概况

该研究区属于滇西北横断山峡谷地带，而蜿蜒曲折的金沙江从本区的东南流过（图4-33）。研究区内钙华沉积渠道附近的河流白水河为金沙江的一支流。该支流深切造成悬崖峭壁发育，地形错综复杂。总观全区，地势西高东低。

区内气候较为复杂，在纬度上处于亚热带地域，但因该区海拔高度与地势高度差均很大，因此其气候垂直变化显著：即在同一山坡或沟谷中，兼有暖温带（海拔2200～2500m）、温带（海拔2500～3000m）、寒温带（海拔3000～3500m）和寒带（海拔3500m以上）四种气候。根据孙海龙（2008）设置的小型气象站观测结果，白水台台面（海拔约2600mm）的降水量大约为每年800mm，雨季一般开始于五月，结束于十月，降水量占全年的75%以上。气温根据距离研究区约60km（海拔大约2400mm）的气象资料，和该地区的年平均气温垂直递减率，得出台面的平均气温大约为9.1℃（赵希涛，1998）。月平均气温最低一般出现在1月，为2～5℃，最高一般出现在7月，为20～25℃。由此可知，该地区的气候属于典型的亚热带季风气候，存在雨热同期的气候特点。

白水河上游与十三角山体原始森林保存完好，景区内森林覆盖率高达80%以上。气候的垂直分带也造成了白水台景区植被鲜明的垂直分带现象。原始森林主要由海拔3700～4100m的冷杉林群系、海拔3400～3700m的云杉林群系、海拔3200～3700m的红杉林群系和海拔2600～3200m云南松树群系所组成。而在木初谷山腰及洪积台上，植被已被严重或完全破坏，故在海拔2600m以下，主要是次生的灌木-云南松群组或灌木群组（孙海龙，2008）。

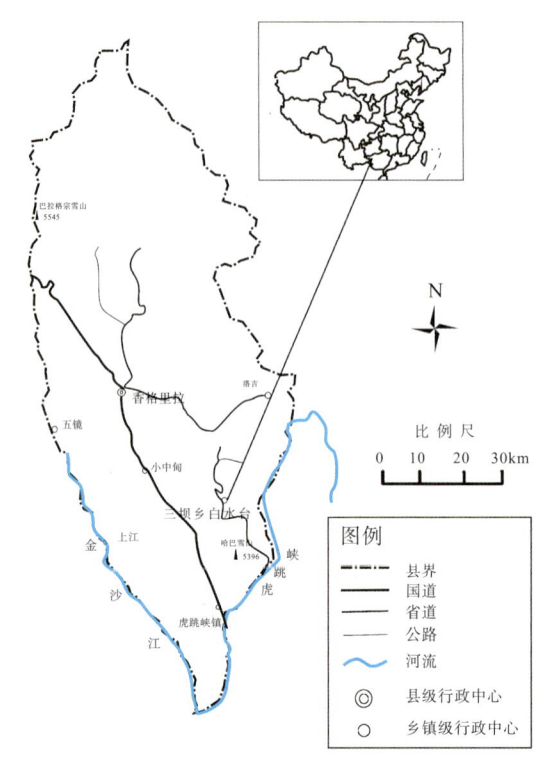

图 4-33　白水台地理位置分布图（据孙海龙，2008 修改）

2. 研究区的地质概况

白水台钙华景区所在的白地盆地由断陷侵蚀作用而成，盆地为南东-北西向展布，长 5～6km，宽 1.5～2km，面积约为 10km^2。区内出露地层为三叠纪地层，主要由砂页岩、火山岩和石灰岩构成（表 4-7）。西北部补给区灰岩分布广、厚度大，灰岩含生物碎屑，具有粒屑泥晶结构及其残余结构，质纯性脆，其方解石含量达 99%。区内由于构造运动和岩溶作用强烈，裂隙、溶洞较发育，不但为白水台泉水提供了良好的径流通道，而且还为白水台钙华的形成提供了物质基础。

表 4-7　白水台地层描述简表（据云南地质局，1980，1∶20 万永宁幅区域地质调查报告）

系	统	组	段	代号	厚度	主要岩性
第四系				Qh	1～193m	坡积、冲积、洪积、湖积砾石、沙砾、黏土及冰积砾石、沙砾层
三叠系	中	北衙组	三段	T_2b^3	53～210m	灰色纯灰岩夹生物碎屑灰岩
			二段	T_2b^2	80～193m	白云质灰岩夹灰岩
			一段	T_2b^1	261～929m	西部为灰岩、灰岩夹泥灰岩、粉砂岩。东部为长石石英砂岩、长石砂岩夹粉砂岩、泥灰岩
	下	腊美组		T_2l	113～916m	为紫红、黄绿色泥岩、长石砂岩。上部夹泥灰岩，东西部底部有砾岩
二叠系		东坝组		P_2d	2050m	为灰绿色致密状、杏仁状玄武岩夹角砾状玄武岩、灰岩透镜体及透镜状的砂岩、粉砂岩、泥岩和煤层

第四纪以来，由于强烈的构造运动和风化作用，山体岩石破碎，断层和裂隙发育，这为大气降水的入渗和地下水的径流提供了极好的条件。然而，因一近东西向大断裂的阻隔，地下水在海拔约 2550m 处以泉群的形式出露，其中与研究系统相关的泉有两个，即 S1-1 号(图 4-34)和 S1-2 号泉，其背靠十三角山，出露海拔约 2560m。北面与白水河相邻，泉水在出露和流动的过程中释放出大量的 CO_2，并析出丰富的碳酸钙沉积，从而形成千姿百态的钙华景观(图 4-35～图 4-37)。

然而近年来，可能受全球气候变化、补给区岩溶发育或者人类活动的影响，泉水流量显著减少，这使得现代钙华沉积的范围在缩小，而原来形成的钙华则因无泉水补充而发生风化衰退，严重影响了作为风景资源主体的钙华景观的观赏价值。因此，1998 年 4 月，有关部门在离白水台约 2.5km 的 S1-3 号泉修渠引泉水至白水台以补充 S1-1 和 S1-2 号泉水的不足。

图 4-34　白水台 S1-1 号泉口

图 4-35　白水台左侧正在发育的钙华梯田景观

图 4-36　云南白水台右侧正在发育的钙华梯田景观

图 4-37　云南白水台正在发育的瀑华-滩华景观

到目前为止，我们对白水台钙华的研究主要分为三个方面：①白水台钙华沉积机理研究，包括对沉积水体中物质来源、不同尺度下水化学动态变化以及钙华沉积速率的季节变化的研究；②白水台钙华的气候指代意义的现代观测研究，包括年（季）层颜色厚度的气候意义和稳定同位素组成的气候指代意义；③近几年沉积的钙华（这里我们称为近代钙华）中气候信息的提取，主要是为下一步更长时间尺度的古气候重建奠定基础。

接下来，我们将分别简要介绍。

4.2.2 云南白水台钙华沉积渠道的水化学和沉积速率的季节变化：钙华年层的形成及其古环境重建指示意义

1. 研究方法

1) 采样点介绍

本研究关注的重点是白水台 S1-3 号常流泉(Q=70L/s)及其补给的引水渠道中沉积的钙华(图 4-38)。引水渠道宽 60～70cm，深 8～15cm，流量为 60～70L/s。引水渠道的水文条件在研究时段内(2006 年 4 月 23 日～2007 年 4 月 23 日)发生过改变：2006 年 7 月 7 日的一场洪水使引水渠道的补给源头发生了改变，在 2006 年 7 月 7 日以前，引水渠道主要由 S1-3 号泉和白水河(其 Ca^{2+}、HCO_3^- 的含量和电导率相对较低)补给，而 2006 年 7 月 7 日，洪水将引水渠道和白水河之间的连接渠道冲毁，之后，重新对 S1-3 泉附近的引水渠道进行了整修，整修后引水渠道内的水仅由 S1-3 泉(其 Ca^{2+}、HCO_3^- 的含量和电导率相对较高，主要为深部系统补给)补给。渠道内几乎见不到大型的藻席和生物膜，故生物光合作用的影响可以忽略不计。

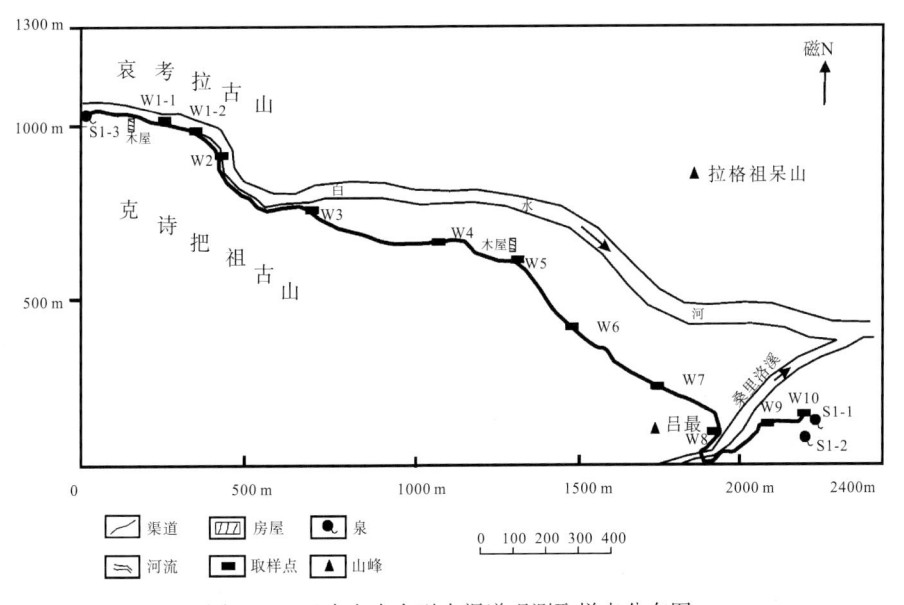

图 4-38 云南白水台引水渠道观测取样点分布图

2) 沉积速率的测定

为了了解白水台引水渠道钙华沉积速率的季节变化，在白水台引水渠道上各观测点放置统一制作的有机玻璃试片，试片大小为 5cm×5cm×0.5cm(平均表面积大约为 60cm²)。样品取出后，对钙华沉积试片进行称重，从试片质量的增加，计算钙华的沉积速率(图 4-39)。有机玻璃试片在放进水中之前和从水中取出之后，在 50℃的恒温下烘干 24h，然后称重。沉积速率的计算公式为

$$R = (W_{ts} - W_s)/At$$

式中，W_{ts} 和 W_s 分别为每次试验前后钙华沉积试片的重量，A 为有机玻璃试片总的表面

积（60cm²），t 为每次沉积试验的时间（大约15d）。

图 4-39　云南白水台引水渠道中的现代钙华沉积

3）水化学的测量

为了了解水化学和同位素特征，我们对 S1-3 号泉和各个钙华沉积点进行了长期的现场水化学测定和取样分析。现场测定使用德国 WTW 公司生产的 Multiline 350i 多参数自动记录仪，现场测定水的 pH、温度和电导率，精度分别为 0.01pH、0.1℃ 和 1μS/cm。仪器在使用前，用 pH＝7 和 pH＝4 的缓冲溶液对 pH 探头进行校正，用电导率为 1412μS/cm 的校正液对电导率探头进行校正。现场滴定使用德国 Merck 公司生产的碱度计和硬度计测定水的 HCO_3^- 和 Ca^{2+} 的含量，其精度分别为 6mg/L 和 4mg/L。

利用多次滴定结果可得到渠道水中 HCO_3^-、Ca^{2+} 的含量与电导率的线性关系（Liu et al.，2006b）：

$$[HCO_3^-]=0.72\times EC(\mu S/cm)-7.813 \quad (4-7)$$

$$[Ca^{2+}]=0.24\times EC(\mu S/cm)-5.58 \quad (4-8)$$

此外，为了更精确地得到水中离子浓度的信息，每半个月采集水样在室内分析水中 K^+、Na^+、Ca^{2+}、Mg^{2+}、Cl^- 和 SO_4^{2-} 的浓度。其中 Ca^{2+} 和 Mg^{2+} 用 EDTA 标准试剂滴定分析；K^+ 和 Na^+ 利用原子吸收法测定；Cl^- 和 SO_4^{2-} 用 Mohr 标准试剂进行滴定（Liu et al.，2007）。

4）降雨记录

研究区降雨量通过 Greenspan CTDP 300 多参数记录仪自动监测，测量误差为 4%（Liu et al.，2007）。同时，还在钙华台面（池子系统）附近放置了一个雨量筒，人工记录降雨量，对自动记录的数据进行校正。

5）水中 CO_2 分压和方解石饱和指数的计算

在岩溶水化学特征的研究中，二氧化碳分压（P_{CO_2}）和方解石饱和指数（SI_c）是非常重要的指标。但这两个参数需要结合岩溶水即时的 pH、温度以及 7 种主要的离子浓度，通过相关的地球化学模型计算得出（Liu et al.，2007）。

SI_c 和 P_{CO_2} 的计算所需的模型为 Watspec 程序，所用到的基本参数包括监测点水样的

pH、温度、K^+、Na^+、Ca^{2+}、Mg^{2+}、HCO_3^-、Cl^- 和 SO_4^{2-} 浓度数据（Wigley，1977）。通过现场监测和实验室分析得到相关数据，就可以计算出相应点的二氧化碳分压（P_{CO_2}）和方解石饱和指数（SI_c），其计算式分别如下：

$$P_{CO_2} = \frac{[HCO_3^-][H^+]}{K_1 K_{CO_2}} \tag{4-9}$$

式中，K_1 和 K_{CO_2} 分别代表 H_2CO_3 和 CO_2 的水解平衡常数；

$$SI_c = \lg \frac{[Ca^{2+}][CO_3^{2-}]}{K_C} \tag{4-10}$$

式中，K_C 为方解石平衡常数；当 $SI_c=0$ 时，表示溶液中的方解石达到平衡状态；当 $SI_c>0$ 时，表示溶液中方解石过饱和，可能产生方解石沉淀；当 $SI_c<0$ 时，表示溶液中方解石未达到饱和，溶液对碳酸钙还具有侵蚀性。

2. 结果分析

1）白水台 S1-3 号泉水化学特征概况

表 4-8 列出了 S1-3 号泉水化学数据。从表 4-8 中可知，Ca^{2+} 是泉水水体中主要的阳离子成分，占阳离子浓度的 85% 以上；HCO_3^- 作为水体阴离子的主要组成成分，占阴离子的 95% 以上，水化学类型为 HCO_3-Ca 型，反映了 S1-3 号泉补给区中三叠纪石灰质基岩对泉水水化学的控制（Liu et al.，2003）。S1-3 号泉水的 Ca^{2+} 和 HCO_3^- 的浓度很高，分别达到了 200mg/L 和 600mg/L（或 5mmol/L 和 9.8mmol/L）左右，相应的 CO_2 分压则高达 3 万 ppmv 以上，可能存在非土壤生物成因等 CO_2。据刘再华等（2003）在全国的观察发现，生物成因的 CO_2 即使在温暖湿润的热带和亚热带地区最高也不超过 3 万 ppmv，Ca^{2+} 和 HCO_3^- 的浓度分别不超过 150mg/L 和 450mg/L。可见，S1-3 号泉水的水化学特征仅用生物成因 CO_2 作为灰岩的侵蚀溶解动力的解释是不够的。而据 Liu 等（2003）的研究发现，S1-3 号泉的 CO_2 主要源自深部地热成因的 CO_2。

表 4-8　白水台 S1-3 号泉水化学和同位素组成特征

采样时间/ 月-日-年	离子浓度/(mg/L)							pH	水温/℃	电导率 /(μS/cm, 25°C)	SI_c[a]	P_{CO_2}[b] /ppmv
	K^+	Na^+	Ca^{2+}	Mg^{2+}	Cl^-	HCO_3^-	SO_4^{2-}					
11-4-2006	0.44	4.39	202	13.45	2.15	606	11.64	7.11	7.0	852	0.394	35237
12-2-2006	0.44	4.39	200	13.45	2.15	616	11.65	6.98	6.9	874	0.29	33113
2-5-2007	—	—	199	—	—	610	—	6.86	7.0	877		
3-19-2007	—	—	206	—	—	616	—	6.91	7.1	873		
4-24-2007	—	—	198	—	—	610	—	7.03	7.1	860		

[a] 方解石溶液饱和指数（$SI_c=\lg IAP/K$，其中 IAP 是离子强度，K 是平衡常数）。如果 $SI_c>0$，则溶液过饱和；如果 $SI_c<0$，溶液具有侵蚀性；如果 $SI_c=0$，溶液处于平衡状态。

[b] 根据 Watspec 软件计算得到的 CO_2 分压。

2）渠道水化学的季节变化

图 4-40 是白水台引水渠道 W3（渠道的上游）和 W10（渠道的下游）点 2006 年 4 月 25 日至 2007 年 4 月 20 日近 1 年时间内渠道水化学时间变化曲线。其中，水的温度、pH 和电导率用 WTW 350i 监测仪每天监测获得；HCO_3^- 和 Ca^{2+} 的浓度通过它们与电导率的线

性关系获得；SI$_c$ 和 P_{CO_2} 分别为方解石饱和指数和 CO$_2$ 分压，由 Watspec 软件计算得到；降水量数据通过设在 S1-1 号泉的 CTDP 300 多参数水质监测仪获得。从图中可以看出 W3 和 W10 号点的水化学数据具有明显的季节变化。在雨季，从 2006 年 5 月 13 日至 2006 年 5 月 31 日这段时间内，引水渠道水的[HCO$_3^-$]、[Ca^{2+}]、电导率及 P_{CO_2} 呈现逐渐降低的趋势。以 W10 号点为例，[HCO$_3^-$]、[Ca^{2+}]、电导率及 P_{CO_2} 分别从 2006 年 5 月 13 日的 447mg/L、146mg/L、636μS/cm 和 1626ppmv 降低到 2006 年 5 月 31 日的 283mg/L、92mg/L、407μS/cm 和 705ppmv。而这段时间正是白水台地区雨季开始，降水量逐渐增加的时候。可见夏季白水台引水渠道水的[HCO$_3^-$]、[Ca^{2+}]、电导率及 P_{CO_2} 的降低主要是由白水河和雨后坡面流（HCO$_3^-$、Ca^{2+} 的浓度很低）的稀释作用造成的。

从图 4-41 中可以看出，从 2006 年 6 月 1 日至 2006 年 6 月 30 日，随着降水量的减少（虽然在 6 月 10 日和 24 日有轻微的稀释效应存在），W3 和 W10 号点的水化学数据也随之升高。

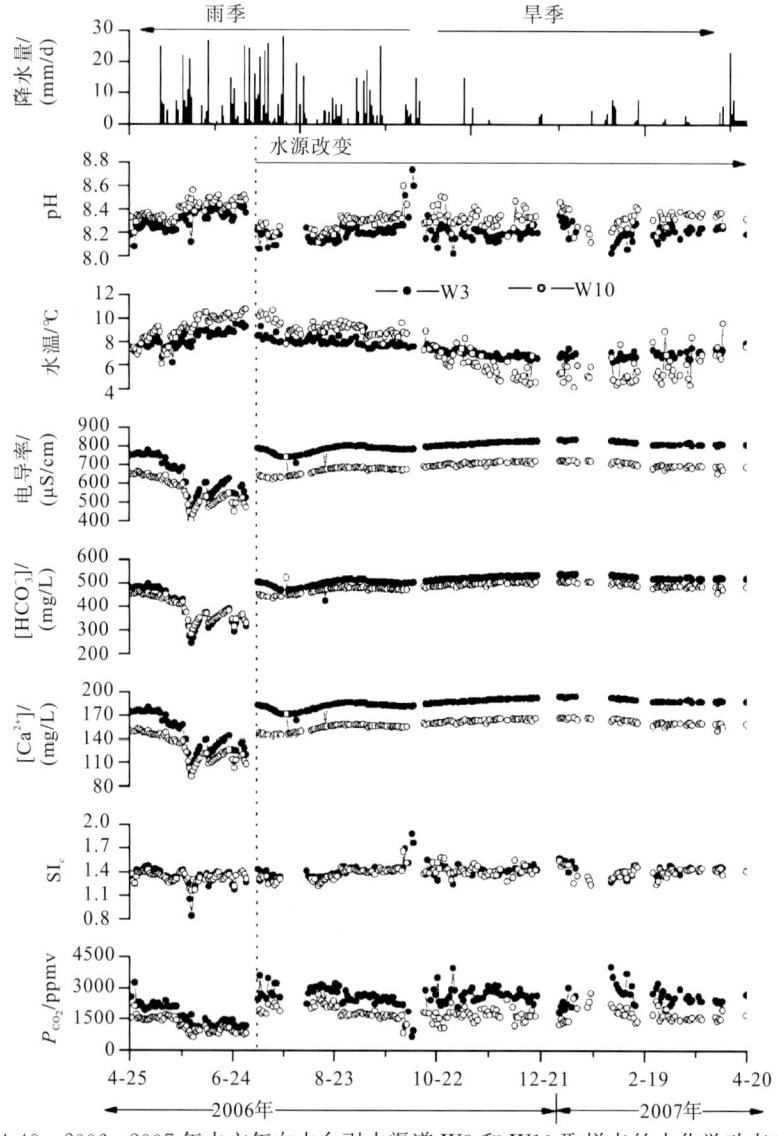

图 4-40　2006～2007 年水文年白水台引水渠道 W3 和 W10 取样点的水化学动态变化

此外，从图 4-40 中其他时间段也可以看出引水渠道水化学的变化与降水量有着很好的对应关系。至于在 2006 年 7 月 7 日左右，降水量最大时，引水渠道水的[HCO_3^-]、[Ca^{2+}]、电导率及 P_{CO_2} 不降反升的反常现象主要是由引水渠道水源的改变造成的。2006 年 7 月 7 日以前，引水渠道的水是由 S1-3 号泉和白水河的河水混合形成的，河水（HCO_3^- 和 Ca^{2+} 的浓度低）对水化学的稀释较为明显，因此引水渠道水的[HCO_3^-]、[Ca^{2+}]、电导率及 P_{CO_2} 相对较低；而 2006 年 7 月 7 日 S1-3 号泉处的引水渠道被洪水冲垮后，重新对 S1-3 号泉附近的引水渠道进行了整修，整修后引水渠道内的水只由 S1-3 号泉供给，此后的渠道水因为没有河水的稀释，水的[HCO_3^-]、[Ca^{2+}]、电导率及 P_{CO_2} 相对较高。

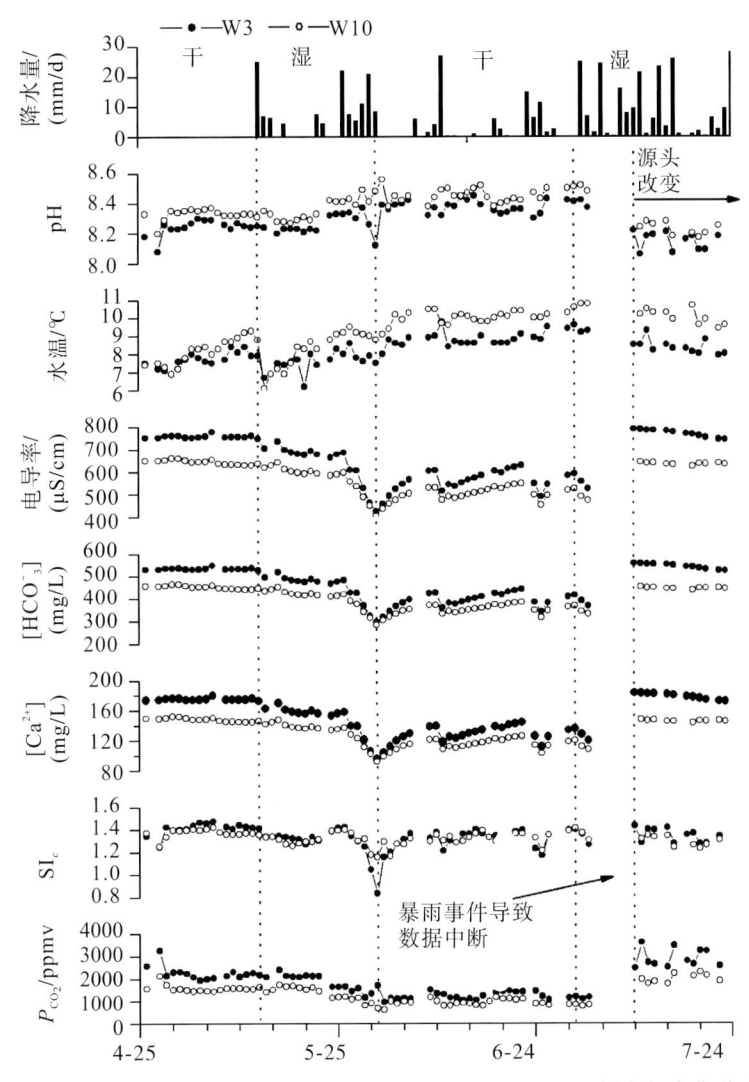

图 4-41 2006 年 4 月 25 日~7 月 24 日引水渠道上 W3 和 W10 取样点的水化学动态变化

从图 4-40 中还可以看出，渠道的水温具有明显的季节变化。渠道的水温夏季高，冬季低，反映了渠道水的温度主要受外界环境温度的影响。但是应该注意到，在渠道整修前的暖湿季节里，渠道水的[HCO_3^-]、[Ca^{2+}]、电导率及 P_{CO_2} 的降低是主要是由于河水和坡面流对渠道水的稀释引起的，而不是由于温度升高引起的方解石沉积速率增加引起的。

在2006年7月7日后，引水渠道主要由S1-3号泉补给。由于只有雨后的坡面流对渠道水进行稀释（白水河不再进行稀释），从那时起稀释效应就变得很弱了。除了水温具有非常明显的季节变化外，渠道水的[HCO_3^-]、[Ca^{2+}]、电导率及P_{CO_2}也具有明显的干湿季节变化。渠道水的[HCO_3^-]、[Ca^{2+}]、电导率及P_{CO_2}都是暖湿季节低，而干冷季节高。这与日本学者在表生钙华中发现的规律相反(Matsuoka et al.，2001；Hori et al.，2009)。

3) 渠道钙华沉积速率的季节变化

由于实验中钙华沉积试片部分丢失及损坏，因此选择W4和W7这两个数据较全的观测点进行沉积速率的分析，分别代表渠道的上游和下游。其中W4观测点2006年11月17日、2006年12月2日和2007年4月24日的样品丢失，W7观测点2006年12月16日和2007年4月24日的样品损坏无法进行沉积速率的测定。对W4和W7观测点的钙华沉积速率与沉积期间的降水量、渠道水温、钙离子浓度([Ca^{2+}])和方解石饱和指数(SI_c)的关系进行作图（降水量采用的是钙华沉积期间的累积降水量，而渠道水温、钙离子浓度([Ca^{2+}])和方解石饱和指数(SI_c)采用的是钙华沉积期间的平均值)，结果如图4-42所示。图中水温、钙离子浓度和SI_c是每次试验的平均值，降水量是每次试验期间的累计降水量。

从图4-42中可以看出，可以将研究时段细分为四个时期：雨季稀释效应增加期、雨季稀释效应减弱期、旱季温度降低期和旱季温度升高期。

在暖湿的雨季，W4和W7号点钙华沉积速率明显受降水量的控制：当降水量增大时，钙华沉积速率降低；而降水量降低时，钙华沉积速率升高（图4-42）。钙华沉积速率的降低与白水河和坡面流进入引水渠道，对渠道水进行稀释，造成渠道水的钙离子浓度([Ca^{2+}])和方解石饱和指数(SI_c)降低有关。

而在旱季，W4和W7号点钙华沉积速率明显受水温的控制：当水温降低时，钙华沉积速率降低；当水温升高时，钙华沉积速率升高（图4-42）。温度从两个方面控制碳酸钙的沉积速率。首先，温度控制方解石沉积速率的沉积速率常数(Dreybrodt，1988；Liu et al.，1995)。比如，在与本研究相似的条件：ε（扩散边界层厚度）为0.01cm，δ（水深）为10cm，CO_2分压为1000ppmv下，方解石的沉积速率常数($α$)在水温为5℃时为2.15cm/s，而在10℃时则升高到3.28cm/s(Liu et al.，1997)。其次，温度还控制水中CO_2的逸出。一般认为，水温越高，CO_2的逸出速度越快，方解石的沉积速率也越快。

从图4-42中可以看出，在2006年7月7日引水渠道源头改变以后，由于水中钙离子浓度和重碳酸根离子浓度升高，从而导致钙华沉积速率升高。2006年7月7日至7月24日试验期间，降水量最大时，钙华的沉积速率没有降低，反而有少许的升高，正是因为渠道源头改变，钙离子和重碳酸根离子浓度相对升高造成的。

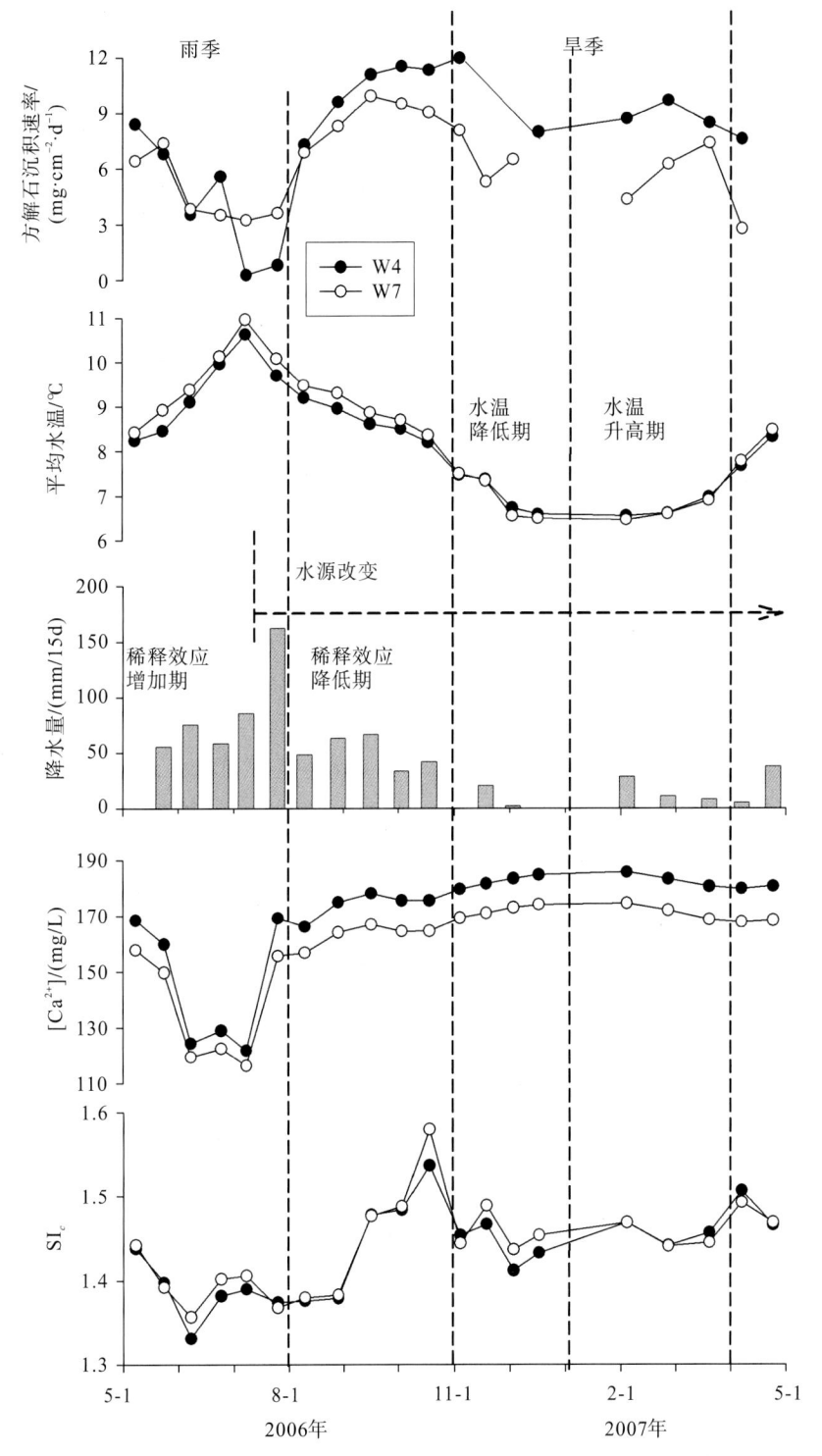

图 4-42 W4 和 W7 号点钙华沉积速率的季节变化及与降水量、水温、[Ca^{2+}]和 SI_c 的关系

3. 讨论

1)降水量及水温对钙华沉积速率的控制

碳酸钙沉积的基本条件是水溶液中具有较高的钙离子浓度和重碳酸根离子浓度,达到过饱和且水溶液处于紊流条件下(Dreybrodt,1988;Liu et al.,1995)。白水台钙华沉积系统满足上述的条件(Liu et al.,2003)。但是,另一方面,降水量和水温也可以通过影响钙华沉积过程中多种物理化学过程(比如 CO_2 的逸出快慢)来影响钙华的沉积速率。为了更好地研究降水量及水温对钙华沉积速率的影响,以 W4 号点为例,对钙华沉积速率与降水量和水温的关系作图,结果如图 4-43 和图 4-44 所示。

从图 4-43 中可以看出,钙华沉积速率与降水量具有明显的负相关关系,但是 2006 年 7 月 7 日以前的数据比 2006 年 7 月 7 日以后的数据具有更高的相关系数和更高的斜率,说明 2006 年 7 月 7 日以后的稀释效应比 2006 年 7 月 7 日以前的稀释效应要弱。这主要是因为在 2006 年 7 月 7 日以前白水河和坡面流共同对渠道水进行稀释,而 2006 年 7 月 7 日之后只有坡面流进入渠道对渠道水进行稀释。

从图 4-44 中可以看出,在 2006 年 7 月 7 日之后,钙华沉积速率与水温具有较弱的负相关关系。这与一般的认识相矛盾,因为钙华沉积速率应该随着温度的升高而升高,与温度呈正相关关系(Dreybrodt,1988)。钙华沉积速率与水温之间呈负相关关系可能与稀释效应占主导并且抵消了温度效应有关。因此,为了研究钙华沉积速率与水温的关系,故选取稀释效应较弱的时段进行分析。图 4-45 是 2006 年 7 月 7 日渠道源头改变后,雨季钙华沉积速率与温度的关系以及随后旱季钙华沉积速率与温度的关系。从图 4-45 中可以看出,在旱季钙华沉积速率与水温具有明显的正相关关系,证明了钙华沉积速率的温度控制。但是,由于在 2006 年 7 月 7 日引水渠道源头改变后,雨季的稀释效应仍大于温度效应,因此在 2006 年 7 月 7 日后的雨季,钙华沉积速率与水温仍呈较为明显的负相关关系。

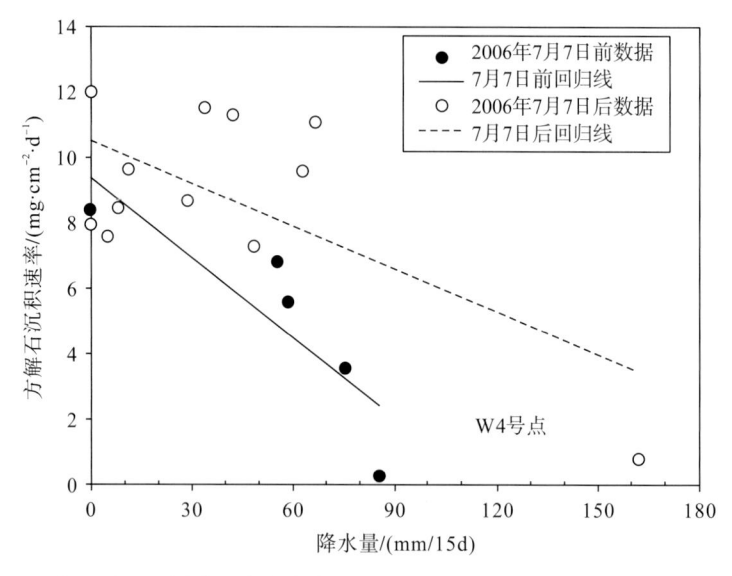

图 4-43 2006 年 7 月 7 日渠道源头改变前后,W4 号点钙华沉积速率与同期降水量的关系图

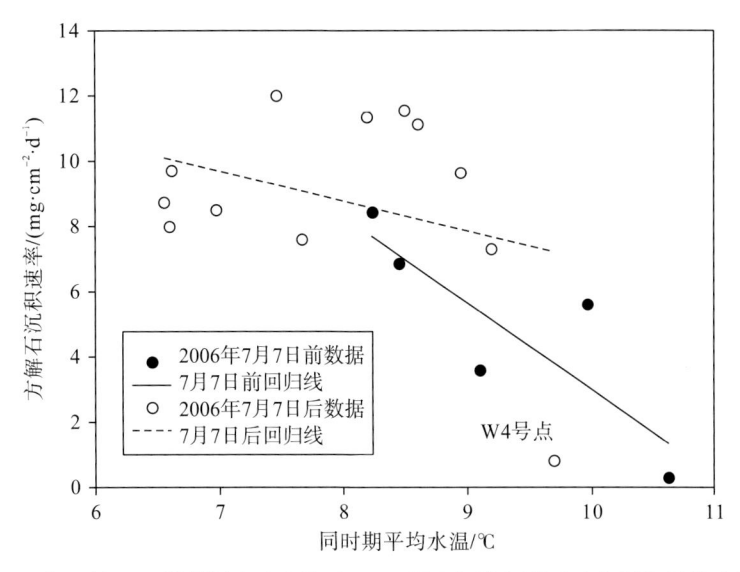

图 4-44 2006 年 7 月 7 日渠道源头改变前后，W4 号点钙华沉积速率与同期平均水温的关系图

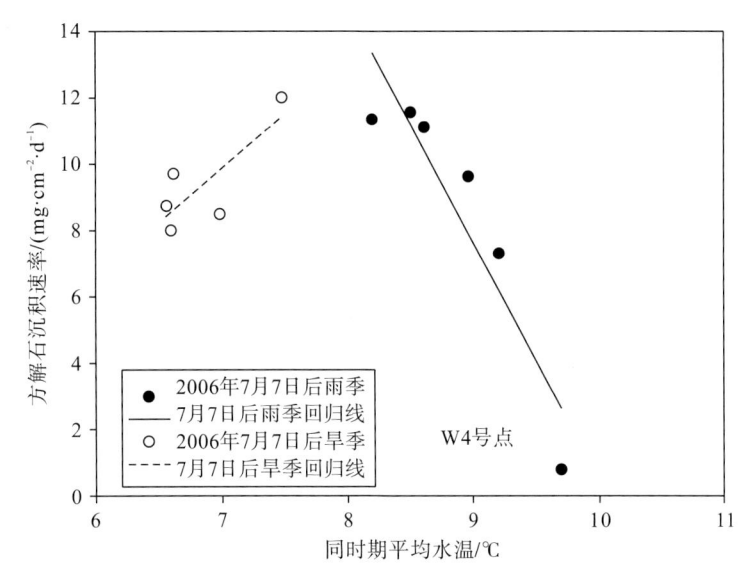

图 4-45 2006 年 7 月 7 日渠道源头改变后，雨季钙华沉积速率与水温的关系以及随后的旱季钙华沉积速率与水温的关系图

白水台引水渠道水化学及钙华沉积速率的季节变化与日本学者 Kano 等(2003)和 Kawai 等(2006)发现的日本表生钙华系统中水化学及钙华沉积速率的季节变化不同。Kano等(2003)和 Kawai 等(2006)的研究发现，由于地下水系统 CO_2 浓度的季节变化造成水中溶解的碳酸钙浓度夏-秋季(7~10 月)高，而冬-春季(11 月~次年 5 月)低，从而导致钙华沉积速率是夏秋季高而冬春季低。而白水台钙华属于内生钙华，其起源的 CO_2 主要来自深部地热系统，包括深部碳酸盐变质作用产生的 CO_2 和幔源 CO_2(Ford 和 Pedley，1996；Minissale et al.，2002；Crossey et al.，2009)。这样系统中地下水就含有大量的游离 CO_2 以及钙离子和重碳酸根离子(Liu et al.，2003)。由于内生钙华系统中游离 CO_2 浓度以及钙离子和重碳酸根离子的浓度要远高于表生钙华系统，因此由雨水控制的稀释

效应的季节变化就是内生钙华沉积速率季节变化的主要控制因素。

由于内生钙华沉积速率季节变化的控制因素(稀释效应)与表生钙华系统中钙华沉积速率季节变化的控制因素(温度效应和CO_2效应)不同，因此在利用钙华进行古气候和古环境重建时，必须首先要确认所研究钙华的类型。

2)内生钙华年层的形成及气候意义

在白水台的引水渠道以及S1-1和S1-2号泉附近的公路旁都发现了年层状钙华，如图4-46所示。旱季形成厚的白色亚年层，雨季形成薄的暗色亚年层，切面显示19年层，平均年层厚度达16mm，最大年层厚度为20mm。内生钙华相对于日本的表生钙华(Kano et al.，2003；Kawai et al.，2006)具有更为明显的层状结构。但是，白水台内生钙华的年层状结构由薄的暗色疏松层和厚的浅色致密层交互形成。这与日本发现的表生钙华年层的结构不同(Matsuoka et al.，2001；Kano et al.，2003，2004，2007；Kawai et al.，2009)，日本表生钙华的年层是由夏－秋季形成的深色致密层和冬－春季形成的浅色疏松层构成，这一规律反映了钙华沉积速率的季节变化。

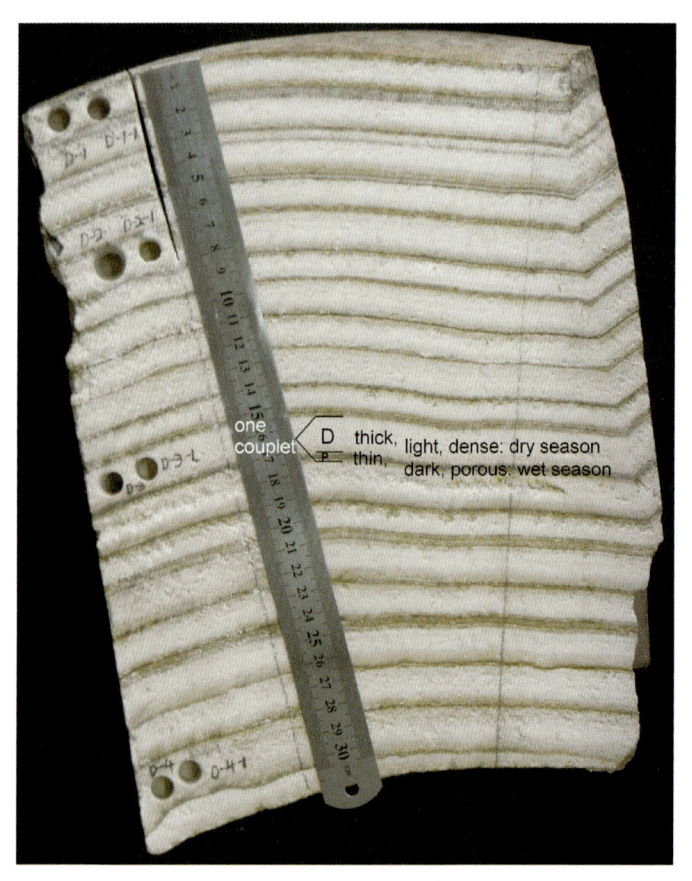

图4-46　云南白水台发育的钙华年层(Liu et al.，2010)

为了了解白水台内生钙华年层的形成，在白水台引水渠道W3、W7和W9号点放置有机玻璃试片，用于沉积钙华，放置时段为2006年4月23日～2007年4月23日。钙华样品取出后，对钙华样品进行切片观察，发现内生钙华具有明显的年层结构。以W9号点为例，如图4-47所示。从图中可以看出，W9号点沉积的钙华具有和图4-46中钙华类似的年层结构。一个年层由薄的暗色疏松层和厚的浅色致密层构成。钙华样品于 2006 年 4 月 23 日开始沉积，2007 年 4 月 23 日停止沉积。因此薄的暗色疏松层(大约 6mm 厚)应该是形成于雨季，稀释效应造成钙华沉积速率的降低，从而导致形成薄的疏松层。而厚的浅色致密层(大约 10mm 厚)则形成于旱季，由于稀释效应降低，钙华沉积速率升高，从而形成厚的致密层。从图中可以看出，由于 2006 年 7 月 7 日渠道源头的改变，钙华在雨季形成了两个明显的微层结构(L1 和 L2)。微层 L1 形成于 2006 年 4 月 23 日~2006 年 7 月 7 日，而微层 L2 形成于 2006 年 7 月 7 日至当年雨季的结束。由于 2006 年 7 月 7 日前的稀释效应要大于 2006 年 7 月 7 日后的稀释效应，因此微层 L1 的碳酸钙沉积速率(大约 0.8mm/月)要小于微层 L2 的碳酸钙沉积速率(大约 1mm/月)。微层 L1 的颜色比微层 L2 的颜色要深也说明 2006 年 7 月 7 日之前的稀释效应要比 2006 年 7 月 7 日之后的稀释效应要强，因为更强的稀释效应带来更多土壤来源的黏土物质和有机质，导致微层 L1 颜色更深。

白水台内生钙华的年层结构和日本表生钙华年层的结构不同，这是因为这两种不同类型钙华沉积速率季节变化的控制因素不同。日本表生钙华沉积速率是受温度效应和 CO_2 脱气作用强弱的季节变化控制。而白水台内生钙华的沉积速率主要受雨水的稀释效应控制。

白水台内生钙华薄的暗色疏松层的颜色与坡面流带来的土壤来源的黏土和有机质有关。对钙华进行有机质测定发现(表 4-9)，薄的暗色疏松层的有机质含量[(9.82~16.49)$\times 10^{-6}$]明显高于厚的浅色致密层的有机质含量[(4.22~4.76)$\times 10^{-6}$]。在旱季，由于很少或没有黏土或是有机质的污染，钙华微层就显得比较纯净且颜色较亮。野外的观察研究也发现了白水台钙华颜色的这种季节变化。图 4-48 为雨季拍摄的照片，钙华的颜色是深棕色。而在旱季拍摄的照片，钙华的颜色则为白色(图 4-49)。

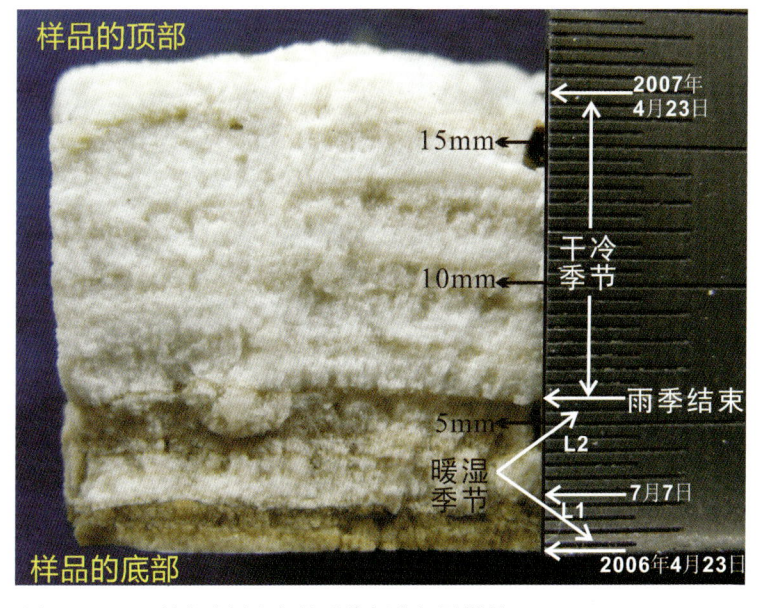

图 4-47　W9 号点成层良好的现代钙华年层样品(2006-4-23~2007-4-23)

表 4-9　白水台钙华浅色层和暗色层有机质含量

钙华微层	有机质含量/$\times 10^{-6}$	钙华微层	有机质含量/$\times 10^{-6}$
暗色疏松层	16.49	浅色致密层	4.76
暗色疏松层	13.72	浅色致密层	4.64
暗色疏松层	12.30	浅色致密层	4.22
暗色疏松层	9.82	—	—

图 4-48　雨季的白水台钙华梯田（由于雨后坡面流带来大量的黏土及有机质，钙华颜色呈现深棕色）

图 4-49　旱季的白水台钙华梯田（白色）

4. 结论

通过对云南白水台钙华沉积渠道水化学和沉积速率的季节变化进行一个水文年的观测研究，发现水化学和沉积速率都有明显的季节变化，为夏季(雨季)低，冬季(旱季)高。夏季水体具有较低的离子浓度和钙华沉积速率主要是与雨后坡面流的稀释效应有关。

同时，研究还发现白水台内生钙华有比一般表生钙华更加明显的年层。然而，内生钙华的年层由夏季深色多孔薄层和冬季浅色致密厚层组成，与表生钙华由夏秋季深色致密厚层和冬春季浅色多孔薄层组成刚好相反。内生钙华的年层主要是由稀释作用引起的沉积速率改变所致。其中，深色层与该层具有较多的土壤黏土矿物和有机质有关。

本研究证实钙华沉积速率和年层的形成主要受气候控制(例如降雨)，因此可利用白水台地区古钙华样品重建当地的降雨历史。此外，本研究也指出，由于表生钙华和内生钙华的沉积速率的控制因素不同，因此在利用两类钙华进行古气候环境重建时需要加以区分。

4.2.3 白水台渠道钙华氧、碳同位素的季节变化及其气候指代意义

1. 研究方法

采样点介绍和水化学的分析方法与上一节中一致。这里主要介绍同位素样品的采集与分析。

1)现生钙华和水样的采集

为了采集正在沉积的新鲜钙华，分别沿着渠道放置 10 块有机玻璃片。每过大约 10d(有机玻璃片上新鲜沉积的钙华足够用于同位素组成的测试)，用新的试片进行替换。同时每 10d 在试片放置点采集水样用于同位素分析。用于测试氧氢同位素组成的水样用 60mL 的塑料瓶进行采集。采集时尽量在水下采集，以保证瓶中没有气泡。水中溶解无机碳(DIC)样品用沉淀法进行采集。先用润洗过的纯净水瓶装约 500mL 水样，立即加入 10mL NaOH(2mol/L)溶液和 10mL 饱和 $BaCl_2$ 溶液($BaCl_2$ 过量，所有 DIC 完全沉淀)，整个过程避免长时间与空气接触。得到的 $BaCO_3$ 样品在 24h 内烘干。

采集台面附近雨量筒里的雨水进行同位素分析，样品尽量在雨后立即采集，以防止蒸发对同位素组成的影响。泉水的采样方法和沉积水体的采集方法类似，用 60mL 塑料瓶采集。同时还采集了大雨后的坡面流样品进行碳氧同位素测试，采样方法与沉积水体的方法类似。

2)氧碳同位素组成分析

将大约 2mg 的钙华或碳酸钡样品装入玻璃瓶中，放入磁力搅拌子，抽真空。加入 3mL 纯 H_3PO_4 与样品反应，生成的 CO_2 被液氮冷却装置固定下来，封入真空玻璃管中，随后在 Finnigan MAT 252 气相质谱仪上进行氧碳同位素测试。参考标准为国际通用的 Vienna Pee Dee Belemnite(VPDB)，测试结果用‰表示，其计算公式为

$$\delta(\text{VPDB}, ‰) = [(R_{\text{sample}} - R_{\text{standard}}/R_{\text{standard}})] \times 1000 \tag{4-11}$$

氧碳同位素测试的标准偏差为±0.1‰。水样的氧氢同位素组成($\delta^{18}O$ 和 δD)利用

Finnigan MAT 253 进行测试，样品无需进行前处理。$\delta^{18}O$ 和 δD 的测试精度分别为 0.1‰ 和 1‰。

2. 结果分析

1）试片钙华碳氧同位素组成的季节变化

取样点分别是 W3、W7、W10 三个观测点，取样时间分别是 2006 年 5 月 7 日、5 月 23 日、6 月 7 日、6 月 24 日、7 月 7 日、7 月 25 日、8 月 10 日、8 月 28 日、9 月 15 日、10 月 3 日、10 月 17 日、11 月 4 日、11 月 18 日、12 月 2 日、12 月 19 日、2007 年 1 月 10 日、2 月 6 日、2 月 24 日、3 月 20 日、4 月 6 日和 4 月 24 日。

从图 4-50 中可以看出，3 个取样点钙华的 $\delta^{18}O$ 和 $\delta^{13}C$ 在 6 月和 7 月初有明显的降低，当时河水和坡面流进入渠道，对渠道水进行了稀释。2006 年 5 月 7 日～2006 年 7 月

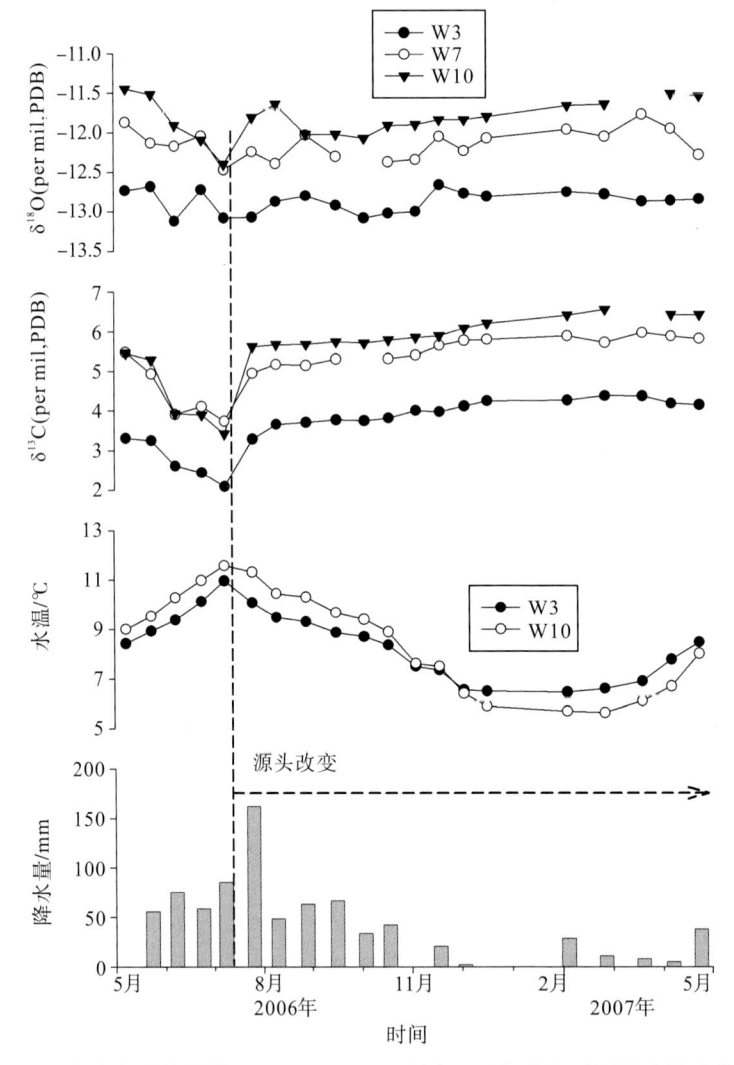

图 4-50　白水台引水渠道 W3、W7 和 W10 号点现生钙华氧碳同位素的季节变化

6日，W3、W7和W10号点的$\delta^{13}C$分别从3.31‰、5.47‰和5.45‰降低到了2.09‰、3.74‰和3.42‰；$\delta^{18}O$分别从-12.73‰、-11.87‰和-11.45‰降低到了-13.08‰、-12.47‰和-12.4‰。但在2006年7月24日，钙华$\delta^{18}O$和$\delta^{13}C$的降低被突然打断，而且出现了明显的上升。这主要由引水渠道水源的改变造成的：2006年7月7日以前，引水渠道的水是S1-3号泉和白水河的河水混合形成的，而2006年7月7日S1-3号泉处的引水渠道被洪水冲垮后，重新对S1-3号泉附近的引水渠道进行了整修，整修后引水渠道内的水只由S1-3号泉供给。

从图4-50中也可以看出，在雨季（11月以前）和旱季（11月至次年的4月），随着降水量的减少，钙华的$\delta^{18}O$和$\delta^{13}C$出现进一步的升高。

2）试片钙华氧碳稳定同位素组成的空间变化

为了了解内生钙华氧碳稳定同位素（$\delta^{18}O$和$\delta^{13}C$）的空间变化，对白水台引水渠道中从上游到下游的W3～W10号点（W9号点除外）试片上沉积的钙华取样进行分析，取样时间分别是2006年5月7日、2006年7月7日、7月24日以及2006年12月2日，其中2006年5月7日和2006年12月2代表旱季，2006年7月7日和2006年7月24日代表雨季。结果如图4-51和图4-52所示。从图4-51中可以看出，钙华的氧碳同位素的空间变化规律是随着渠道中的水向下游流动，$\delta^{18}O$和$\delta^{13}C$总体呈现出上升的趋势。但是从图4-51和图4-52可以看出，旱季的上升趋势明显比雨季的上升趋势明显。

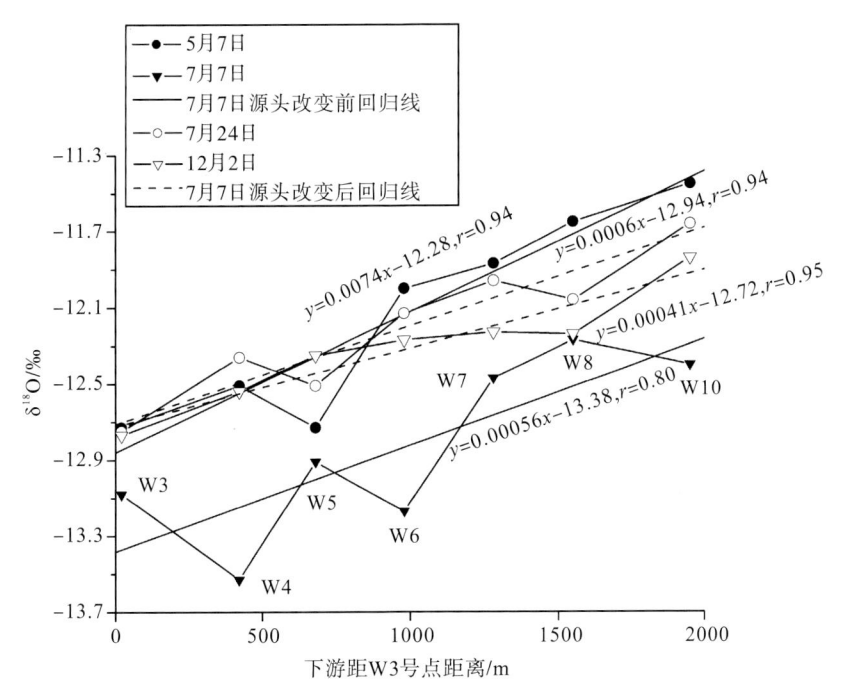

图4-51 白水台引水渠道旱季和雨季钙华氧同位素的空间变化图

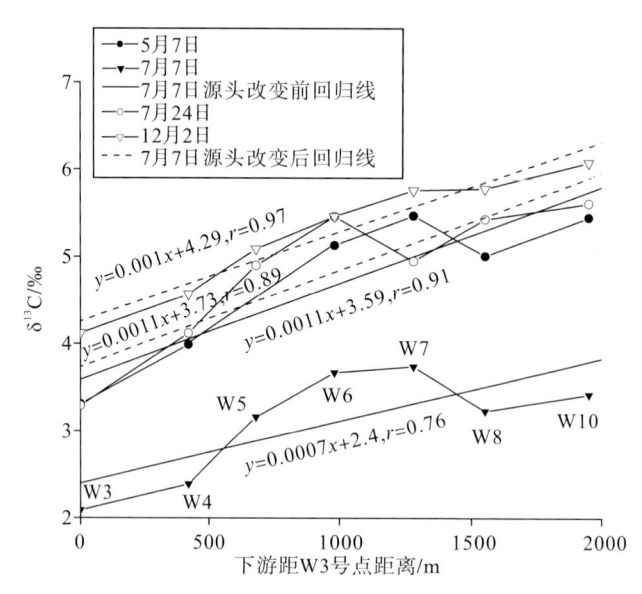

图 4-52　白水台引水渠道旱季和雨季钙华碳同位素的空间变化图

3. 讨论

1) 稀释效应控制内生钙华碳氧同位素组成的季节变化

从图 4-50 中可以看出，钙华的 $\delta^{18}O$ 和 $\delta^{13}C$ 与降水量有明显的相关性，为了了解白水台引水渠道中钙华的 $\delta^{18}O$ 和 $\delta^{13}C$ 与降水量的关系，以 W10 号点为例，对钙华 $\delta^{18}O$ 和 $\delta^{13}C$ 分别与降水量的关系进行了分析，结果如图 4-53 和图 4-54 所示。

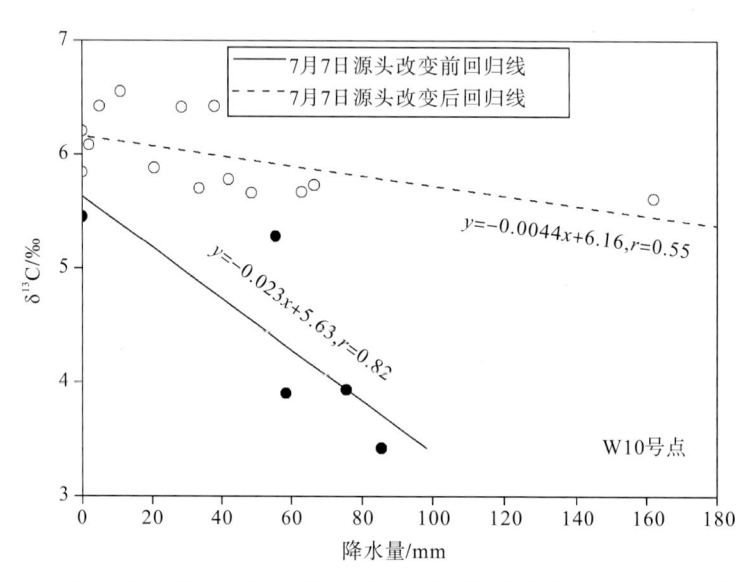

图 4-53　2006 年 7 月 7 日前后，W10 号点钙华碳同位素与降水量的线性关系图
（虚线为 2006 年 7 月 7 日后的数据）

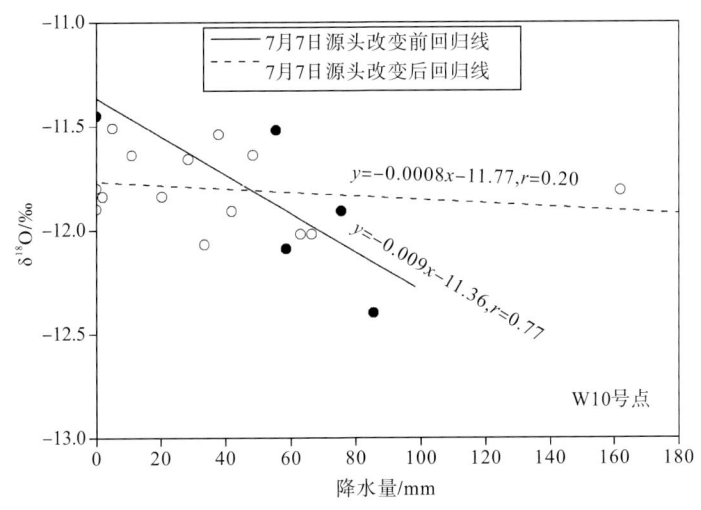

图 4-54 2006 年 7 月 7 日前后，W10 号点钙华氧同位素与降水量的线性关系图
（虚线为 2006 年 7 月 7 日后的数据）

从图 4-53 和图 4-54 中可以看出，2006 年 7 月 7 日前后（渠道水源改变的前后，7 月 7 日前主要由 S1-3 号泉和白水河补给，7 月 7 日后主要由 S1-3 号泉补给），钙华的 $\delta^{18}O$ 和 $\delta^{13}C$ 与降水量的线性关系有明显的差异。在 2006 年 7 月 7 日以前，钙华的 $\delta^{18}O$ 和 $\delta^{13}C$ 与降水量有着明显的负相关关系，表明钙华的 $\delta^{18}O$ 和 $\delta^{13}C$ 变化明显受降水量的控制，表现为降水量效应。在 2006 年 7 月 7 日以前，钙华 $\delta^{13}C$ 的降低主要是由白水河和雨后坡面流（其溶解无机碳的 $\delta^{13}C$ 主要受土壤生物成因起源 CO_2 和大气起源 CO_2 影响，因而偏负）的稀释效应引起的。而 2006 年 7 月 7 日前，钙华 $\delta^{18}O$ 的降低主要是由雨水的稀释效应造成的，雨水具有较低的 $\delta^{18}O$。这进一步证明白水台内生钙华的 $\delta^{18}O$ 和 $\delta^{13}C$ 主要受雨水的稀释效应控制。

对钙华的 $\delta^{18}O$ 和 $\delta^{13}C$ 进行相关性分析，如图 4-55 所示，发现钙华的 $\delta^{18}O$ 和 $\delta^{13}C$ 呈明显的正相关。这反映 $\delta^{18}O$ 和 $\delta^{13}C$ 的变化受同一机理控制，即稀释效应。

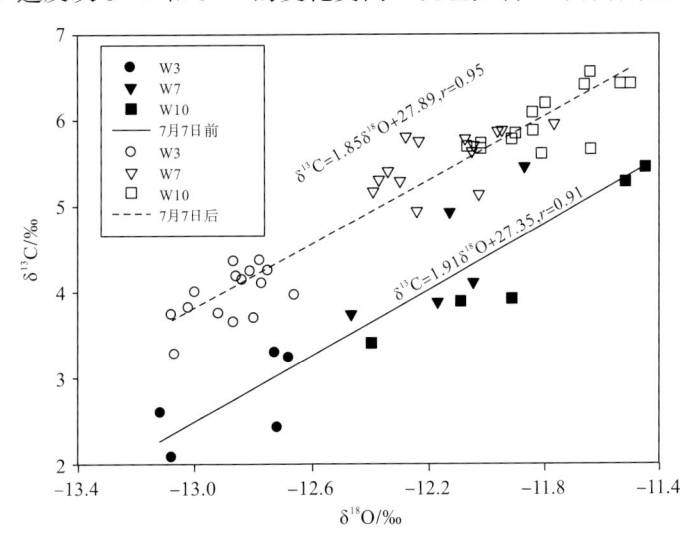

图 4-55 2006 年 7 月 7 日前后（引水渠道源头改变前后），W3、W7 和 W10 号点钙华 $\delta^{18}O$ 和 $\delta^{13}C$ 的相关关系（Sun 和 Liu，2010）

(1) 内生钙华碳稳定同位素季节变化的气候指代意义

关于钙华 $\delta^{13}C$ 的决定因素及其气候指示意义，Deines 等(1974)的研究结果发现，在开放系统中，大气成因类碳酸钙沉积的 $\delta^{13}C$ 仅取决于环境中的 CO_2 的 $\delta^{13}C$，而与石灰岩的 $\delta^{13}C$ 无关，这意味着大气成因类钙华的 $\delta^{13}C$ 的变化直接反映了土壤 CO_2 的 $\delta^{13}C$ 变化。而土壤 CO_2 的 $\delta^{13}C$ 变化又受到上覆植被类型(C3、C4 植被)和大气 CO_2 的影响。而据刘再华等(2003)的研究发现，白水台钙华起源的 CO_2 主要来源于深部地热系统，因此白水台钙华属于热成因类钙华(thermogene travertine)，也称为内生钙华(endogenic travertine)。假设白水台土壤 CO_2 的 $\delta^{13}C$ 为 $-25‰$，而深部来源 CO_2 的 $\delta^{13}C$ 为 $-7.87‰$，泉水中溶解 CO_2 气相的 $\delta^{13}C$ 为 $-10.32‰$，根据同位素守恒原理，土壤来源 CO_2 约占泉水中总 CO_2 量的 14%。内生钙华形成于地表，所以尽管其 $\delta^{13}C$ 的决定因素与大气成因类钙华存在差异，但其 $\delta^{13}C$ 的季节变化却仍然受控于地表气候环境的变化。特别是，白水台钙华起源的 CO_2 有约 14% 来自于生物成因，故夏季旺盛的生物活动造成的生物成因 CO_2 的 $\delta^{13}C$ 的降低也会影响到白水台夏季形成的钙华 $\delta^{13}C$。而据潘根兴等(2001)研究发现，在桂林丫吉村表层带岩溶土壤系统中，7 月土壤空气中 CO_2 的 $\delta^{13}C$ 比 4 月份要低 $1‰\sim4‰$。假设云南白水台地区 7 月土壤空气中 CO_2 的 $\delta^{13}C$ 比 4 月份要低 $1‰\sim4‰$，则生物成因类 CO_2 的 $\delta^{13}C$ 的降低对钙华 $\delta^{13}C$ 降低造成的影响也只有 $0.14‰\sim0.56‰$。笔者在 2010 年 7 月 31 日和 10 月 31 日对云南白水台土壤 CO_2 的 $\delta^{13}C$ 进行测定，其结果分别是 $-22.50‰$ 和 $-22.47‰$，两者差异很小(表 4-10)。7 月 31 日的数据对应于夏季的数据，而 10 月 31 日的数据对应于秋末或是初春的数据，因此可以认为，白水台土壤 CO_2 的 $\delta^{13}C$ 的季节变化幅度很小。而实际上白水台现生钙华 2006 年 4~7 月份的 $\delta^{13}C$ 的变化为 $1.22‰\sim2.03‰$，因此白水台内生钙华 $\delta^{13}C$ 的季节性变化更主要的是受雨水的稀释效应控制。雨季，雨水溶解土壤 CO_2（其 $\delta^{13}C$ 明显偏负，$-22.50‰$），以白水河和坡面流的形式进入引水渠道，对渠道水进行稀释。由于白水河和雨后形成的坡面流受土壤 CO_2 的影响，其 $\delta^{13}C_{DIC}$ 相对于 S1-3 号泉的 $\delta^{13}C_{DIC}$ 偏负(坡面流的 $\delta^{13}C_{DIC}$ 见表 4-11)。白水河和坡面流进入渠道后，对渠道水进行稀释，从而使引水渠道的 $\delta^{13}C_{DIC}$ 降低(表 4-12)，进而使雨季形成的钙华 $\delta^{13}C$ 偏负。对比 W3、W7 和 W10 这 3 个观测点 2006 年 5 月 7 日的 $\delta^{13}C$ 与各自 2006 年 7 月 7 日的 $\delta^{13}C$ 可发现，各观测点 2006 年 5 月 7 日的钙华 $\delta^{13}C$ 与 2006 年 7 月 7 日的钙华 $\delta^{13}C$ 的差值由上游到下游有增大的趋势(表 4-13)，这进一步说明白水河和坡面流的稀释效应是钙华 $\delta^{13}C$ 降低的主要因素。因为累计效应的存在，从上游到下游坡面流的稀释效应越来越强。

表 4-10　2010 年 7 月 31 日和 10 月 31 日白水台土壤 CO_2 的 $\delta^{13}C$

日期（夏季）	土壤空气 CO_2 的 $\delta^{13}C$ /‰, PDB	日期（秋末）	土壤空气 CO_2 的 $\delta^{13}C$ /‰, PDB
2010 年 7 月 31 日	-22.50	2010 年 10 月 31 日	-22.47

表 4-11　2010 年雨季白水台不同月份坡面流溶解无机碳的 $\delta^{13}C$

日期	坡面流的 $\delta^{13}C_{DIC}$ /‰, PDB	日期	坡面流的 $\delta^{13}C_{DIC}$ /‰, PDB
2010 年 6 月 20 日	-1.82	2010 年 10 月 18 日	-7.65

续表

日期	坡面流的 $\delta^{13}C_{DIC}$ /‰，PDB	日期	坡面流的 $\delta^{13}C_{DIC}$ /‰，PDB
2010年7月14日	−7.77	2010年10月19日	−4.98
2010年7月18日	−4.30	2010年7月18日	−5.51

表 4-12　W10 点水中溶解无机碳的 δ^{13}C（雨季 DIC 的 δ^{13}C 降低，显示稀释效应的存在）

日期（雨季）	$\delta^{13}C_{DIC}$ /‰，PDB	日期（旱季）	$\delta^{13}C_{DIC}$ /‰，PDB
2006年5月23日	3.94	2007年1月8日	5.49
2006年6月10日	2.39	2007年2月24日	4.97
2006年7月24日	4.21	2007年3月19日	4.27
2006年10月23日	4.39	2007年4月24日	4.48

表 4-13　2006 年 W3、W7 和 W10 号点钙华 δ^{13}C 干湿季节差异

取样点	旱季 时间	δ^{13}C/‰，PDB	雨季 时间	δ^{13}C/‰，PDB	δ^{13}C 差值
W3	4月25日至5月7日	3.31	6月24日至7月7日	2.09	1.22
W7	4月25日至5月7日	5.47	6月24日至7月7日	3.74	1.73
W10	4月25日至5月7日	5.45	6月24日至7月7日	3.42	2.02

日本学者 Hori 等（2008，2009）对日本表生钙华的研究发现，在表生钙华系统中 δ^{13}C 降低的幅度是水中 CO_2 气体逸出量的函数，而水中 CO_2 气体逸出量则与泉水的 CO_2 分压及流量有关。流量的大小能够影响 CO_2 脱气作用（单位体积水体内 CO_2 逸出量的多少）。雨后，水流量增大从而使 CO_2 脱气作用（优先逸出 $^{12}CO_2$）变弱，从而使水中溶解无机碳的 δ^{13}C 相对降低，进而使钙华的 δ^{13}C 相对降低。内生钙华系统中 δ^{13}C 应该也受到渠道水 CO_2 分压和流量的影响。在这个过程中，白水河和坡面流具有非常重要的作用。白水河和坡面流的 CO_2（主要受土壤 CO_2 影响）不仅比 S1-3 号泉的 CO_2 分压（受深部系统 CO_2 的影响，因而很高）更低，并且通过稀释效应在增加引水渠道流量的情况下，同时降低了渠道水的 CO_2 分压。较低的 CO_2 分压阻滞了 CO_2 的逸出，而流量的增加也降低了 CO_2 脱气作用的强度。因此，雨季内生钙华 δ^{13}C 的降低是由具有较低 δ^{13}C 的白水河和坡面流的稀释作用和 CO_2 脱气作用强度的减弱（造成水体溶解无机碳的 δ^{13}C 降低）共同作用造成的，但是两者的定量化还需要进一步展开研究。

综上所述，白水台内生钙华碳稳定同位素季节变化的控制机理与日本学者 Matsuoka 等（2001）和 Hori 等（2008，2009）在日本表生钙华系统中发现的钙华碳稳定同位素季节变化的控制机理不同。Matsuoka 等（2001）和 Hori 等（2008，2009）发现日本表生钙华碳稳定同位素的季节变化主要与地下水溶解无机碳的 δ^{13}C 季节变化有关，而后者主要受地下水系统 CO_2 脱气作用强度的季节变化有关（逸出的 CO_2 气体相对富集 ^{12}C）。虽然 CO_2 脱气作用强度的季节变化也影响内生钙华碳稳定同位素值的季节变化，但是白水台内生钙华 δ^{13}C 的季节变化主要受降雨的稀释效应控制，反映的是降水量的控制，这为下一步利用

钙华中的 $\delta^{13}C$ 数据重建当地古降水量提供了实验与理论基础。同时，也应该注意到，内生钙华与表生钙华的碳稳定同位素季节变化的控制机理是不同的。因此在利用钙华进行古气候环境重建时，首先必须了解所研究钙华的类型及其碳稳定同位素季节变化的控制机理。

(2) 内生钙华氧稳定同位素季节变化的气候指代意义

从图 4-50 中可以看出，白水台内生钙华氧同位素组成的季节变化与降水量和水温的季节变化都成负相关关系。由于白水台内生钙华氧稳定同位素组成的季节变化不能完全归因于水温的季节变化，所以白水台内生钙华氧稳定同位素组成的季节变化还受其他控制因素的影响，比如降水量。为了进一步明确水温和降水量对钙华氧稳定同位素组成的影响，以 W3、W7 和 W10 号点为例进行以下分析。

从 2006 年 5 月 7 日至 2006 年 7 月 7 日，W3、W7 和 W10 号点的 $\delta^{18}O$ 的变化幅度分别为 0.35‰、0.60‰ 和 0.95‰。而相对应的 3 个点的温度变化大约只有 2℃。根据 Kim 和 O'neil (1997) 的研究发现，当碳酸盐沉积达到同位素平衡时，在低温下方解石和水的氧同位素交换有

$$1000\ln \alpha_{方解石-水} = 18.03(10^3 T^{-1}) - 32.42 \tag{4-12}$$

其中，α 为平衡分馏系数，T 为开尔文温度，$1000\ln \alpha_{方解石-水} \approx \delta^{18}O_{方解石} - \delta^{18}O_{水}$。利用这个公式计算发现，如果水温变化 2℃，那么由水温变化引起的 $\delta^{18}O$ 的变化约为 0.4‰。因此，W3 号点钙华 $\delta^{18}O$ 的变化 (0.35‰) 主要由水温的变化造成的。而 W7 和 W10 号点钙华的 $\delta^{18}O$ 季节变化 (0.60‰ 和 0.95‰) 除了受水温影响外还是受其他控制因素的影响。雨季，雨水的稀释效应应该与内生钙华 $\delta^{18}O$ 的降低有关 (雨季雨水具有较低的 $\delta^{18}O$，通过坡面流和白水河进入渠道)。

同时，应该注意到，虽然在 2006 年 7 月 7 日后白水台引水渠道的源头发生了巨大改变，但是降雨对钙华同位素组成的稀释效应还是存在的。不过，由于 2006 年 7 月 7 日之后白水河的河水不再流入引水渠道，雨水的稀释效应明显减低。这一点也可以从 2006 年 7 月 7 日之后，钙华氧碳同位素组成与降水量之间较低的相关性和较低的斜率中得到验证 (图 4-53 和图 4-54)。因此，我们的研究结果仍能适用于其他内生钙华，尤其是受坡面流或是外源水影响较大的内生钙华点。

2) 蒸发效应及 CO_2 脱气作用强度的季节变化对钙华氧碳同位素空间变化的影响

在同位素平衡分馏条件下，钙华氧同位素与水温及水体的氧同位组成有关 (Matsuoka et al., 2001; Kim et al., 1997)。从表 4-14 中可以看出，除干冷季节外，白水台渠道上下游的水温变化基本保持稳定。如果钙华氧同位素仅受水温的影响，那么钙华氧同位素空间变化的规律应该是从上游到下游逐渐偏负，而事实是钙华氧同位素从上游到下游逐渐偏正。因此，温度不是控制钙华氧同位素空间变化的唯一因素。渠道是一个开放的系统，从上游到下游的过程中，伴随着水中富含轻氧稳定同位素 ^{16}O 的 H_2O 向大气中蒸发以及富含轻氧稳定同位素 ^{16}O 的 CO_2 向大气逸出，水相对富集 ^{18}O，结果自 S1-3 号泉向下游方向，钙华的 $\delta^{18}O$ 也普遍升高 (1‰)(Chafetz et al., 1994; Kele et al., 2008)。引水渠道上下游观测点水样的 $\delta^{18}O$ 升高进一步证明了水汽蒸发对水体 $\delta^{18}O$ 的影响 (表 4-15)。

表 4-14　2006 年白水台引水渠道 W3~W10 点旱季和雨季的水温变化

取样点	春季干旱期 时间	水温/℃	夏季雨期 时间	水温/℃	冬季干旱期 时间	水温/℃
W3	5月6日	8.4	7月10日	9.9	12月1日	6.8
W4	5月6日	9.5	7月10日	11.2	12月1日	7.1
W5	5月6日	10.1	7月10日	12.0	12月1日	7.0
W6	5月6日	10.7	7月10日	12.5	12月1日	6.9
W7	5月6日	11.1	7月10日	12.9	12月1日	6.8
W8	5月6日	11.7	7月10日	13.6	12月1日	6.9
W10	5月6日	12.1	7月10日	14.0	12月1日	6.8

表 4-15　夏季和冬季白水台引水渠道 W3、W5 和 W10 号取样点水的 $\delta^{18}O$

取样点	夏季(水温高) 时间	$\delta^{18}O$(‰，SMOW)	冬季(水温低) 时间	$\delta^{18}O$(‰，SMOW)
W3	2006年7月23日	−14.33	2006年12月3日	−14.65
W5	2006年7月23日	−14.13	2006年12月3日	−14.61
W10	2006年7月23日	−13.13	2006年12月3日	−14.19

同时，从图 4-51 中可以看出，旱季钙华 $\delta^{18}O$ 向下游的升高幅度(0.00074‰/m；2006 年 4 月 24 日~5 月 7 日)明显高于雨季钙华 $\delta^{18}O$ 向下游的升高幅度(0.00056‰/m；2006 年 6 月 23 日~7 月 7 日)。这个差异可能是由于旱季空气湿度相对较低，蒸发效应增大造成的(Liu et al.，2006)。

对于钙华 $\delta^{13}C$ 向下游逐步升高，Chafetz 和 Lawrence(1994)研究认为主要由以下几个原因造成：CO_2 的脱气作用、与碳酸钙沉积有关的分馏、植物的光合作用以及其他水源的混入。由于白水台引水渠道相对较低的钙华沉积速率(约 1cm/a)(Liu et al.，2006)，因此造成钙华 $\delta^{13}C$ 空间变化的主要原因不可能是钙华的不平衡分馏；而在旱季，不会有其他水源混入到钙华引水渠道；据 Usdowski 等(1979)的研究和 Dandurand 等(1974)的研究发现，在水流较快以及缺乏大型藻席的情况下，植物的光合作用不可能对整个河流钙华的碳同位素都产生影响。由于 S1-3 号泉具有非常的高 CO_2 分压，出露地表后由于压力降低，CO_2 逸出很快。因此，富含 ^{12}C 的 CO_2 逸出是渠道水以及水中沉积的钙华的 $\delta^{13}C$ 向下游方向逐渐偏正的主要控制因素(Chafetz 和 Lawrence，1994；Kele et al.，2008)。

同时从图 4-52 中可以看出，雨季(2006 年 7 月 7 日)钙华 $\delta^{13}C$ 向下游升高的幅度(0.0007‰/m)明显小于旱季(2006 年 5 月 7 日)钙华 $\delta^{13}C$ 向下游升高的幅度(0.001‰/m)。这主要是因为在雨季雨水的稀释效应降低了钙华的沉积速率和 CO_2 的脱气作用强度，从而导致钙华 $\delta^{13}C$ 空间变化幅度变小。同时，从图 4-52 中可以看出 W5、W6 和 W7 号点的 $\delta^{13}C$ 相对较高，而 W8 和 W10 号点的值相对较低。前者主要是因为 W5~W7 号点的水力梯度较大(曾成等，2009)，从而导致大量 CO_2 的逸出和钙华沉积。而后者的降低可能是由于在 W7 和 W8 号点之间有土壤水(其 $\delta^{13}C$ 偏负)混入。

4. 结论

内生钙华的 $\delta^{13}C$ 和 $\delta^{18}O$ 具有相似的变化，都是在雨季偏负，而在旱季偏正，并且两者之间具有很好的相关关系。造成雨季钙华 $\delta^{18}O$ 偏负的原因是温度效应和雨量效应；而造成雨季钙华 $\delta^{13}C$ 偏负的原因则是坡面流的稀释效应及由此引起的渠道水 CO_2 脱气作用的降低。通过定量分析，建立了现代钙华 $\delta^{13}C(\delta^{18}O)$ 与降水量之间的线性关系，该线性关系的建立为利用古钙华 $\delta^{13}C(\delta^{18}O)$ 重建当地的古气候奠定了基础。

上游钙华 $\delta^{18}O$ 主要受温度效应控制而更适宜进行古温度的重建，而下游钙华 $\delta^{18}O$ 变化主要受坡面流稀释效应的影响而更适于进行古降雨的重建，所以下游钙华更适宜进行古降水量的重建。

4.2.4 白水台钙华系统中 $HCO_3^--H_2O$ 氧同位素的动力学分馏：水动力条件的影响

一些陆地碳酸盐矿物(如石笋)其氧同位素组成作为气候代用指标被广泛应用于第四纪气候研究中(Bar-Matthews et al., 1996; Cruz et al., 2005)。如果知道沉积水体和碳酸盐矿物的氧同位素组成，则可以根据平衡条件下氧同位素分馏系数与温度的负相关关系来估计矿物形成时的环境温度(O'Neil et al., 1969)。

钙华作为一种在岩溶区常见的次生碳酸钙沉积物，同样是重要的古气候环境载体(Andrews 和 Brasier, 2005; Andrews, 2006)。一年两季的纹层和明显的氧碳同位素季节变化在许多表生钙华(Matsuoka et al., 2001; Ihlenfeld et al., 2003; Kano et al., 2003, 2007; Hori et al., 2009; Brasier et al., 2010)和内生钙华(Liu et al., 2003, 2006a; Sun 和 Liu, 2010)的研究中都被证实。由于钙华具有较高的沉积速率(Kano et al., 2003; Liu et al., 2010)，因此在高分辨率的古气候重建中独具优势。然而，快速的沉积可能导致钙华与水直接发生氧同位素动力分馏(Kele et al., 2008, 2011)，影响对温度的估计，这一点在以往的研究中却很少被关注(Lojen et al., 2009)。事实上，越来越多的研究表明自然条件下方解石沉积过程中氧同位素很难达到分馏平衡(Gonfiantini et al., 1968; Friedman, 1970; Fouke et al., 2000; Mickler et al., 2006; Lojen et al., 2009; Kele et al., 2008, 2011)。因此，欲从钙华中提取可靠的古气候环境信息，需要对影响钙华沉积及同位素演化的物理化学过程进行深入的研究。白水台钙华沉积点包含两种水动力系统(渠道系统和池子系统)，两个系统的钙华沉积速率相差 5~10 倍，是研究氧同位素不平衡分馏理想的野外试验点。

1. 研究方法

本研究主要采用现场监测采样和实验室分析相结合的方法，其中水化学现场监测、水体和现生钙华样品的采集、沉积速率的测定、CO_2 分压和方解石饱和指数的计算以及氧碳同位素组成的分析均已在上文中介绍，故在此不做赘述。

本研究为之前研究的延续，在采样点的布置上有所改变。下面作简要介绍。

为了研究不同水动力条件下钙华沉积系统同位素组成的时空变化，根据流速快慢，将白水台钙华沉积点分为两个系统：渠道快速流系统和池子慢速流系统。下面分别对两个系统做简单的介绍。

渠道系统主要由S1-3泉和白水河河水共同补给。据孙海龙(2008)，S1-3泉的水与S1-1类似，具有高的$[Ca^{2+}]$和$[HCO_3^-]$，而白水河的水主要来自山顶冰雪融化，其$[Ca^{2+}]$和$[HCO_3^-]$较低。由于泉口处发生山体垮塌，无法得到纯的S1-3泉水[图4-56(a)]，因此在本研究中，S1-3泉的水体是指泉水和河水的混合水。由于河水的贡献在雨季和旱季不同，因此所测得的S1-3泉的水化学和同位素组成也会发生变化(Sun和Liu，2010)，这有利于我们研究不同水体CO_2分压下同位素组成的演化。引水渠道长约2630m（海拔2600~2900m），宽30~70cm，深10~20cm，流量为50~100L/s。从上游到下游一共设置6个监测点：S1-3(泉口)、W1~W5(钙华沉积监测点)(图4-57)。

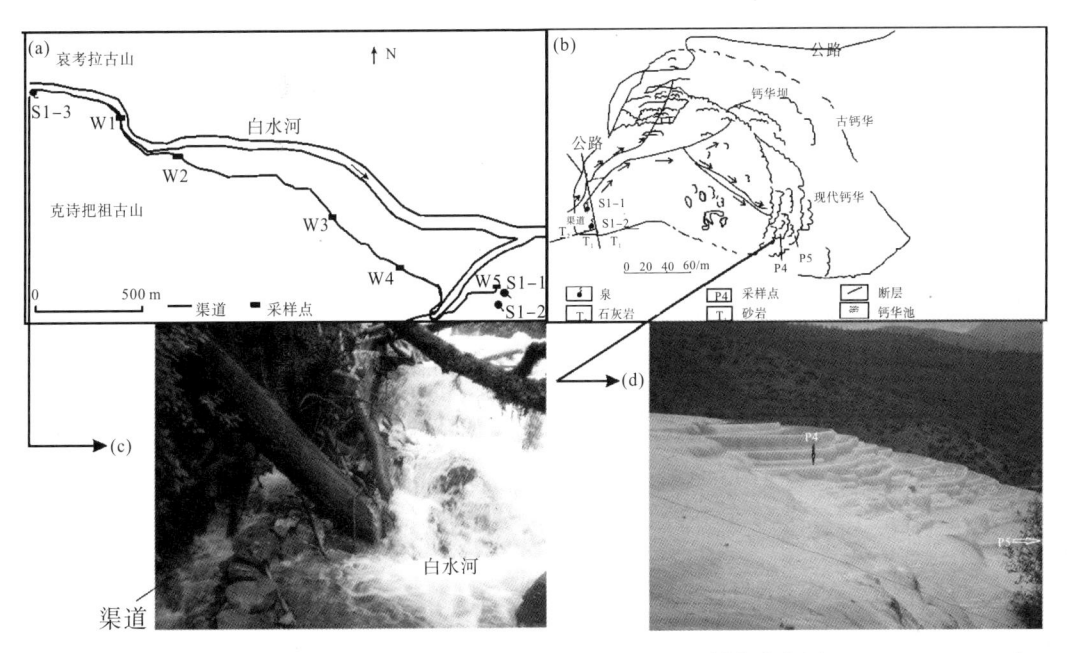

图4-56 白水台渠道系统(a)和池子系统(b)取样点分布图

注：在采样点W4和W5间修有一座小桥，使得渠道可以越过河水；(c)和(d)分别为S1-3点和钙华池子的照片

本书所研究的池子系统属于白水台钙华景观的一部分，主要由S1-1和S1-2泉补给，由于S1-1和S1-2的水化学特征和同位素组成基本相同，我们认为两个泉来自于同一个地下水系统，在本研究中只对S1-1泉进行取样分析。据孙海龙(2008)研究，泉S1-1的流量和水化学特征终年保持基本稳定，反映了一个较大且混合均匀的地下水系统。在泉水流出大概300m后，钙华开始沉积，形成美轮美奂的钙华台池景观(图4-58)。大部分钙华池的宽为50~250cm，长为100~400cm，深为10~40cm。沿着水流路线，共选取三个池子作为监测点：P4、P5和P6(图4-58和图4-59)。

图 4-57　渠道快速流系统 W1 监测点

图 4-58　池子慢速流系统 P4 监测点

图 4-59　原野外 P6 监测点（2011 年冬季采样时池底已被钙华沙填满）

2. 结果分析

1）两个钙华沉积系统水化学的总体特征

表 4-16 给出了 S1-3 号泉水和 S1-1 号泉水常规的水化学参数。可以看出，Ca^{2+} 是水中主要的阳离子，而 HCO_3^- 是主要的阴离子，分别占阳离子和阴离子总量的 85% 以上，因此研究水体属于 HCO_3-Ca 型水。这反映了中三叠石灰岩溶解对泉水水化学的控制（Liu et al.，2003）。两个系统的泉水均有高的 $[Ca^{2+}]$、$[HCO_3^-]$ 和 CO_2 分压，反映了内生钙华系统的特征（Liu et al.，2003）。

由于水体的主要离子为 Ca^{2+} 和 HCO_3^-，所以 $[Ca^{2+}]$ 和 $[HCO_3^-]$ 与电导率（EC）存在显著的相关性（图 4-60）。根据他们之间的相关性，我们可以通过测得的电导率值计算出相应的 $[Ca^{2+}]$ 和 $[HCO_3^-]$，用于 P_{CO_2} 和 SI_c 的计算。具体的公式为，

渠道系统：
$$[Ca^{2+}]=0.22EC+6.44,\ R^2=0.93 \tag{4-13}$$
$$[HCO_3^-]=0.67EC+17.97,\ R^2=0.95 \tag{4-14}$$

池子系统：
$$[Ca^{2+}]=0.25EC-13.17,\ R^2=0.81 \tag{4-15}$$
$$[HCO_3^-]=0.60EC+84.78,\ R^2=0.83 \tag{4-16}$$

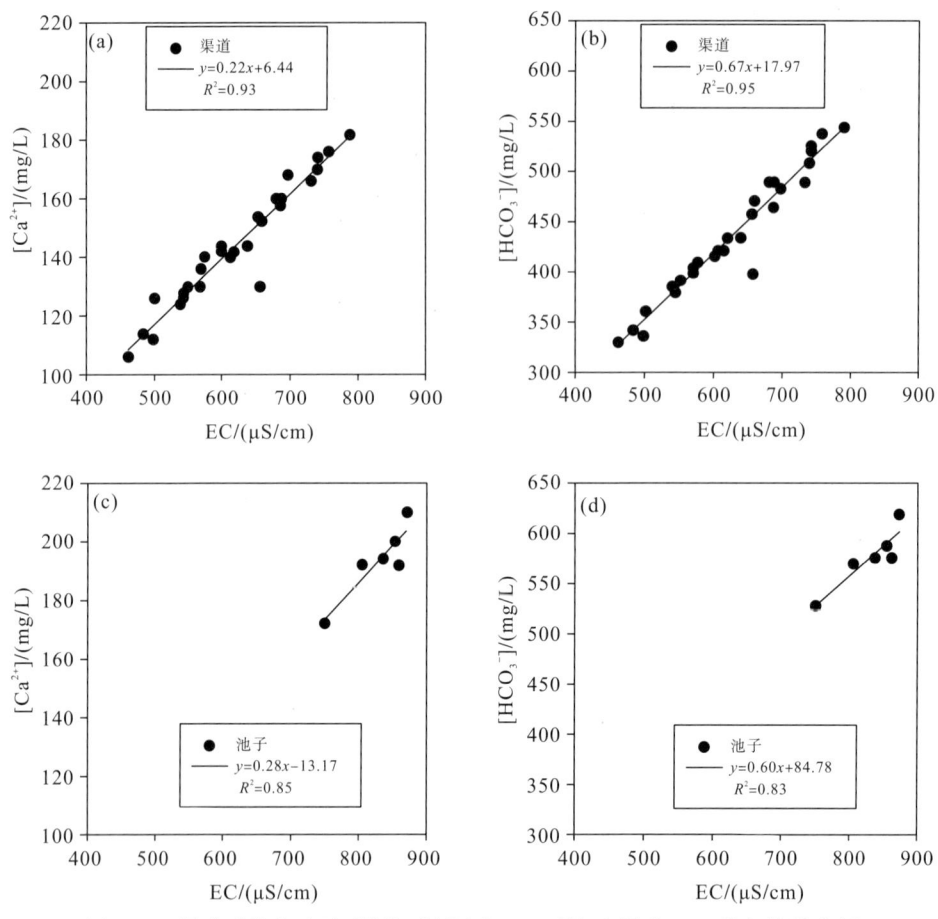

图 4-60 渠道系统和池子系统[Ca^{2+}]和[HCO_3^-]与电导率(EC)的相关性分析

表 4-16 渠道 S1-3 号泉和池子 S1-1 号泉水化学特征

采样点	采样时间/月-日-年	K^+	Na^+	Ca^{2+}	Mg^{2+}	Cl^-	HCO_3^-	SO_4^{2-}	pH	水温/℃	电导率/(μS/cm, 25℃)	SI_c	P_{CO_2}/ppmv
S1-1	6-29-2010	1.31	9.32	241	16.24	0.68	695	23.17	6.69	11.0	1024	0.235	109647
S1-1	7-28-2010	1.29	9.07	241	15.73	0.60	695	22.80	6.76	11.1	1024	0.275	93111
S1-1	8-28-2010	1.33	9.21	243	15.91	0.48	697	22.68	6.77	11.1	1028	0.285	91411
S1-1	9-28-2010	1.32	9.11	242	15.83	0.44	697	22.44	6.74	11.1	1028	0.285	97949
S1-1	10-20-2010	1.21	8.93	241	15.86	0.33	695	23.17	6.68	11.0	1024	0.286	112201
S1-3	6-30-2010	0.49	2.69	139	9.11	0.33	415	6.85	7.18	9.5	596	0.22	21528
S1-3	7-18-2010	0.47	0.97	64	5.14	0.26	192	2.28	7.36	9.7	262	−0.20	6823
S1-3	8-18-2010	0.50	2.71	160	9.54	0.20	479	6.75	7.07	7.7	692	0.19	31189
S1-3	9-18-2010	0.50	2.89	162	10.00	0.18	485	7.06	7.01	7.7	701	0.14	36224
S1-3	10-18-2010	0.49	2.48	146	9.37	0.17	439	6.59	6.91	7.8	632	−0.03	41591

2)水化学的时空变化

(1)渠道系统水化学变化

图 4-61 给出了 W1 和 W5 点水化学随时间的变化。从图中可以看出，在研究时段内，W1 点和 W5 点水化学指标的时间变化均与降雨有关。降雨使得白水河水量增大，流入渠道的河水增多，由于河水的[Ca^{2+}]和[HCO_3^-]较低，因此每场降雨后，渠道水的 EC、P_{CO_2} 和 SI_c 都有不同程度的降低，反映了降雨引起的稀释作用。

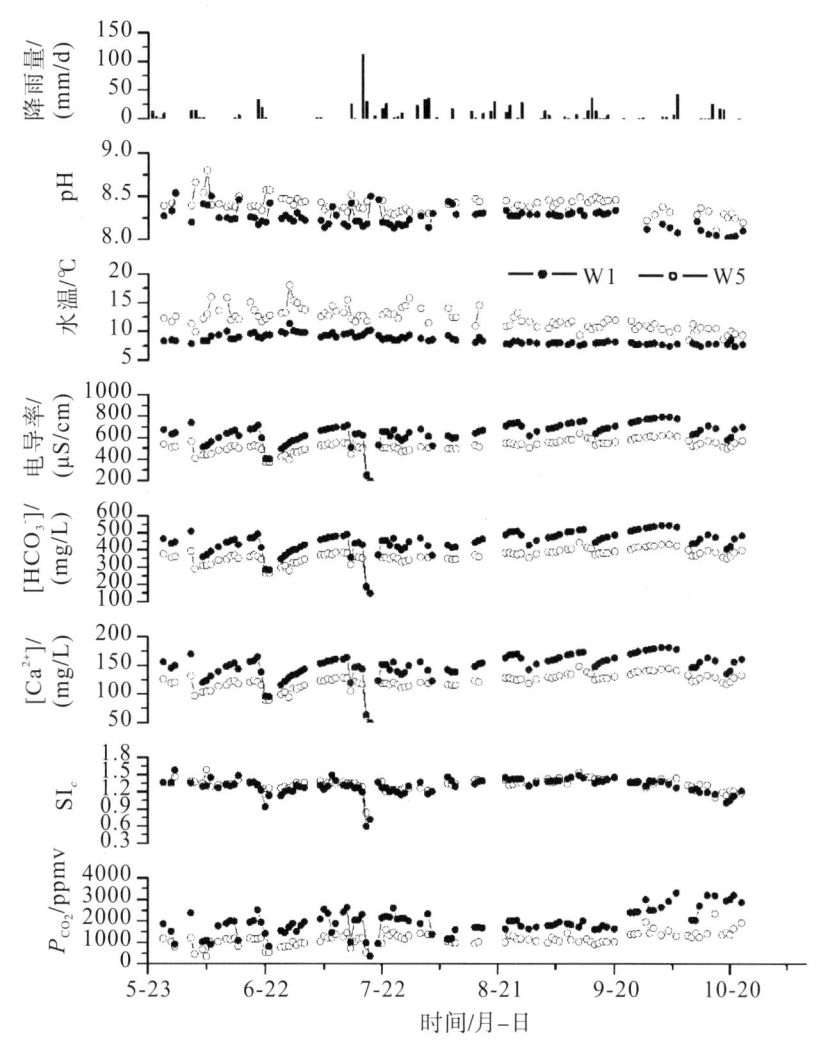

图 4-61　渠道系统 W1 和 W5 点水化学特征随时间的变化

注：降雨量数据来自 CTDP 300 多参数监测仪的自动记录

空间上，W1 和 W5 点的 SI_c 基本相同，但 EC 和 P_{CO_2} 分别从 W1 的 645μS/cm 和 1935ppmv 下降到 520μS/cm 和 1171ppmv，这主要是由于 CO_2 脱气导致碳酸钙沉积所致。水温在空间上有明显的变化，W5 点的水温相对于 W1 点来说变化更大，主要是受周围环境温度的影响更大，且 W5 点的平均水温比 W1 点高 4℃左右。

(2) 池子系统水化学变化

相对于渠道系统，池子系统的电导率随时间的变化更平缓一些（图 4-62），前者变幅为 596μS/cm，而后者为 160μS/cm。这主要是因为池子与 S1-1 号泉的距离更短（约300m），且坡度不大（1%），又无地表水的加入，因此稀释作用较小。只有当发生强降雨事件时（例如在 7 月中旬），[HCO_3^-] 和 [Ca^{2+}] 会有一定程度的降低。由于水在池子中流动缓慢，滞留时间长，因此 P5 点的水温基本上接近于当地的气温。

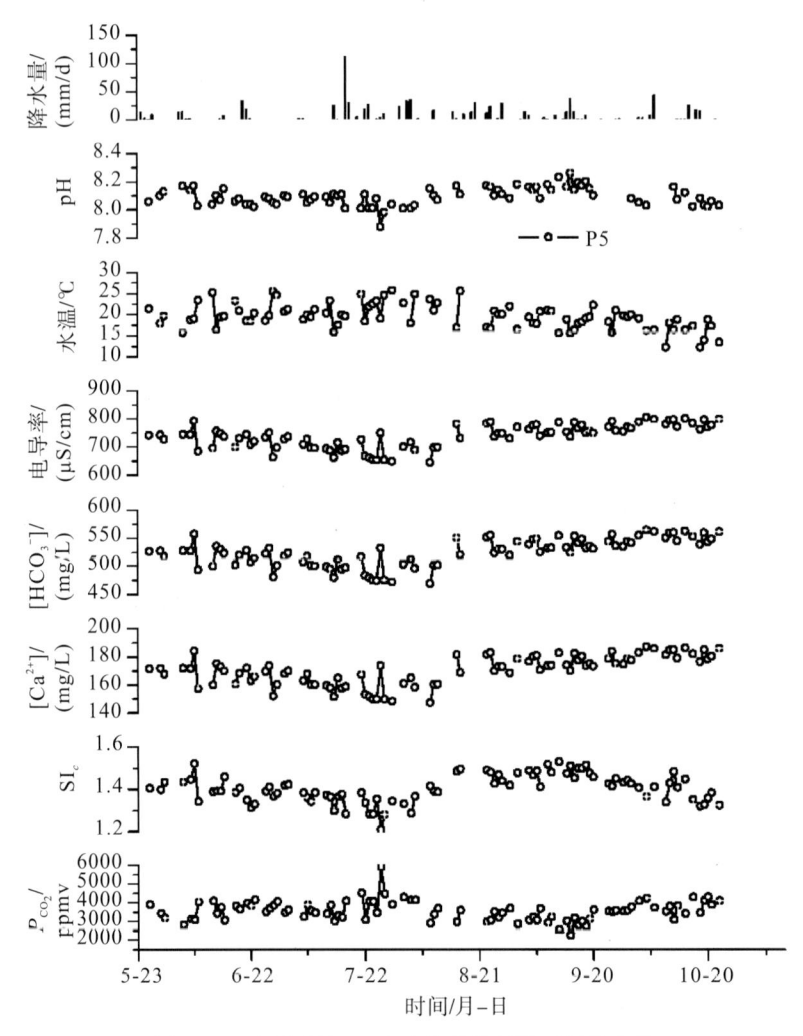

图 4-62 池子系统 P5 点水化学特征随时间的变化

注：降水量数据来自 CTDP 300 多参数监测仪的自动记录

3) 雨水的同位素组成

研究期间，白水台降雨的氧氢同位素组成（$\delta^{18}O$ 和 δD）变化较大，其中 $\delta^{18}O$ 为 −15.4‰～−3.1‰，δD 为 −196.6‰～−26.1‰。如此大的变化可能是由于研究区地处远离海洋的青藏高原东南角，降雨的大陆效应和高度效应使得降雨在转移过程中富集轻的同位素。不同水汽来源也可能是氧氢同位素变化的原因之一。通过对所得到的氧氢同位素数据进行拟合，可得到白水台地区的大气降水线，如图 4-63 所示。

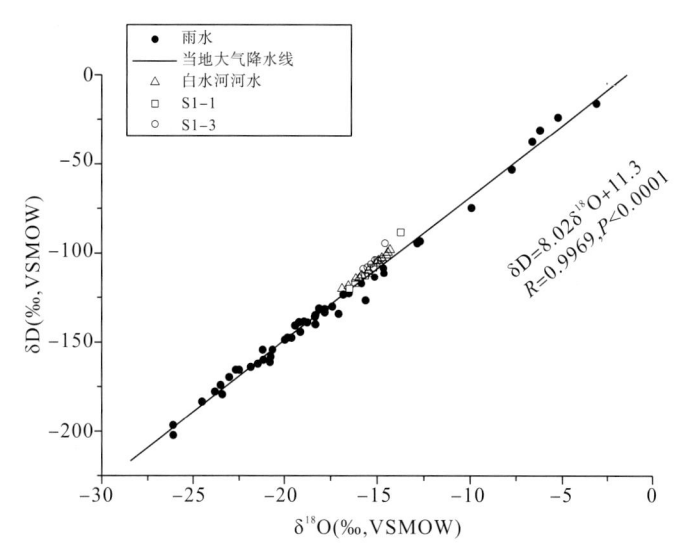

图 4-63 白水台地区雨水、泉水和白水河河水氧氢同位素组成（直线为拟合得到的当地大气降水线）

本研究得到的白水台地区大气降水线与前人研究(Sun 和 Liu，2010)给出大气降水线有较大差别，可能原因是本研究所采集的雨水样更多，样品更有代表性，相关性也更好。此外，Sun 和 Liu(2010)采用的是连续流同位素质谱仪 IsoPrime 测定雨水的 $\delta^{18}O$ 和 δD，测试方法不同也可能是原因之一。图 4-64(a)给出了雨水氧同位素组成和降水量随时间的变化，但两者并没有很好的相关性，说明雨量效应可能不是白水台地区降雨同位素的主要控制因素。

从图 4-63 可以看出，白水河河水、S1-1 和 S1-3 号泉泉水的同位素组成都落在当地大气降水线上，说明他们均来自于大气降水的补给。同时，虽然雨水的同位素组成变化较大，但是补给钙华沉积系统的泉水的同位素组成却很集中，暗示泉水可能来自一个较大的且均匀混合的地下含水系统。

4) 钙华沉积水体氧同位素的时空变化

对于渠道系统，S1-3 号泉水和 W1~W5 点沉积水体的氧同位素组成并没有明显的空间变化[图 4-64(b)]，空间上的差异在 0.2‰以内，接近于仪器的测量误差。这说明在研究时段水体的蒸发效应并不强烈，未对水体氧同位素组成产生影响，这可能与我们的采样时间有关，本次采样主要集中在雨季(5~10 月)，空气中的相对湿度较大。时间上，S1-3 点氧同位素变化为 -16.09‰~-15.07‰，平均值为 -15.58‰。由于 S1-3 点的水样是泉水和河水的混合物，所以该点氧同位素的变化跟白水河的混入有关。

对于池子系统，S1-1 号泉水氧同位素组成与下游 P4、P5、P6 池水氧同位素组成明显不同[图 4-64(c)]，而 3 个池子之间的水体氧同位素组成没有明显的差别。由于水流从 S1-1 号泉流到钙华池中间需要经过一个大的钙华斜滩，此时水层较薄，因此轻微的蒸发过程也可能影响水体的同位素组成；而当水流到钙华池时，池水的水层变厚，同时 3 个钙华池的距离较短，因此水体氧同位素组成空间变化不大。时间上，在几次强降雨事件中，比如 7 月 19 日和 10 月 9 日，沉积水体的同位素组成都明显偏低，这主要是因为水样的采集正好是在降雨之后，水样受同位素偏轻的雨水影响，这种情况下所采集的水样同位素组成并不能代表 10d 的平均值。S1-1 号泉的氧同位素组成则较为稳定，受外部环境变化影响不大。

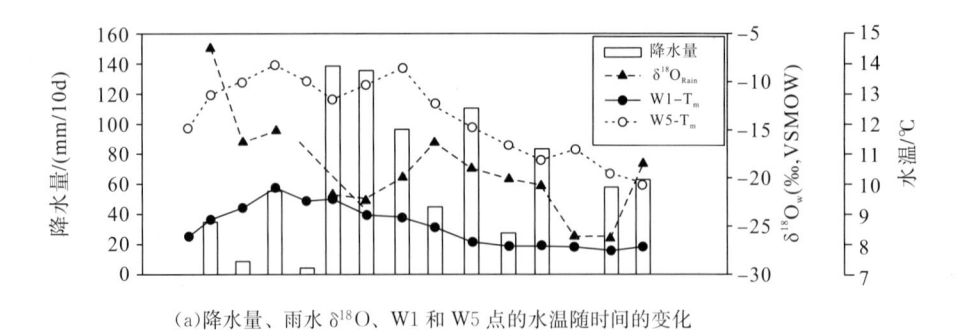

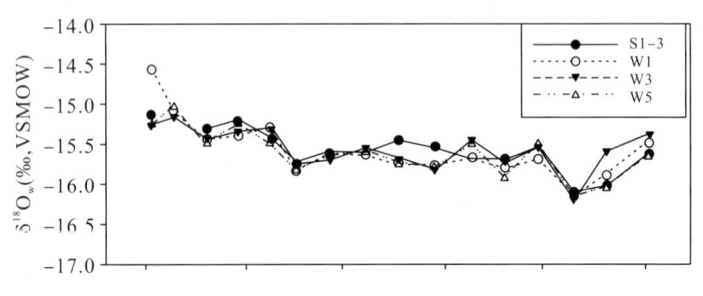

(a) 降水量、雨水 $\delta^{18}O$、W1 和 W5 点的水温随时间的变化

(b) 渠道系统 S1-3、W1、W3 和 W5 点水体 $\delta^{18}O$ 的时空变化

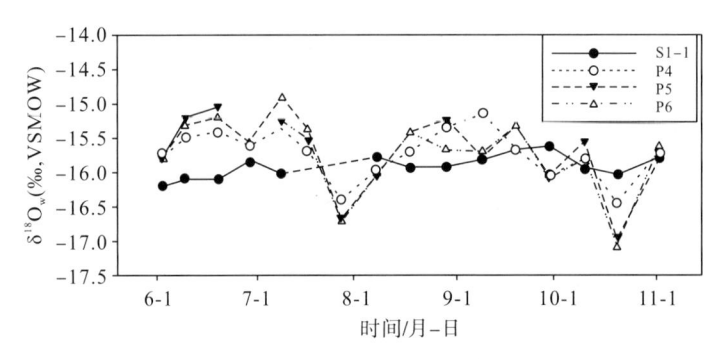

(c) 池子系统 S1-1、P4、P5 和 P6 点水体 $\delta^{18}O$ 的时空变化

图 4-64　各监测点时空变化

5) 现生钙华氧同位素组成的时空变化

图 4-65(a) 和图 4-65(b) 给出了降水量、水温和渠道系统 W1、W5 点钙华 $\delta^{18}O$ 随时间的变化。总的来说，两个点钙华的 $\delta^{18}O$ 都有先降低再升高的趋势。例如，6 月 3 日到 7 月 29 日，W1 和 W5 点钙华 $\delta^{18}O$ 分别从 $-12.26‰$ 和 $-11.18‰$ 下降到 $-13.21‰$ 和 $-12.13‰$。值得特别注意的是，钙华 $\delta^{18}O$ 从 W1 到 W5 点有明显的增加，也就是 W5 点钙华更富集重的氧同位素，而水温的变化也是 W1 到 W5 点升高，这与我们熟知的氧同位素分馏的温度效应(O'Neil et al.，1969，温度越高，氧同位素越负)刚好相反。

对于池子系统，P4、P5 和 P6 点的钙华 $\delta^{18}O$ 有相似的时间变化，且与温度有明显的负相关关系[图 4-65(c) 和 (d)]。例如，在 P5 点，钙华 $\delta^{18}O$ 先降低直到 7 月下旬，此时同时也是水温最高的时候，然后逐渐增加，变化为 $-14.5‰ \sim -13.29‰$。空间上，三个池子的钙华 $\delta^{18}O$ 没有明显变化，差别在仪器的测量误差范围内(0.1‰)。

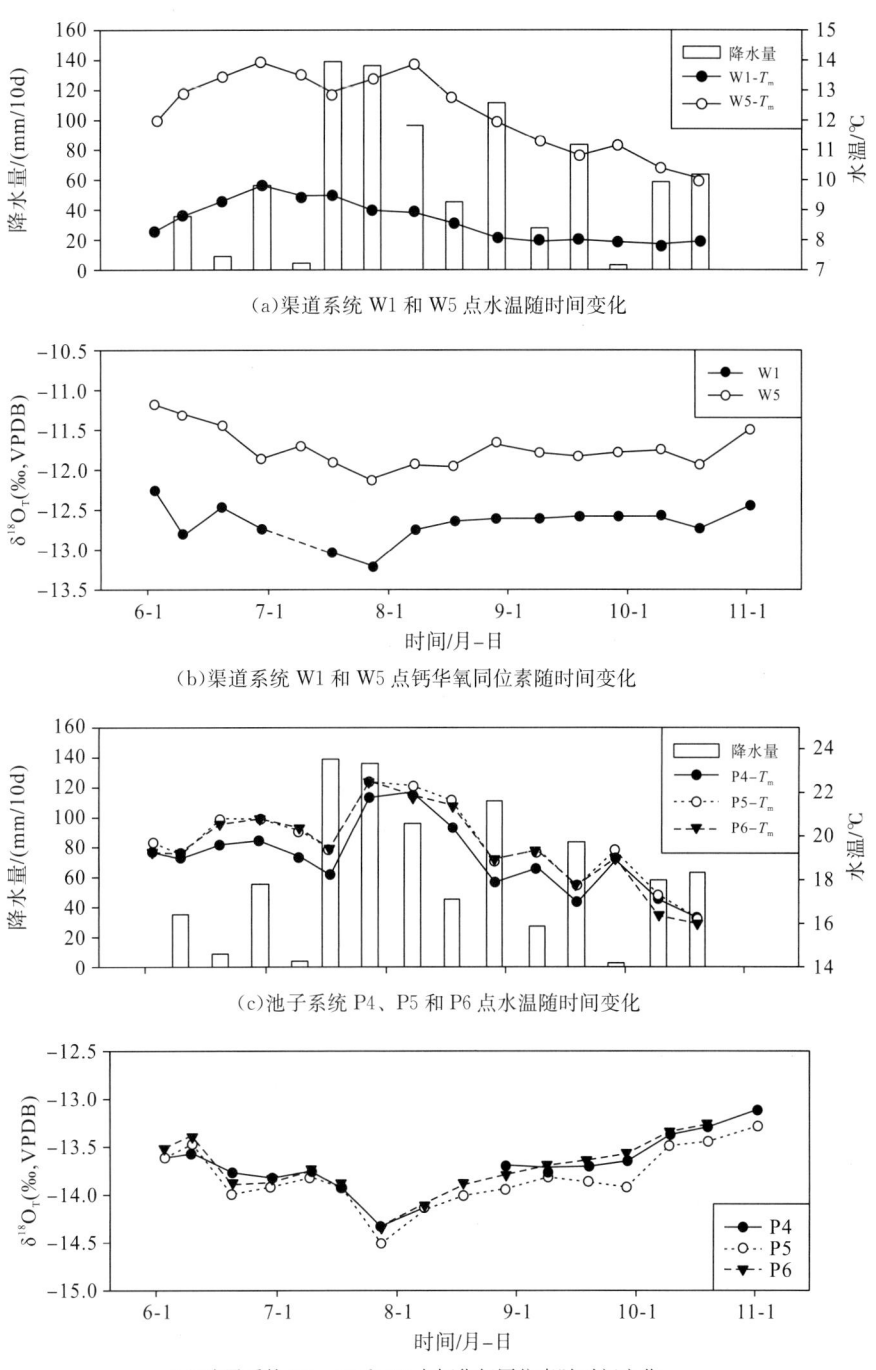

(a) 渠道系统 W1 和 W5 点水温随时间变化

(b) 渠道系统 W1 和 W5 点钙华氧同位素随时间变化

(c) 池子系统 P4、P5 和 P6 点水温随时间变化

(d) 池子系统 P4、P5 和 P6 点钙华氧同位素随时间变化

图 4-65 监测点水温和钙华氧同位素随时间的变化

3. 讨论

由于补给两个系统的水源不同和水动力条件有显著差别，两个系统中钙华与水的氧同位素演化机理也可能不尽相同，因此分别对渠道系统和池子系统中钙华与水体氧同位素组成时空变化的控制机理做讨论。

1) 渠道系统钙华氧同位素的瑞利分馏控制

(1) W1 点氧同位素不平衡分馏

当方解石是在同位素平衡的条件下形成的,其氧同位素组成由两个因素决定:温度和沉积水体的氧同位素组成(O'Neil et al.,1969;Friedman 和 O'Neil,1977;Kim 和 O'Neil,1997)。如果沉积水体的氧同位素组成保持恒定,则沉积物的 $\delta^{18}O$ 与温度呈负相关关系。对 W1 点的钙华 $\delta^{18}O$ 和水温作相关性分析,结果如图 4-66(a)所示。在 W1 号点,钙华 $\delta^{18}O$ 与水温有一定的负相关性,但相关系数较低($R=0.46$)。根据现场监测,W1 的水温为 7.8~9.8℃,如果按照常用的氧同位素分馏与温度的关系(Kim 和 O'Neil,1997):

$$1000\ln\alpha(\text{calcite-H}_2\text{O}) = 18.03(10^3 T^{-1}) - 32.42 \tag{4-17}$$

如果温度变化 2℃,在水体同位素组成保持不变的条件下,沉积物 $\delta^{18}O$ 变化大约 0.4‰。而在 W1 点实际钙华 $\delta^{18}O$ 的变化在 1‰左右,说明有其他原因导致了钙华 $\delta^{18}O$ 的变化。

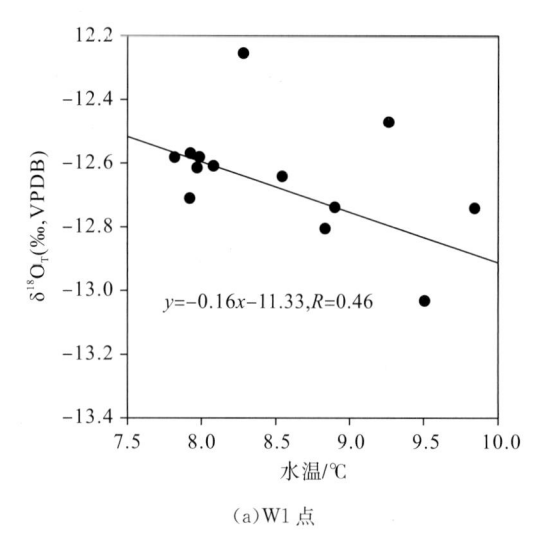

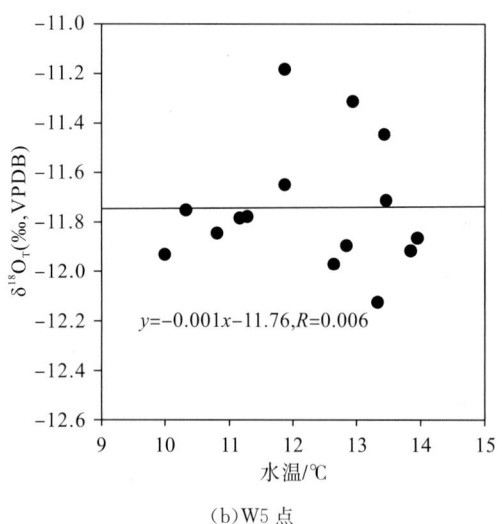

(a) W1 点

(b) W5 点

(c)P5点

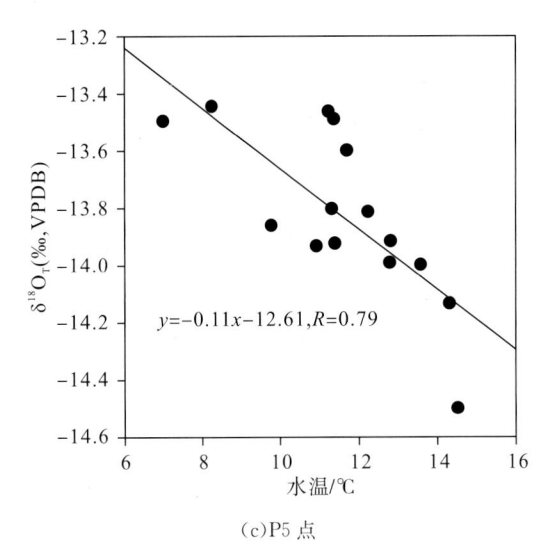

图 4-66　渠道系统 W1 点、W5 点和池子系统 P5 点的钙华 $\delta^{18}O$ 与水温的相关性分析

根据研究区气候背景可知，白水台地区属于典型的亚热带季风气候，具有雨热同期的气候特点。图 4-64(b)显示，渠道水体 $\delta^{18}O$ 在雨季偏低。Sun 和 Liu(2010)认为，在雨季时雨水和河水具有较低的 $\delta^{18}O$，它们的加入使得沉积水体的同位素组成偏轻，从而钙华 $\delta^{18}O$ 也降低。这个过程可以理解为降雨导致的"同位素稀释效应"，即雨季同位素偏轻的源加入使得重同位素的浓度($\delta^{18}O$)降低(Sun 和 Liu，2010)。例如，6 月 20 日采集的钙华样品(沉积时间为 2010 年 6 月 10 日~2010 年 6 月 20 日)的 $\delta^{18}O$ 为 −12.47‰，明显高于 7 月 29 日采集的钙华样品(沉积时间为 2010 年 7 月 19 日~2010 年 7 月 29 日)的 −13.21‰，尽管两个沉积时段的平均温度几乎相同。这说明 7 月份发生的强降雨也对钙华的同位素组成有显著的影响。对 W1 点的钙华 $\delta^{18}O$ 和降水量做相关性分析发现，两者有明显的负相关关系，相关性为 −0.77，说明在 W1 点由于水温变化幅度不大(约 2℃)，所以降水量是控制钙华氧同位素变化的主要原因。

许多研究表明，自然条件下的方解石沉积很难达到氧同位素交换平衡。钙华沉积系统由于具有高的 CO_2 分压和沉积速率，其情况更是如此(Gonfiantini et al., 1968；Friedman，1970；Fouke et al., 2000；Lojen et al., 2004，2009；Kele et al., 2008，2011)。利用已知的钙华和水体的 $\delta^{18}O$ 以及 W1 点的水温，我们可以验证在 W1 点钙华形成时是否达到氧同位素平衡。结果如图 4-67 所示，同时利用公式(4-17)(Kim 和 O'Neil，1997)计算出平衡条件下的沉积温度以作对比。可以看出，理论计算温度明显低于实际测量温度，两者相差 8℃左右。此结果与匈牙利学者 Kele 等在 Egerszalók(匈牙利)和 Pamukkale(土耳其)的研究结果相似，他们认为这是钙华系统高的 CO_2 逸出速率和方解石沉积速率致使钙华与 DIC 之间没有氧同位素分馏的缘故(Kele et al., 2008，2011)。在 1950 年 McCrea 就指出，在极快速的沉积过程中沉积物会继承溶液碳酸盐的氧同位素组成(McCrea，1950)，而这也是后来学者(Beck et al., 2005)实验测量 HCO_3-H_2O 之间氧同位素分馏系数的理论基础。为了验证这种推论，我们分析了 W1 点的 $BaCO_3$ 样品的氧同位素数据，并与该点钙华氧同位素组成进行对比[图 4-68(a)]。从图中可以看出，W1 点 $BaCO_3$ 与钙华的 $\delta^{18}O$ 平均值差别不大。9 个 $BaCO_3$ 样品的 $\delta^{18}O$ 平均值为 −12.35‰，相同时间段采集的钙华的 $\delta^{18}O$ 平均值为 $-12.69‰$，两者相差 $-0.34‰$，这低于 15 个钙华样品 $\delta^{18}O$ 的 2 倍标准偏差，因此可以认为两者 $\delta^{18}O$ 是大致相等的。而 $BaCO_3$ 样品的 $\delta^{18}O$ 较钙华更离散一些，这可能是由于 $BaCO_3$ 样品只能反映水体瞬间的同位素组成，而钙华样品却是 10d 积累的结果，代表 10d 的平均值。由于 $BaCO_3$ 样品的氧同位素组成反映了水体 DIC 的氧同位素组成，因此我们的研究结果支持 Kele 等（2008，2011）的观点，即高的钙华沉积速率会使钙华与水的氧同位素分馏偏离平衡线，由此带来的温度的计算误差可达 8℃。

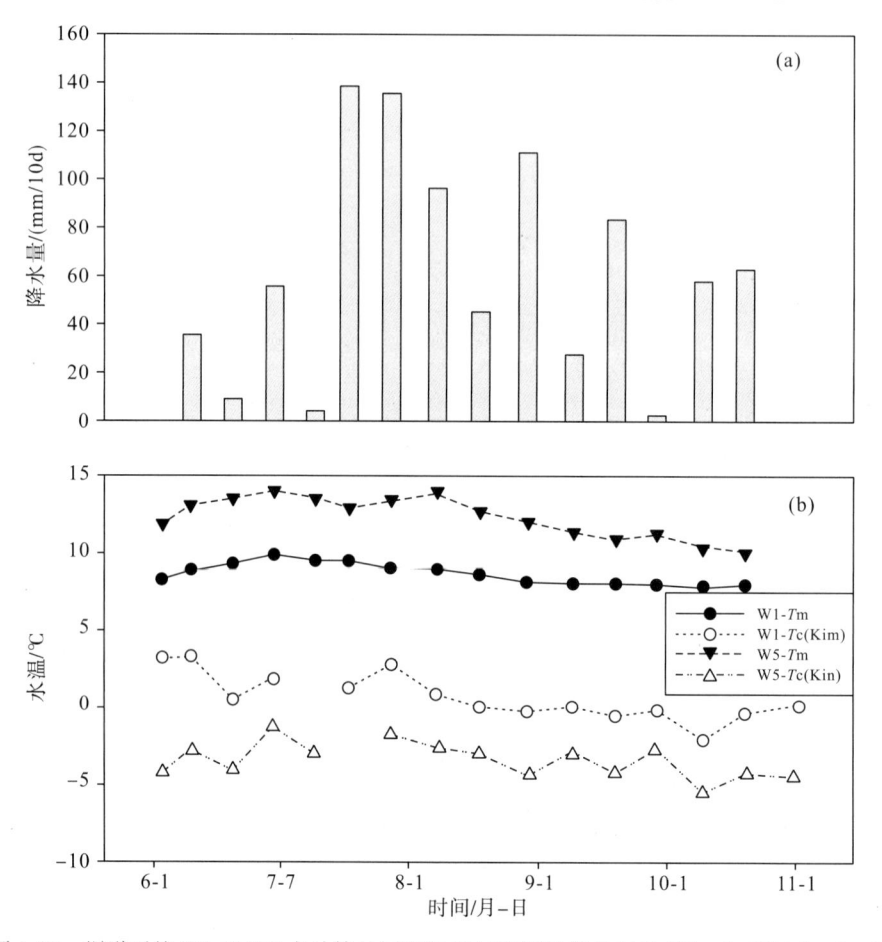

图 4-67　渠道系统 W1 和 W5 点计算的沉积温度与实测温度的对比（Kim 和 O'Neil，1997）

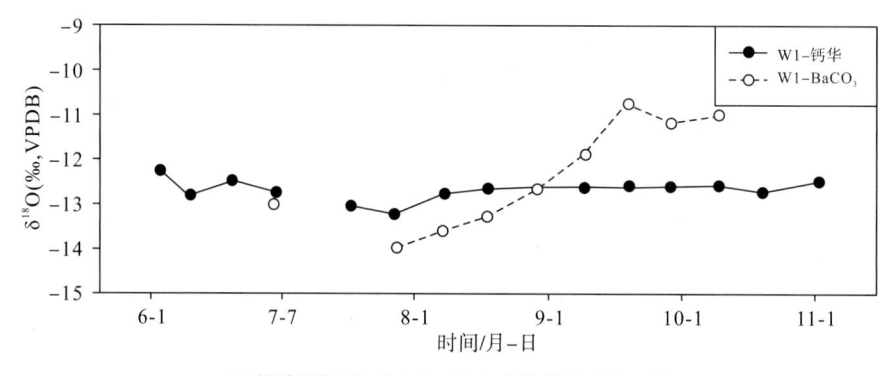

(a) 渠道系统 W1 号点 $BaCO_3$ 与钙华样品 $\delta^{18}O$ 对比

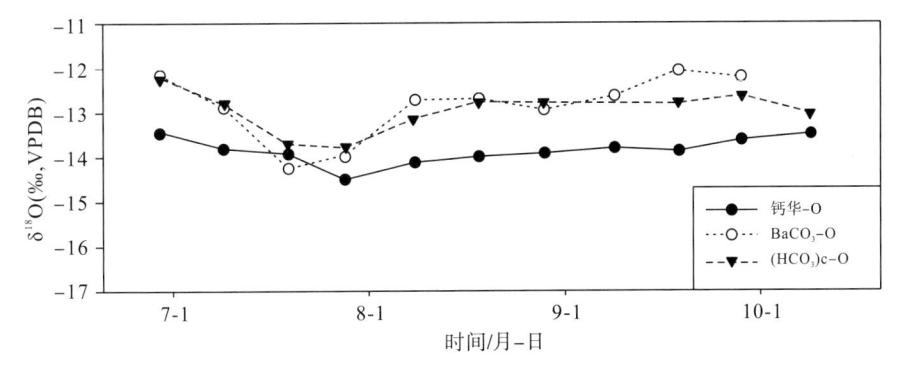

(b)池子系统 P5 号点 BaCO$_3$ 样品、钙华样品和理论平衡的 HCO$_3^-$ 离子的 δ^{18}O 对比

图 4-68　监测点 BaCO$_3$ 与钙华样品 δ^{18}O 对比

(2)渠道钙华氧同位素空间变化：瑞利分馏效应

虽然 W5 点的水温比 W1 点要高 4℃左右，但是 W5 点钙华 δ^{18}O 却要更高一些，这与同位素分馏的温度效应所导致的趋势相反。因此，温度不可能是影响渠道钙华氧同位素组成的主要原因。由于 W5 点距离泉口大约 2600m，该处的水体在地表的暴露时间更久，因此 W5 点的水温相对于 W1 点更接近于气温，变幅也更大。由图 4-65 可知，W5 点的水温变幅在 4℃左右，而该点钙华 δ^{18}O 的变幅为 1‰。根据 Kim 和 O'Neil(1997)给出的氧同位素分馏系数与温度的关系，4℃的变化刚好对应 1‰左右的 δ^{18}O 变化。然而，我们对 W5 点钙华 δ^{18}O 与水温做相关性分析却发现两者没有相关性。同时，同位素平衡检验表明在 W5 点钙华与水之间存在显著的动力学效应，用 Kim 和 O'Neil(1997)给出的平衡分馏公式计算得到的温度与实测温度相差达 15℃(图 4-67)。这表明 W5 点的钙华氧同位素不是由温度控制，而且相比于 W1 点，W5 点的动力学过程更明显，说明还有其他因素在起作用。

根据上文的分析，在渠道系统中，由于高的钙华沉积速率，钙华氧同位素组成记录了水体 DIC 的氧同位素组成。在方解石沉积反应 $Ca^{2+}+2HCO_3^- \Longrightarrow CaCO_3+CO_2+H_2O$ 中，由于 HCO$_3^-$ 与 H$_2$O 之间存在大的氧同位素分馏，造成整个反应总的分馏系数小于 1(平衡条件下为 0.9955 左右)，因此该反应的进行使得反应物 DIC 中富集重的同位素，即 ^{18}O(Scholz et al.，2009)。另一方面是，在动力过程中，轻的同位素也更容易参加化学反应，使得重同位素在剩余的反应物中富集。与此同时，水体 DIC 的氧与 H$_2$O 分子里的氧不断地发生着同位素的交换：$HC^{18}O^{16}O_2+H_2^{16}O \Longrightarrow HC^{16}O_3+H_2^{18}O$。如果两者间的氧同位素交换速率足够快，交换达到动态平衡时，DIC 的氧同位素组成由 H$_2$O 的氧同位素决定。这是因为水里面的氧原子要比 DIC 的氧原子多得多，即所谓的"氧同位素缓冲效应"，水体作为一个巨大的氧原子库，对 DIC 的 δ^{18}O 的变化起一个缓冲作用(Scholz et al.，2009)。如图 4-64(b)所示，水体的 δ^{18}O 在空间上保持稳定，如果 DIC 与 H$_2$O 达到氧同位素交换平衡，那么 DIC 的 δ^{18}O 空间上也不会有变化，而两者是否达到氧同位素交换平衡则取决于交换的速率。根据 Beck 等(2005)的研究，在温度为 15℃，pH 为 8.3 时，HCO$_3^-$ 与 H$_2$O 之间达到氧同位素交换平衡的时间在 1000min 左右。当温度下降时，交换速率降低。我们研究的渠道全长约 2600m，平均水流速度为 1~2m/s，所以水体流到最下游 W5 点的时间最长需要 2600s，远远小于氧同位素交换平衡所需的时间。因此，渠道内部水体 DIC 与水并未达到氧同位素交换平衡，即"缓冲作用"对 DIC 氧同位素的影响有限。在这种情况下，可以假设没有氧同位素缓冲效应，因此水体 DIC 氧同位素的演化可以用经典的瑞利分馏模型来表示：

$$\delta_i = (1000+\delta_0)([\text{HCO}_3^-]_i/[\text{HCO}_3^-]_0)^{\alpha-1} - 1000 \tag{4-18}$$

式中，δ_i 表示 i 点水中 DIC 的 $\delta^{18}\text{O}$，δ_0 表示 W1 点 DIC 的 $\delta^{18}\text{O}$，$[\text{HCO}_3^-]_i$ 表示 i 点水体 DIC 的浓度，$[\text{HCO}_3^-]_0$ 表示 W1 点水体 DIC 的浓度，α 表示钙华沉积化学方程式总的氧同位素分馏系数。由于 α 小于 1，因此当钙华沉积导致 $[\text{HCO}_3^-]$ 下降时，δ_i 升高，而钙华的氧同位素组成继承了 DIC 的氧同位素组成，也随之升高。这也是为什么在水体 $\delta^{18}\text{O}$ 保持不变的情况下，水温升高，钙华 $\delta^{18}\text{O}$ 向下游升高的原因。

对采集到的 BaCO_3 样品的氧碳同位素组成进行分析，结果如图 4-69 所示。图 4-69(a) 为 S1-3、W1、W3 和 W5 号点 BaCO_3 样品 $\delta^{18}\text{O}$ 和 $\delta^{13}\text{C}$ 的相关性分析（注：由于高的 CO_2 分压，S1-3 号点 BaCO_3 的 $\delta^{18}\text{O}$ 不反映水中 DIC 的 $\delta^{18}\text{O}$。利用 W1、W3 和 W5 号点数据所得的相关系数 $R=0.37$）；图 4-69(b) 为池子 P4、P5 和 P6 点 BaCO_3 样品 $\delta^{18}\text{O}$ 和 $\delta^{13}\text{C}$ 的相关性分析（相关系数 $R=0.07$）；图 4-69(c) 为 W1、W3 和 W5 号点钙华样品 $\delta^{18}\text{O}$ 和 $\delta^{13}\text{C}$ 的相关性分析（相关系数 $R=0.86$）；图 4-69(d) 为 P4、P5 和 P6 点钙华样品 $\delta^{18}\text{O}$ 和 $\delta^{13}\text{C}$ 的相关性分析（相关系数 $R=0.24$）。实际测得的 BaCO_3 的 $\delta^{18}\text{O}$ 也是向下游增大，验证了上面的理论推测。空间上，渠道系统水体 DIC 和钙华氧碳同位素组成表现出很好的正相关性[图 4-69(a) 和 (c)]，这是由于它们受相同的过程控制，即 CO_2 脱气和方解石沉积导致的瑞利分馏效应。

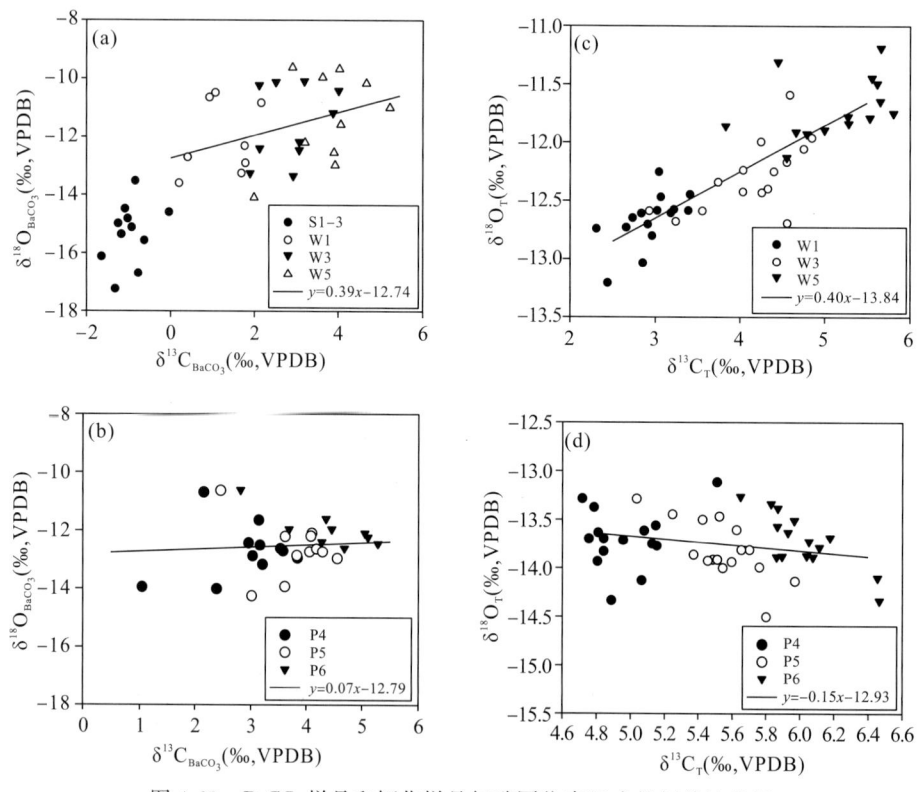

图 4-69 BaCO_3 样品和钙华样品氧碳同位素组成的相关性分析

2)池子系统的氧同位素变化：温度效应

由于池子系统中的水体流速缓慢，且一直暴露在阳光下，所以P4、P5和P6点的水温没有空间变化，接近于周围的气温。水化学主要的监测时间是中午12点到下午4点，而此时正是一天中温度最高的时候，不能代表钙华沉积时段的平均温度。据Liu等(2006b)研究，夏季日最高温度与日平均温度相差8℃左右，因此我们用实际监测的水温减去8℃近似地估计日平均温度。此平均温度将用于钙华与水体氧同位素分馏的讨论。

与渠道系统不同，池子系统监测点P4、P5和P6的试片钙华氧同位素组成并没有空间变化[图4-65(d)]，尽管水体的电导率从P4点的814μS/cm下降到P6点的694μS/cm。从BaCO₃样品的碳氧同位素相关性图[图4-69(b)]中可以看出，水中溶解无机碳的碳同位素组成向下游偏重1.5‰，而氧同位素组成却没有空间变化。这说明，池子系统中DIC和H_2O达到了氧同位素交换平衡。由于水体的$\delta^{18}O$空间上保持不变，同位素交换造成的缓冲效应使得DIC的$\delta^{18}O$也保持不变。对比渠道系统水化学参数可知，池子内部的水温更高，而较高的温度有利于同位素交换的进行。同时，池子水体的水层更厚，通常在10cm以上，水层越厚，越不利于CO_2的脱气，从而钙华的沉积速率也降低(Dreybrodt, 1988；Liu et al., 1995)。表4-17给出了渠道系统W1点和W5点以及池子系统P4、P5和P6点的钙华沉积速率，可以看出池子内部的钙华沉积速率比渠道快速流环境的要低将近90%。一方面，同位素交换速率加快，另一方面，钙华沉积速率较低导致DIC的^{18}O富集程度低，两者共同作用导致了DIC和钙华的$\delta^{18}O$在池子系统没有空间变化。此外，通过计算(Beck et al., 2005)，我们得到了平衡条件下水体HCO_3^-的$\delta^{18}O$的理论值，正好等于BaCO₃样品实测的$\delta^{18}O$[图4-68(b)]，说明上述DIC和H_2O达到了氧同位素交换平衡的推论是正确的。

表4-17　渠道W1和W5点以及池子P4、P5和P6点的钙华沉积速率

单位：$mg \cdot cm^{-2} \cdot d^{-1}$

采样时间(月-日-年)	W1点沉积速率	W5点沉积速率	P4点沉积速率	P5点沉积速率	P6点沉积速率
6-3-2010	3.01	5.86	0.45	0.25	0.33
6-10-2010	2.66	3.23	0.65	0.28	0.29
6-20-2010	9.73	5.17	0.29	0.33	0.12
6-30-2010	n.a	5.08	0.68	n.a	0.54
7-10-2010	5.36	4.67	0.77	0.52	0.68
7-19-2010	2.71	4.75	0.85	0.48	0.33
7-29-2010	1.43	2.23	0.52	0.35	n.a
8-8-2010	2.38	2.83	0.46	0.30	0.32
8-18-2010	7.50	5.24	n.a	0.48	0.38
8-28-2010	3.68	4.03	1.15	0.30	0.21
9-8-2010	3.54	4.43	1.37	0.37	0.37
9-18-2010	3.29	3.74	0.14	0.11	0.42
9-28-2010	4.91	4.67	0.55	0.47	0.35
10-10-2010	6.57	5.58	0.63	0.53	0.45
10-20-2010	3.60	4.95	0.62	0.41	0.34
平均值	5.35	5.08	0.65	0.38	0.37

从图 4-65(c)、(d)和图 4-66(c)可以看出，P5 点钙华 $\delta^{18}O$ 与水温呈显著的负相关关系($R=-0.79$)。这可能反映了温度对钙华氧同位素的控制作用。利用 Kim 和 O'Neil(1997)和 Coplen(2007)的氧同位素平衡分馏公式，计算出平衡条件下的理论沉积温度，并与实测的水温进行对比(图 4-70)。我们发现，利用 Kim 和 O'Neil(1997)的平衡公式[公式(4-17)]计算出来的温度与实测温度相差大约 7℃，而利用 Coplen(2007)的平衡公式[公式(4-19)]计算得到的温度与实测值正好吻合

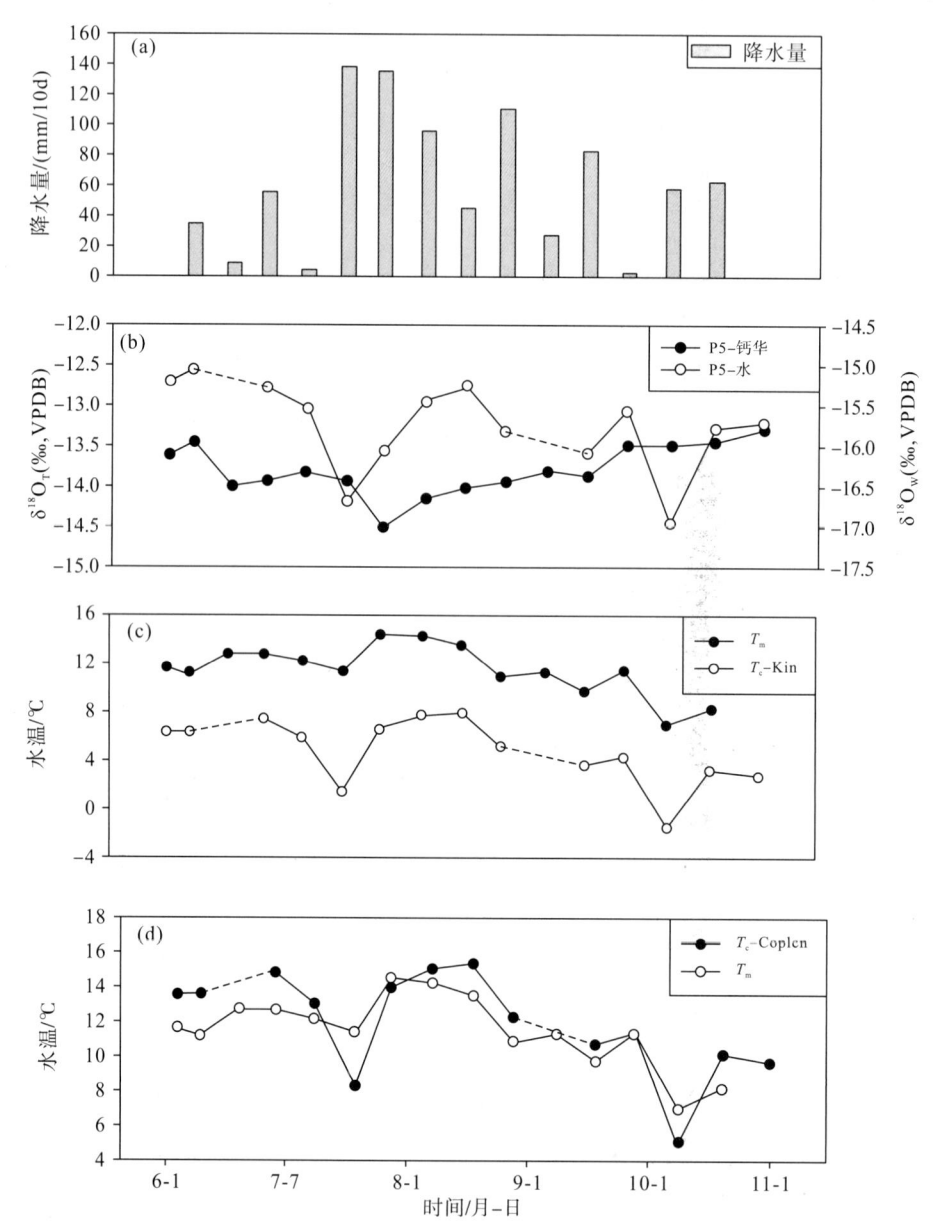

$$1000\ln\alpha(\text{calcite-}H_2O)=17.4(10^3 T^{-1})-28.6 \tag{4-19}$$

图 4-70 P5 点理论计算温度(c 和 d)(Kim 和 O'Neil，1997；Coplen，2007)与实测温度间的对比；(a)S1-3 附近 CTDP 300 多参数记录仪所记录的降水量；(b)P5 点钙华和水体的 $\delta^{18}O$

这与部分洞穴沉积物研究者的发现类似。例如，Tremaine 等观测到自然界中方解石和水的分馏系数比实验条件下测得的更大，他们认为这可能是由不同的 CO_2 脱气机理引起。在大部分的方解石沉积实验里，CO_2 脱气动力来自于向水中通入 N_2，由 N_2 气泡带出溶解的 CO_2，而自然条件下的脱气是由水气界面的 CO_2 分压差造成的被动脱气，两者有明显的不同(Tremaine et al.，2011)。自然条件和实验室条件的另一个显著不同是水溶液的离子强度。Kim 和 O'Neil(1997)的实验采用的是 $CaCl_2$ 和 $NaHCO_3$ 溶液，溶液的离子强度远远高于自然界岩溶水离子强度。Lécuyer 等通过实验证实了 CO_2 与 H_2O 之间的氧同位素分馏系数随着盐度(KCl 浓度在 0~250g/L)增加而增大(Lécuyer et al.，2009)。因此，在动力分馏的条件下 $CaCO_3$ 与 H_2O 的氧同位素分馏系数也可能因盐度的改变而改变。这也许是为什么本研究中与 Kim 和 O'Neil 的研究有着相似的 HCO_3^- 和 Ca^{2+} 浓度，而 $CaCO_3$ 与 H_2O 的氧同位素分馏系数却明显不同的原因。

3)两个系统的对比：一种判断钙华是否适用于温度重建的简单方法

通过以上的讨论我们得出，渠道系统的钙华氧同位素不能用于指示沉积温度，主要是因为较快的流速和方解石沉积速率造成的瑞利过程使得重的氧同位素在钙华中富集。而渠道系统中，较厚的水层使得 CO_2 逸出缓慢，从而钙华氧同位素组成与水温有很好的负相关关系。此外，池子环境中 HCO_3^- 与 H_2O 达到氧同位素交换平衡，而在渠道环境中它们并未达到平衡。据此，可以推测出三个速率间的大小关系：

对于渠道系统

$$R_p > R_{HCO_3-H_2O} > R_{CaCO_3-H_2O} \tag{4-20}$$

对于池子系统

$$R_{HCO_3-H_2O} > R_p > R_{CaCO_3-H_2O} \tag{4-21}$$

其中，R_p 为钙华沉积速率；$R_{HCO_3-H_2O}$ 为水中 HCO_3^- 与 H_2O 间氧同位素交换速率；$R_{CaCO_3-H_2O}$ 为 $CaCO_3$ 与 H_2O 间氧同位素交换速率。

由于平衡条件下 $\alpha_{HCO_3-H_2O}$ 与水温存在负相关关系，因此在某些情况下即使碳酸盐沉积物氧同位素组成没有与水体达到平衡，也可以反映沉积温度，例如本研究中的池子系统。而判断 HCO_3^- 与 H_2O 间氧同位素是否达到平衡，可用 $BaCO_3$ 沉积法对水中的 HCO_3^- 进行采样，并将其氧同位素组成与理论值进行对比。可以说，HCO_3^- 与 H_2O 间氧同位素达到交换平衡是利用钙华、石笋等沉积物氧同位素组成计算温度的前提条件。当此前提条件达到之后，沉积速率的改变也会引起 HCO_3^- 与 $CaCO_3$ 间同位素分馏系数的变化。Feng 等(2012)和 Sun 等(2014)都发现沉积速率改变 10 倍引起的沉积物 $\delta^{18}O$ 变化在 1‰左右。因此，沉积速率不能有较大变化是沉积物氧同位素可用于重建温度的另一个条件。

而判断古钙华样品是否适合古温度的重建可以从两个方面来考虑：一是从宏观形态学和微观晶体学的角度来判断当时的沉积速率和沉积环境，尽量选择慢速流池子环境下形成的古钙华样品；二是利用多同位素体系(C、O、Ca 稳定同位素)间的相互关系来鉴别沉积环境和动力过程的影响。

4. 结论

通过对白水台两个内生钙华沉积系统(快速流的渠道系统和慢速流的池子系统)的水

化学、沉积速率、水体和钙华氧同位素组成进行高分辨率的时空动态研究，我们得出以下结论：①在渠道环境中，水体 $\delta^{18}O$ 在空间上保持稳定，而钙华的 $\delta^{18}O$ 却向下游增加。这主要是由于快速的方解石沉积和 CO_2 逸出导致 HCO_3^- 与 H_2O 间没有达到氧同位素交换平衡，从而 ^{18}O 在剩余水体中富集，可以用瑞利分馏模型来解释；②渠道系统中钙华与沉积水体间的氧同位素分馏没有达到平衡，且越往下游越偏离平衡分馏线；③慢速流的池子系统中，不同池子钙华的 $\delta^{18}O$ 没有空间变化，主要是因为 HCO_3^- 与 H_2O 间达到了氧同位素交换平衡，溶液中 HCO_3^- 的 $\delta^{18}O$ 取决于水体的 $\delta^{18}O$；④池子系统钙华氧同位素组成与水温有很好的负相关关系，因此池子系统钙华的氧同位素组成可以用来计算沉积时候的温度变化；⑤最后，我们给出了一个判断钙华氧同位素组成是否适合温度重建的简单办法，即将 $BaCO_3$ 样品的 $\delta^{18}O$ 与理论值(Beck et al., 2005)进行对比，若两者吻合则说明此环境下形成的钙华能反映温度的变化。

4.2.5 钙华沉积系统中的 $CaCO_3$-HCO_3^- 氧同位素分馏：沉积速率的影响

目前，在利用钙华进行古气候环境的研究中，氧同位素组成是常用的气候替代指标(Ihlenfeld et al., 2003; Andrews, 2006)。但是，在钙华沉积过程中其氧同位素组成究竟受哪些因素影响却较少被研究，尤其是对沉积过程中的动力学过程的影响所知甚少(Kele et al., 2008, 2011; Yan et al., 2012)。

Kim 和 O'Neil(1997)通过室内实验给出了方解石与水之间的氧同位素平衡分馏系数，他们的结果被广泛用于方解石沉积环境温度的计算。然而最近的研究表明，方解石与水之间实际的平衡分馏系数可能更大(Coplen, 2007; Dietzel et al., 2009; Day 和 Henderson, 2011; Tremaine et al., 2011; Feng et al., 2012; Yan et al., 2012)。Coplen(2007)通过研究自然条件下缓慢生长的方解石的氧同位素分馏，得到了一个显著偏大的平衡分馏系数。随后，Dietzel 等(2009)的实验结果证实了沉积速率对氧同位素分馏的显著影响，并支持 Coplen(2007)的观点，即实验室条件下沉积的方解石并没有达到氧同位素平衡。这一观点随后被洞穴研究者再次验证(Tremaine et al., 2011; Feng et al., 2012)。Kele 等(2008)研究欧洲的热水型钙华，也发现利用 Kim 和 O'Neil(1997)的平衡分馏系数计算得到的温度比实际温度要高 8℃。我们在上文的研究也发现，在池子慢速流环境下，水中 HCO_3^- 的氧同位素组成与 H_2O 达到交换平衡，此时缓慢沉积的方解石与水的氧同位素分馏符合 Coplen(2007)的结果。

在本研究中，通过收集池子新鲜沉积的钙华来研究钙华沉积过程中氧同位素的分馏效应，并与上一节的结果进行对比。我们知道，$CaCO_3$-H_2O 之间的氧同位素分馏是古环境重建中常用的温度计，然而在实际的化学过程中，它们之间的平衡确实由两个过程来实现的：①DIC 先与 H_2O 达到氧同位素交换平衡；②沉积的 $CaCO_3$ 与 DIC 达到氧同位素分馏平衡。根据上文的研究结论，在池子环境下 DIC-H_2O 达到了氧同位素交换平衡，因此在本节中，利用池子样品重点研究 $CaCO_3$-DIC 之间的氧同位素动力分馏。

1. 研究方法

本研究主要关注池子系统，即在 HCO_3^- 与 H_2O 达到氧同位素平衡时，重点研究沉积速率对方解石氧同位素的影响。样品采集时间为2006年4月~2007年4月。采样点为池子系统中的P6′和P7′（图4-71）。样品采集、水化学和同位素组成的分析方法与上文中一致。

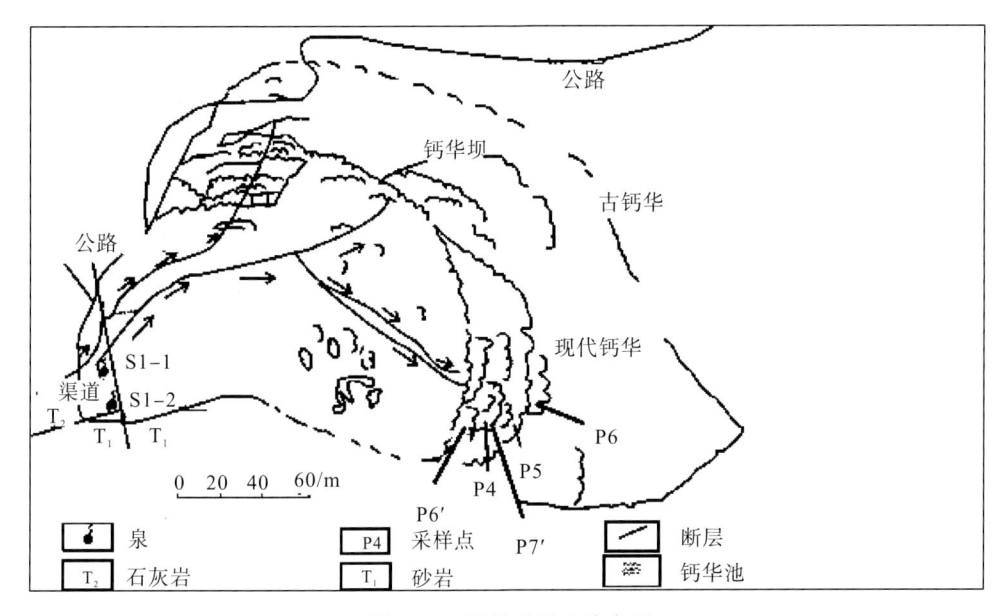

图4-71　野外采样点分布图

注：P6′和P7′为2006~2007年的采样点，P4、P5和P6为2010年的采样点

2. 结果分析

1) S1-1号泉和池子水化学特征的季节变化

S1-1号泉水的水化学随时间的变化如图4-72所示。从图中可以看出，所有的指标保持常年稳定，没有季节变化。

图4-73给出了2006年4月~2007年4月P6′和P7′点水化学特征的变化。可以看出，HCO_3^-和Ca^{2+}浓度在雨季降低。这主要是由雨季降雨和坡面流的稀释效应所致。与渠道系统中下游W10点进行对比（Liu et al., 2010），P6′点的电导率的季节变化远远小于W10点。这是由于池子系统的坡度较小，流程很短（约300m），稀释效应较弱的缘故。

2) 钙华与沉积水体氧同位素组成的季节变化

图4-74给出了P7′点水体$\delta^{18}O$的季节变化，为-14.94‰~-13.43‰，平均值为-14.21‰。图4-74(b)和(d)分别给出了P6′和P7′点钙华$\delta^{18}O$的季节变化以及平均水温和降水量随时间的变化（平均水温为早中晚监测数据的平均值）。P6′点钙华的$\delta^{18}O$为-14.42‰~-13.23‰，平均值为-13.80‰，水温为7.4~16.6℃，平均值为12.2℃。P7′点的钙华$\delta^{18}O$为-14.37‰~-13.85‰，平均值为-13.80‰，水温为7.3~17.2℃，平均值为12.3℃。

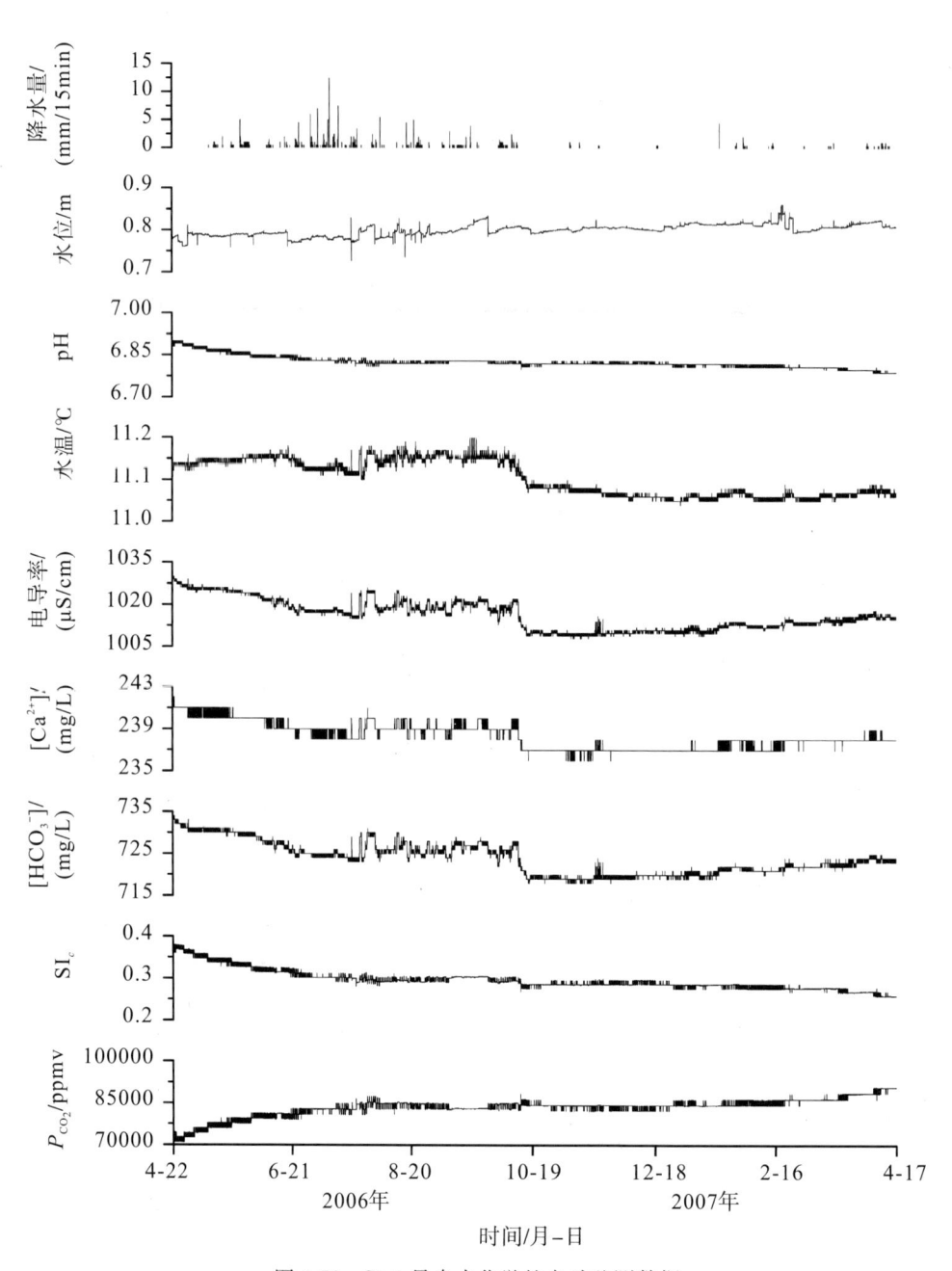

图 4-72　S1-1 号泉水化学的自动监测数据

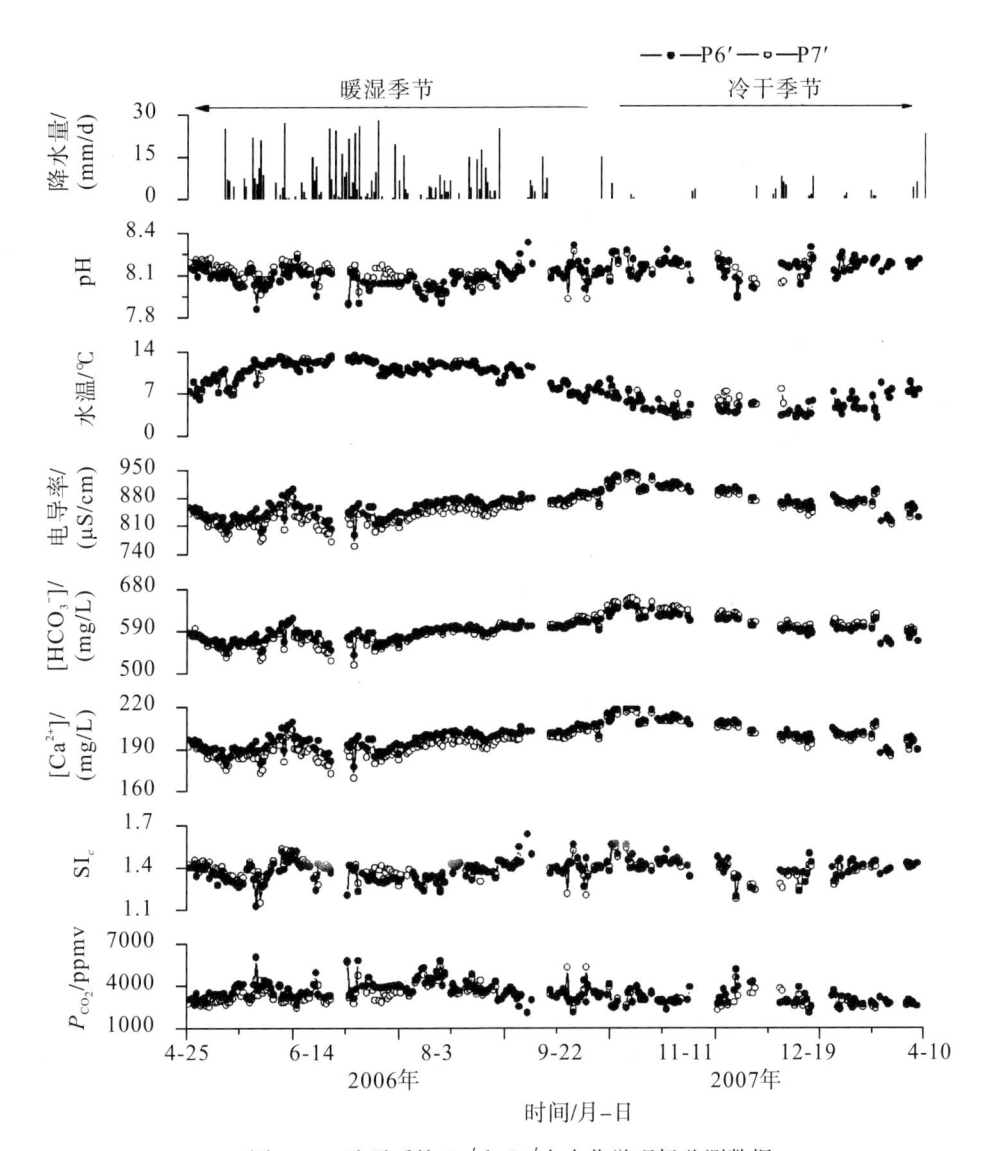

图 4-73 池子系统 P6′和 P7′点水化学现场监测数据

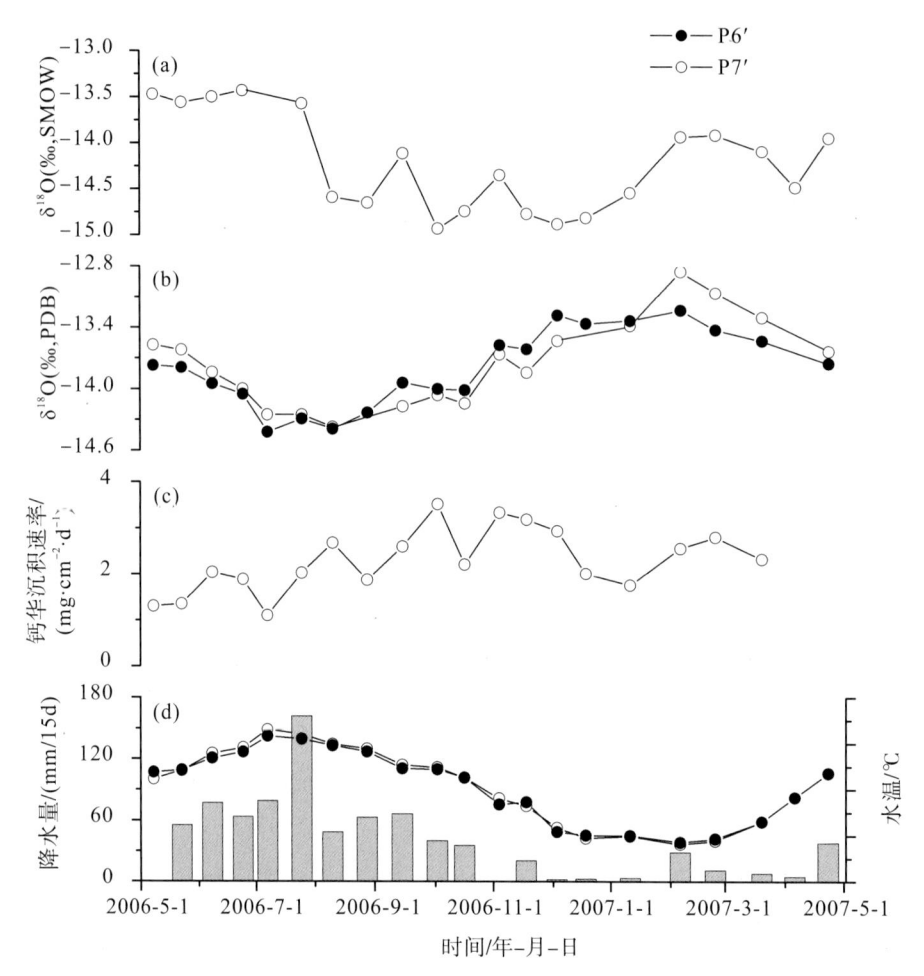

图 4-74 沉积水体(a)和钙华(b)δ¹⁸O 的季节变化以及同期的沉积速率(c)和平均水温和降水量(d)

3)钙华沉积速率的季节变化

图 4-74(c)给出了 P6′和 P7′点钙华沉积速率随时间的变化。仅以 P7′为例,它的沉积速率为 $1.10 \sim 3.34 \text{mg} \cdot \text{cm}^{-2} \cdot \text{d}^{-1}$,平均值为 $2.30 \text{mg} \cdot \text{cm}^{-2} \cdot \text{d}^{-1}$。根据 Liu 等(2010)的研究,渠道系统钙华沉积速率主要受温度和降雨引起的稀释效应共同控制。然而,在本研究中并没有发现钙华沉积速率与水温或者降水量有很好的相关性,其原因可能是两者作用相互抵消的结果。

4)钙华与沉积水体之间的氧同位素分馏

钙华与沉积水体间氧同位素分馏与水温的关系见图 4-75。图中列出了 Yan 等(2012) P4、P5 和 P6 的数据以及 Kele 等(2011) Pk-section 和 Beltes-2-section(Pamukkale, Turkey)的数据以作对比。可以看出,本研究得到的氧同位素分馏系数接近 Kim 和 O'Neil (1997)实验给出的拟合曲线。此结果与 Kele 等(2011)在土耳其棉花堡得到的结果相似,却与 Yan 等(2012)得到的结果相反。

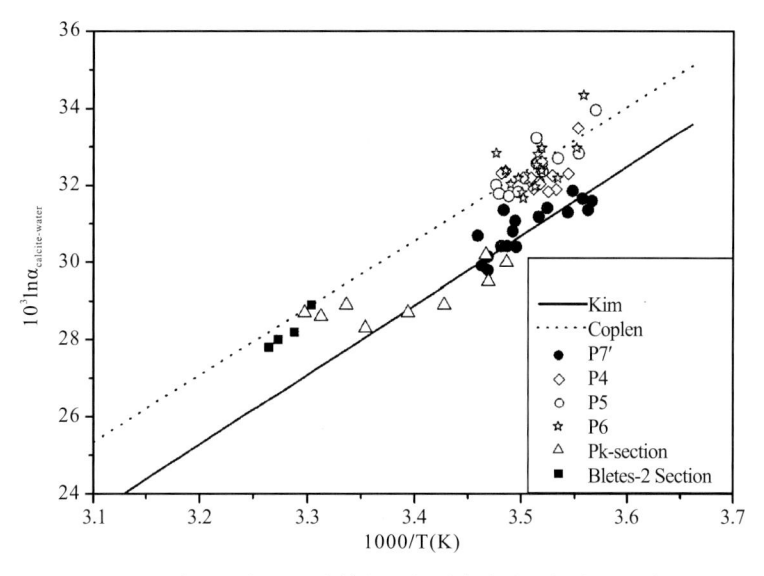

图 4-75　方解石与沉积水体间的氧同位素分馏与水温的关系

3. 讨论

1)降雨和温度对钙华氧同位素组成的影响

Yan 等(2012)发现在池子内部形成的钙华其 $\delta^{18}O$ 与水温有显著的负相关关系,反映了氧同位素分馏的温度效应。在本研究中,也发现了 P6′和 P7′点的钙华 $\delta^{18}O$ 与平均水温有很好的负相关关系[图 4-76(a)]。这说明池子钙华氧同位素组成的变化反映的是水温的季节变化。

白水台的气候属于典型的亚热带季风气候。Sun 和 Liu(2010)发现渠道沉积的钙华的 $\delta^{18}O$ 的季节变化主要由降雨引起的"同位素稀释效应"控制。图 4-76(b)显示池子钙华的 $\delta^{18}O$ 与降水量也有负相关关系。因此,可能是水温和降水量共同影响钙华的氧同位素组成。

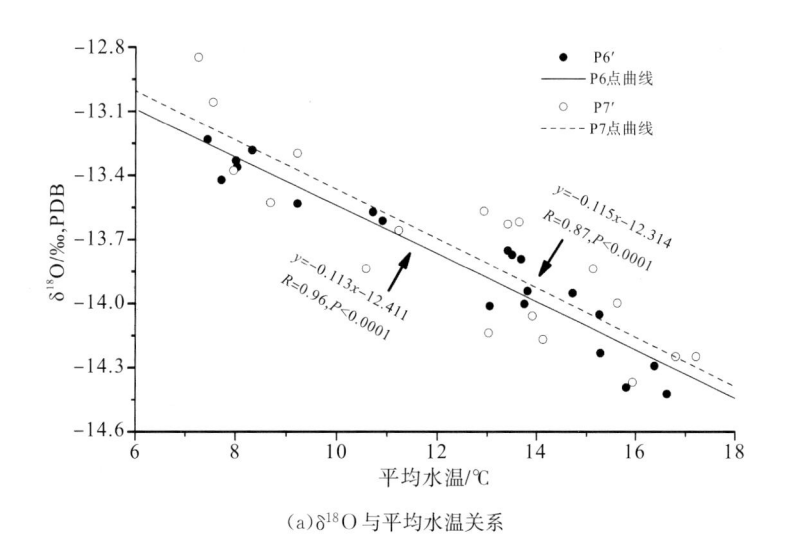

(a)$\delta^{18}O$ 与平均水温关系

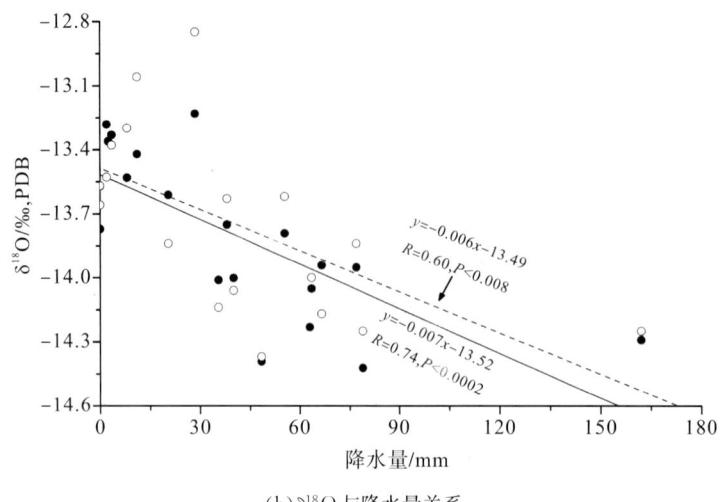

$$y=-0.006x-13.49$$
$$R=0.60, P<0.008$$

$$y=-0.007x-13.52$$
$$R=0.74, P<0.0002$$

(b) $\delta^{18}O$ 与降水量关系

图 4-76 P6′和 P7′点钙华 $\delta^{18}O$ 与同期平均水温和降水量之间的关系

为了评估两种因素对钙华氧同位素组成季节变化的贡献,我们利用 SPSS 统计软件计算了二元相关系数,结果如表 4-18 所示。从表 4-18 可以看出,钙华 $\delta^{18}O$ 的季节变化主要是由水温控制($P<0.001$),而不是降水量控制($P>0.6$)。

表 4-18 P6′和 P7′点钙华 $\delta^{18}O$ 与水温和降水量的回归分析

采样点	回归方程	二元相关系数(R)	水温的显著水平(P)	降水量的显著水平(P)
P6′	$\delta^{18}O=-0.108WT-12.446$	0.96	0.000	0.635
P7′	$\delta^{18}O=-0.116WT+0.001Rain-12.315$	0.87	0.001	0.611

2)氧同位素动力学分馏:方解石沉积速率、pH 和 CO_2 脱气的影响

从图 4-75 中可以看出,本研究获得的氧同位素分馏系数接近 Kim 和 O'Neil(1997)给出的平衡线。这与上一节的结果不同,他们的结果是更接近 Coplen(2007)的平衡线。对比两个研究发现,本研究中 P7′点的沉积速率为 $2.30 mg \cdot cm^{-2} \cdot d^{-1}$,远大于 2010 年 P5 和 P6 点的沉积速率(分别为 $0.38 mg \cdot cm^{-2} \cdot d^{-1}$ 和 $0.37 mg \cdot cm^{-2} \cdot d^{-1}$),是后者的 6 倍(表 4-19)。两者沉积速率的差别可能是由玻片放置位置不同引起的。在本研究中,放置于 P7′的玻片更靠近池子的边缘,水流速度更快,扩散边界层更薄,因此沉积速率更大(Liu et al.,1995)。而在 2010 年的野外研究中,玻片的位置在池子中部,沉积速率相对较小。

表 4-19 2006~2007 年 P7′点钙华沉积速率与 2010 年 P4、P5 和 P6 点的速率对比

单位:$mg \cdot cm^{-2} \cdot d^{-1}$

采样时间	$R_{P7'}$	采样时间	R_{P4}*	R_{P5}*	R_{P6}*
2006 年 5 月 8 日	1.30	2010 年 6 月 3 日	0.45	0.25	0.33
2006 年 5 月 23 日	1.35	2010 年 6 月 10 日	0.65	0.28	0.29
2006 年 6 月 7 日	2.04	2010 年 6 月 20 日	0.29	0.33	0.12
2006 年 6 月 23 日	1.89	2010 年 6 月 30 日	0.68	n. a.	0.54
2006 年 7 月 7 日	1.10	2010 年 7 月 10 日	0.77	0.52	0.68
2006 年 7 月 25 日	2.03	2010 年 7 月 19 日	0.85	0.48	0.33

续表

采样时间	$R_{P7'}$	采样时间	R_{P4}*	R_{P5}*	R_{P6}*
2006年8月10日	2.68	2010年7月29日	0.52	0.35	n. a.
2006年8月28日	1.88	2010年8月8日	0.46	0.30	0.32
2006年9月15日	2.60	2010年8月18日	n. a.	0.48	0.38
2006年10月3日	3.52	2010年8月28日	1.15	0.40	0.21
2006年10月17日	2.21	2010年9月8日	1.37	0.37	0.37
2006年11月4日	3.34	2010年9月18日	0.14	0.11	0.42
2006年11月18日	3.19	2010年9月28日	0.55	0.47	0.35
2006年12月4日	2.94	2010年10月10日	0.63	0.53	0.45
2006年12月19日	2.01	2010年10月20日	0.62	0.41	0.34
2007年1月11日	1.76				
2007年2月6日	2.56				
2007年2月25日	2.81				
2007年3月20日	2.33				
平均值	2.30	平均值	0.65	0.38	0.37

$R_{P7'}$、R_{P4}、R_{P5} 和 R_{P6} 分别为 P7′、P4、P5 和 P6 的沉积速率

如果认为较慢的沉积更有助于系统达到同位素平衡的话，那么本研究的数据则支持 Coplen(2007)的观点，即方解石与水的氧同位素平衡分馏系数比 Kim 和 O'Neil(1997)通过实验得到的结果更大。其他一些来自于实验室和野外的证据也得出类似的结论(Dietzel et al.，2009；Day 和 Henderson，2011；Tremaine et al.，2011；Feng et al.，2012)。值得注意的是，在图 4-75 的数据中，P4 点的数据点正好落在两条平衡线之间。而 P4 点的沉积速率为 0.65mg·cm^{-2}·d^{-1}，高于 P5 和 P6 点的沉积速率，低于 P7′点的沉积速率。因此，如果 Coplen(2007)得到的平衡线是正确的，那么可能存在一个沉积速率的阈值，控制着氧同位素平衡分馏。在白水台的钙华水池的环境下，要达到同位素平衡，沉积速率需要小于 0.38mg·cm^{-2}·d^{-1}。

Dietzel 等(2009)发现实验室中沉积的方解石很难达到同位素平衡，并且随着沉积速率的增大，方解石与水的分馏系数则变小(图 4-77)。同理，我们根据本研究中的氧同位素分馏系数和沉积速率也可得到一个关系式：

$$1000\ln\alpha_{\text{calcite-water}} = -1.412\lg R + 36.8;\quad r = -0.65;\quad n = 55 \qquad (4-22)$$

式中，R 为方解石的沉积速率，单位是 μmol·m^{-2}·h^{-1}。另外，在图 4-77 中，利用本研究拟合得到的曲线并没有落在 Dietzel 等(2009)的拟合曲线之间，而是在它们之上，Dietzel 等(2009)和 2010 年白水台的数据被列出以作对比。在本研究和上一节的研究中，平均温度分别为 12.0℃和 11.5℃，之所以没有落在 Dietzel 等(2009)5℃和 25℃的拟合曲线之间，可能是因为我们研究的钙华沉积环境的 pH 更低。本研究和上一节研究的平均 pH 分别为 8.12 和 8.09，略低于 Dietzel 等(2009)实验的 8.3。根据前人的研究结果，方解石与水的氧同位素分馏系数与 pH 呈负相关关系(Zeebe，1999；Adkins et al.，2003；Dietzel et al.，2009)。如果根据 Dietzel 等(2009)给出的关系，pH 的影响只能解释其中

50%的差别。因此，CO_2脱气可能是另一个重要因素，在Dietzel等(2009)的实验中并没有CO_2脱气的影响。

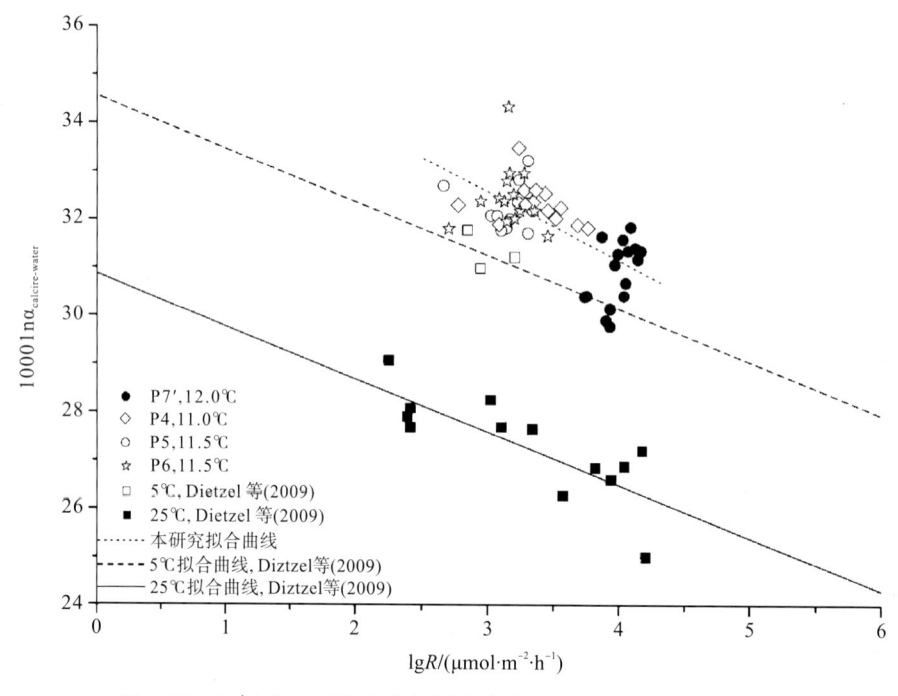

图4-77 P7′点方解石与水的氧同位素分馏与沉积速率之间的关系

3)对利用钙华$\delta^{18}O$进行古温度重建的指示意义

本研究中的发现支持Coplen(2007)的结论，即真实的氧同位素分馏系数比Kim和O'Neil(1997)得到的更大。因此，当钙华的沉积非常慢时($<0.38\text{mg}\cdot\text{cm}^{-2}\cdot\text{d}^{-1}$)，则最好利用Coplen(2007)给出的平衡分馏线来计算温度。同时本研究的结果也证实了方解石的$\delta^{18}O$会随着沉积速率的增大而减小(Dietzel et al., 2009；Feng et al., 2012)。具体关系为，沉积速率增大十倍，方解石的$\delta^{18}O$大约降低1.41‰。如果这个关系对于其他钙华沉积也成立，那么在利用钙华$\delta^{18}O$进行古温度重建时则不能忽略沉积速率变化带来的影响。对于有清晰年层的内生钙华来说，沉积速率通常在夏季低，冬季高(Liu et al., 2010)。因此，钙华$\delta^{18}O$的季节变化会因此减弱，从而得到的温度变化就会偏小。对于表生钙华，沉积速率通常是夏季高，冬季低(Kano et al., 2003)，那么沉积速率的效应会放大钙华$\delta^{18}O$的季节变化，从而计算得到的温度变化就会偏大。

因此，为了更准确地利用钙华$\delta^{18}O$计算温度变化，沉积速率改变所造成的影响需要仔细的评估。

4.2.6 白水台渠道近代钙华(2004~2011)氧碳同位素组成：气候和内部因素共同控制

钙华通常沉积在地表，因此其地球化学特征往往受多个因素控制，其中包括外界的气候因素(温度、降雨等)和内部因素(物理化学过程、沉积环境、生物作用、蒸发等)。

这使得钙华蕴含的气候意义具有多解性和异地性。因此，若要正确解译某个沉积点的古钙华样品，需先对当地钙华地球化学指标(通常是氧碳同位素组成)的气候指代意义进行研究。目前，主要有两种方法来研究钙华地球化学指标的气候指代意义：一种是前几章所述的利用沉积试片收集现生钙华，测定沉积时的气候、水化学、同位素等参数；另一种就是利用近年来沉积的多年钙华样品(在本研究中我们称为近代钙华样品)，由于沉积时间是已知的，同时可获得沉积时段当地的气候信息(根据当地或者附近的气象站)，所以通过建立起钙华地球化学指标与气候因素的统计关系也能给出它们的气候指代意义。

两种方法各有优劣，可以互补。前一种方法可以详细地调查影响钙华地球化学指标的各个因素，通过合理的设计野外试验，更深入系统地了解地球化学指标的内在控制机理。它的缺点也比较明显，为了获得更具有统计意义的数据需要长时间的现场监测和采样，耗时耗力，研究周期长，也因为如此，难以展示多年周期变化。而后一种方法则可视为对前一种方法的补充，即有多年的沉积数据进行重复性的检验，且可以更好地反映年际间的变化趋势和气候周期，但是与气候因素间的关系仅仅建立在统计分析上，缺乏对地球化学指标内在控制机理的深入探讨。特别是在某些情况下，仅根据统计意义得出的气候信息是不准确的。相比之下，第二种方法由于研究周期相对较短，样品更易获得，因此国际上的相关报道也更多(Matsuoka et al.，2001；Ihlenfeld et al.，2003；Kano et al.，2004，2007；Liu et al.，2006a；Hori et al.，2009；Lojen et al.，2009；Osácar et al.，2013)。

本研究可视为对课题组前期研究(Liu et al.，2006a；Sun 和 Liu，2010)的一个延伸。在 Liu 等(2006a)的研究中，主要讨论了沉积速率和氧碳同位素组成的气候指代意义，由于受样品量和年层数量的限制，笔者并未讨论非气候因素的影响以及年际尺度上的气候意义。另一个研究(Sun 和 Liu，2010)利用沉积试片法详细地调查了 2006~2007 年一个完整水文年渠道钙华的氧碳同位素组成的时空变化，但是由于在该时间段有渠道水源改变的问题，因此需要其他年份的数据对其进行重现性验证。而根据我们前面的研究结果，渠道钙华氧同位素组成受内部物理化学过程显著影响，特别是在下游 W5 点，理论计算的温度与实测温度相差达 10℃以上。针对上述问题，在本研究中分别采集了云南白水台渠道上中下游三块近代钙华样品(2004~2011 年)，对其氧碳同位素组成做高分辨率的分析，并结合我们之前用沉积试片法所取得的认识，主要探讨气候因素和内部因素对近代钙华氧碳同位素组成的控制，同时讨论氧碳同位素年际尺度上的气候指代意义。

1. 研究方法

2012 年 1 月，我们于白水台渠道上、中、下游分别采集了三块近代钙华样品。样品与 S1-3 号泉的距离(流程)分别约为 850m、1500m 和 2600m(图 4-78)。上游和下游的样品包含 8 个年层(一个深色层加一个浅色层为一个年层)，由于渠道近年来没有发生过长时间的沉积间断，因此可以推算出该样品的沉积时段，即为 2004~2011 年。每个样品大约长 12cm，每年沉积的钙华平均厚度为 1~2cm(图 4-79)。样品采集后在室温下风干，并用切割机垂直于年层切成柱状，在切割的新鲜剖面上以大约 1.5mm 的精度进行高分辨率采样，因此所能反映的气候信息在月、季尺度，子样品用于氧碳同位素组成的分析。氧碳同位素组成的测试在中国科学院地球化学研究所环境地球化学国家重点实验室完成。

测试仪器为气相同位素质谱仪 MAT 253，采用 Gas-bench Ⅱ自动进样系统。$\delta^{18}O$ 和 $\delta^{13}C$ 的精度均高于 0.1‰，用千分之(‰)表示，标准为 Vienna Pee Dee Belemnite(VPDB)。

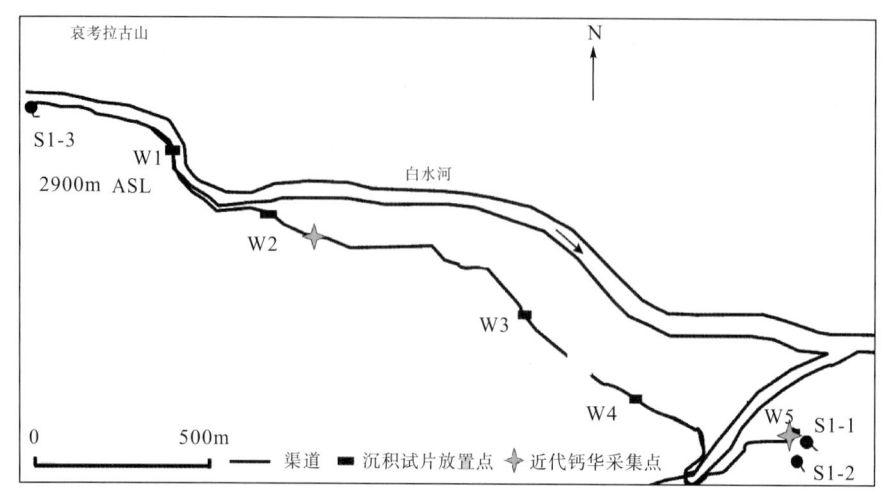

图 4-78　白水台渠道系统平面图，星号为近代钙华采样位置

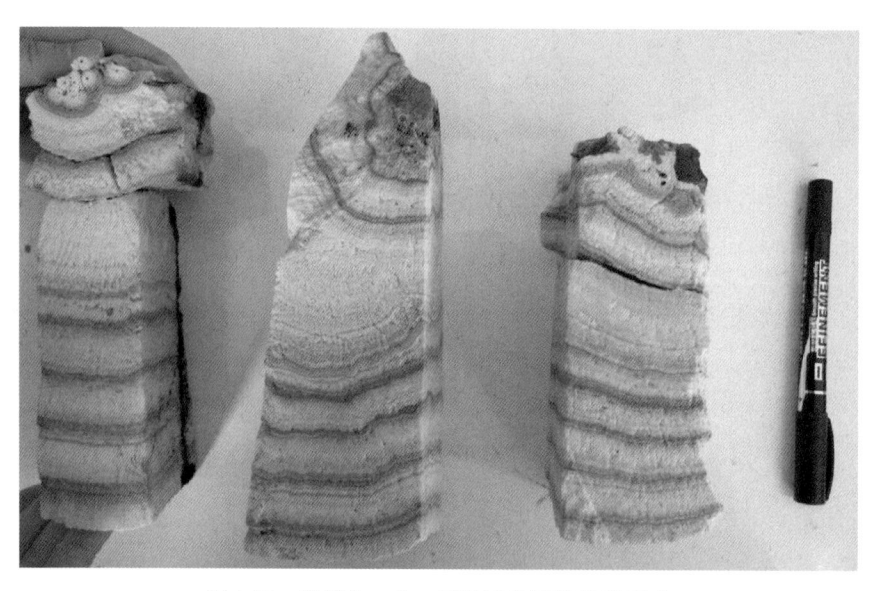

图 4-79　渠道上、中、下游近代钙华样品照片

2. 研究结果

本研究收集了离研究点大约 60km 的丽江气象站 2004～2011 年的气象资料。之所以没有选择离研究点最近的香格里拉气象站(约 50km，Liu et al.，2006a)的气象资料，是因为香格里拉站的海拔在 3300m 以上，远远高于研究区的海拔(约 2600m)。而丽江站的海拔(约 2500m)与研究点相近，绝对温度较为接近，而且通过长时间的野外观察发现，丽江站与研究点的气候变化趋势也是非常一致的。图 4-80 给出了丽江气象站所记录的 2004～2011 年每月的平均气温和降水量。从图中可以清晰地看出，每年雨季大约从 5 月

开始，10月结束，雨热同期，反映了亚热带季风气候的特征。

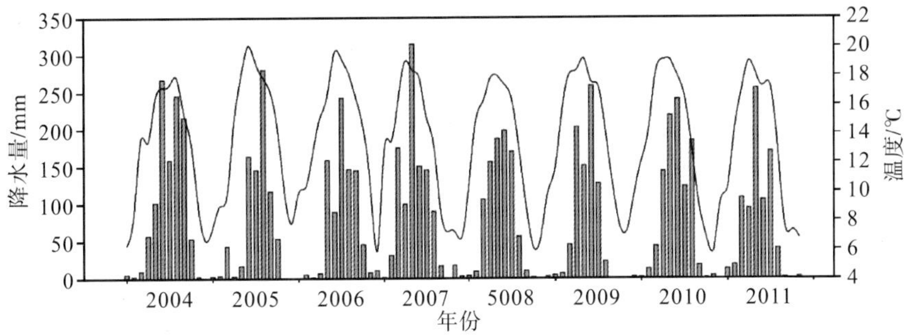

图 4-80 丽江气象站所记录的 2004~2011 年月平均气温和降水量

据 Sun 和 Liu(2010)以及 Liu 等(2010)的研究，渠道所有的水化学参数均有明显的季节变化。上游 W2 点和下游 W5 点水温的季节变化幅度分别为 4℃ 和 6℃(Sun 和 Liu，2010)。[Ca^{2+}]、[HCO_3^-]、电导率、CO_2 分压和方解石饱和指数 SI_c 均是在冬季较高，夏季较低。渠道水化学的季节变化主要控制因素是降雨引起的地表水和坡面流的稀释效应(Liu et al.，2010)。同时，地表水和坡面流也带入了大量的土壤有机质和黏土矿物，使得渠道钙华在夏季具有黄色的微层(Liu et al.，2010)。

图 4-81、图 4-82 和图 4-83 给出了上、中、下游三块近代钙华样品的 $\delta^{13}C$ 和 $\delta^{18}O$ 随时间的变化。总的来说，$\delta^{13}C$ 和 $\delta^{18}O$ 呈明显的季节性变化，即夏季低，冬季高。上、中、下游三块近代钙华样品 $\delta^{13}C$ 的平均值分别为 3.66‰、5.24‰ 和 5.55‰，$\delta^{18}O$ 的平均值分别为 -12.87‰、-11.96‰ 和 -11.71‰，都有向下游增大的趋势(表 4-20)。同时，钙华 $\delta^{13}C$ 和 $\delta^{18}O$ 的季节变化幅度也是向下游增大，也就是说，下游钙华氧碳同位素组成的季节变化比上游更加显著。其中，钙华 $\delta^{13}C$ 的季节变化幅度在上游为 1.54±0.30‰，下游为 2.86±0.60‰。而 $\delta^{18}O$ 的季节变化幅度在上游为 0.61±0.16‰，下游为 1.16±0.31‰。分别对三块钙华样品的 $\delta^{13}C$ 和 $\delta^{18}O$ 做相关性分析(图 4-84)，结果显示 $\delta^{13}C$ 和 $\delta^{18}O$ 均呈显著的正相关，意味着两者可能受相同的过程或者因素控制。

表 4-20 渠道上、中和下游近代钙华样品氧碳同位素组成特征

采样点	$\delta^{13}C$/‰，VPDB				$\delta^{18}O$/‰，VPDB			
	最大值	最小值	平均值	季节变化幅度	最大值	最小值	平均值	季节变化幅度
上游	4.57	2.16	3.66	1.54±0.30	-12.31	-13.39	-12.87	0.61±0.16
中游	7.06	2.83	5.24	2.22±0.52	-11.15	-12.84	-11.96	0.87±0.28
下游	7.82	2.88	5.55	2.86±0.60	-10.71	-12.57	-11.71	1.16±0.31

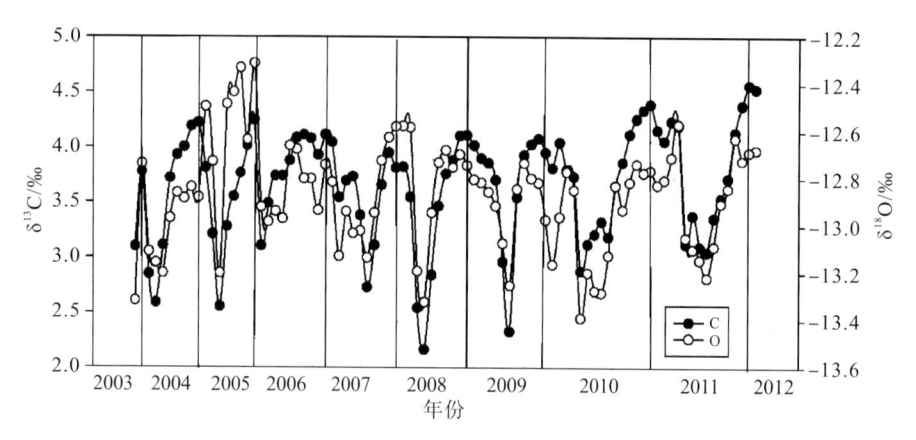

图 4-81 上游(850m)近代钙华样品的 δ^{13}C 和 δ^{18}O 随时间的变化

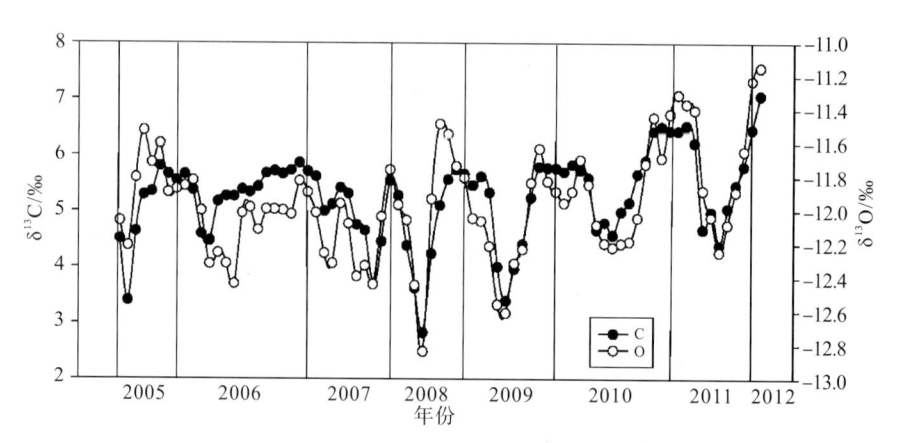

图 4-82 中游(1500m)近代钙华样品的 δ^{13}C 和 δ^{18}O 随时间的变化

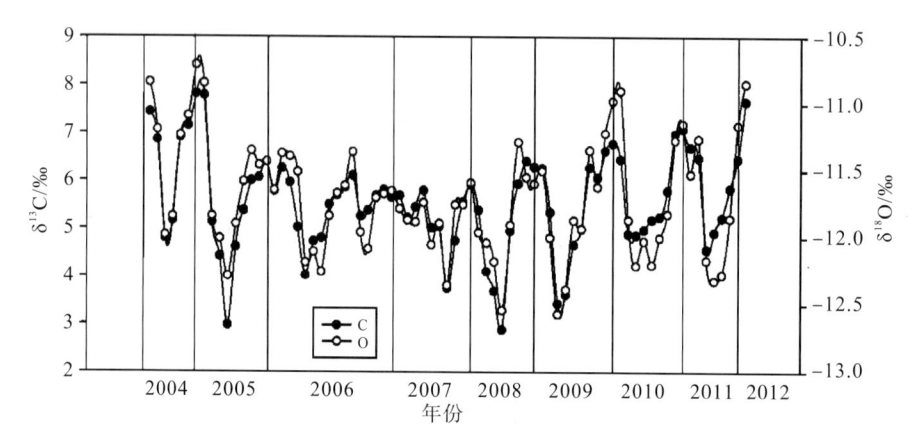

图 4-83 下游(2600m)近代钙华样品的 δ^{13}C 和 δ^{18}O 随时间的变化

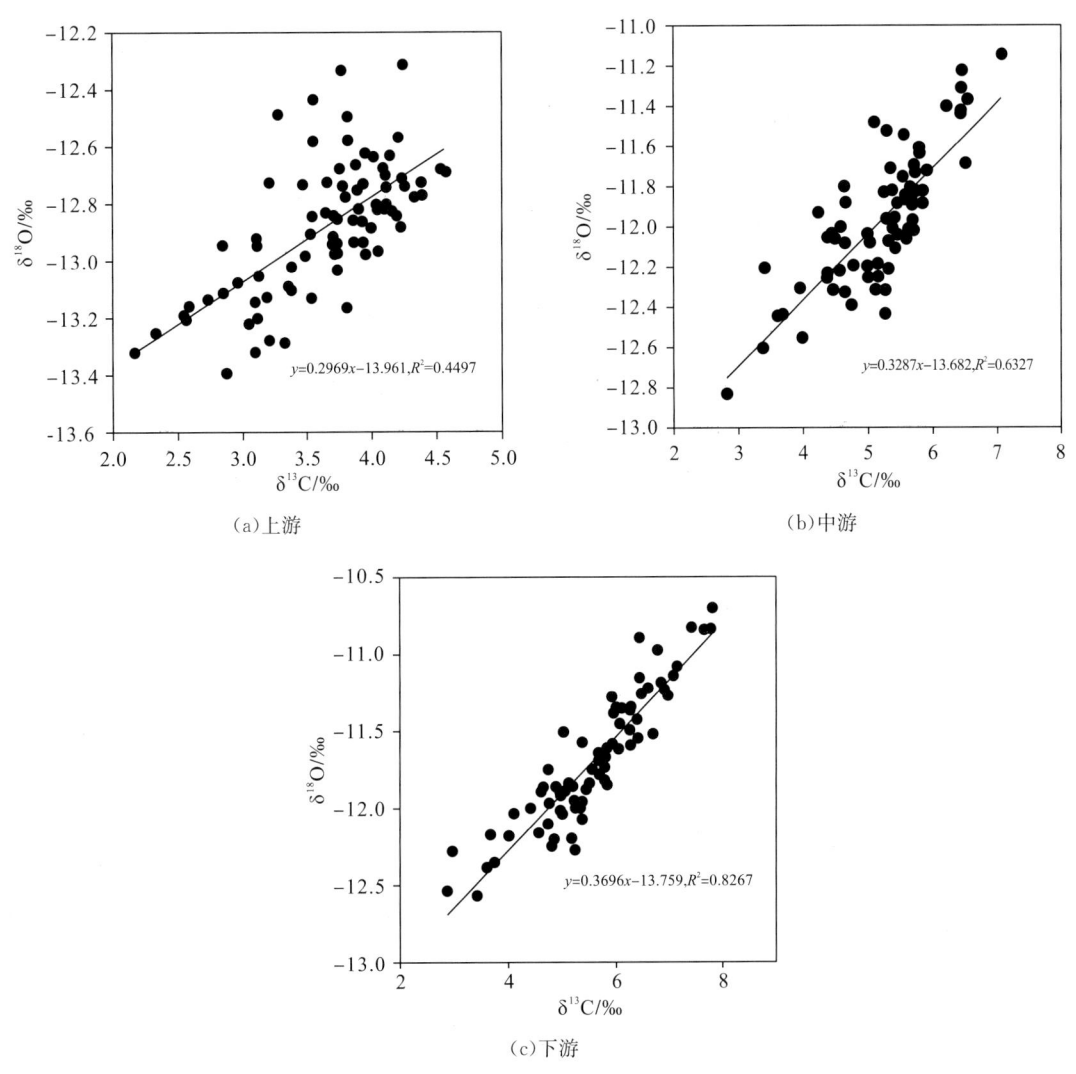

图 4-84　上游、中游和下游近代钙华样品 $\delta^{13}C$ 和 $\delta^{18}O$ 的相关性分析

3. 讨论

1) 钙华氧碳同位素季节变化在空间上的差异：气候和渠道内部过程的影响

在很多近代钙华的研究中，研究者主要关注同位素组成和微量元素含量的时间变化以及它们与气候因素的关系(Matsuoka et al., 2001; Ihlenfeld et al., 2003; Kano et al., 2004, 2007; Liu et al., 2006; Lojen et al., 2009; Osácar et al., 2013)，却很少研究多个钙华样品同位素组成的空间变化以及内部因素对气候指代意义的影响(Hori et al., 2009)。Hori 等(2009)研究了日本西南地区三块采集于不同溪流的近代钙华样品，三个研究点有相似的温带气候。研究发现，下游钙华的碳同位素组成很容易受到 CO_2 脱气的影响。当泉水具有高的 CO_2 分压，降雨引起的流量增加使得单位水体 CO_2 脱气速率变慢，从而在钙华样品的碳同位素中产生扰动(Hori et al., 2009)。

Sun 和 Liu(2010)利用沉积试片法也观察到下游钙华富集重的碳氧同位素。对于碳同位素来说，^{12}C 在 CO_2 脱气过程中优先逸出是水体 DIC 和钙华向下游变重的主要原因。而对于氧同位素,由于水中含有大量的氧原子,考虑到 DIC 会与 H_2O 发生氧同位素交换,情况比碳同位素更为复杂(Scholz et al.,2009)。但是,如果沉积足够快,DIC 与 H_2O 的氧同位素交换所产生的缓冲效应就有限(Dreybrodt 和 Scholz,2011)。由于钙华沉积反应($Ca^{2+} + 2HCO_3^- \longrightarrow CaCO_3 \downarrow + H_2O + CO_2 \uparrow$)总的氧同位素分馏系数是小于 1 的,因此钙华沉积和 CO_2 逸出的过程则会引起 ^{18}O 在剩余的 HCO_3^- 中富集,整个过程可以用瑞利分馏来表示(Scholz et al.,2009; Yan et al.,2012)。正是因为如此,下游钙华的氧同位素组成反映的不是温度的变化而是内部的动力过程。

在本研究中,三块近代钙华的 $\delta^{13}C$ 和 $\delta^{18}O$ 同样是从上往下增大。同时,它们的季节变化幅度也是向下游增大(表 4-20)。如前所述,渠道钙华的氧碳同位素演化可以用瑞利分馏过程来解释。因此,下游钙华的同位素组成不仅会受到周围环境变化的影响,还受瑞利过程程度的控制(也就是沉积了的 HCO_3^- 量占初始量的比例,$f = [HCO_3^-]_t / [HCO_3^-]_0$)。在雨季,由于降雨引起的同位素稀释效应导致钙华的 $\delta^{13}C$ 和 $\delta^{18}O$ 低于旱季(Sun 和 Liu,2010)。与此同时,$[Ca^{2+}]$、$[HCO_3^-]$、P_{CO_2} 和 SI_c 也同样由于稀释作用,在雨季降低,导致雨季时钙华的沉积速率降低(可见图 4-79 中的深色层较薄)。这说明在雨季沉积的 HCO_3^- 较少,根据瑞利分馏公式,下游钙华氧碳同位素组成的富集程度也就偏低。因此,同位素稀释效应与较弱的瑞利过程的联合作用使得下游钙华具有低的 $\delta^{13}C$ 和 $\delta^{18}O$。相反,在干季,更大比例的 HCO_3^- 沉积为钙华,瑞利过程的程度大,加上几乎没有同位素稀释效应的影响,使得下游钙华的 $\delta^{13}C$ 和 $\delta^{18}O$ 比原本气候因素导致的值更大。如果上游钙华的 $\delta^{13}C$ 和 $\delta^{18}O$ 的季节变化视为是对气候变化的响应,那么渠道内部的钙华沉积和 CO_2 脱气等物理过程则会放大同位素的季节变化。这对我们利用当地钙华进行古气候环境重建有显著的指导意义,特别是利用下游钙华氧碳同位素的季节变化直接计算降雨或者温度的季节变化时,可能会高估实际的季节变化。

对比图 4-84 给出的钙华 $\delta^{13}C$ 和 $\delta^{18}O$ 的相关性发现两者的相关性系数也是向下游增大(0.67~0.91),这是物理化学过程对下游同位素组成影响的又一个证据。上游钙华由于没有受到此过程的影响,同位素组成的季节变化反映的是气候因素控制为主,而正相关关系则是同位素稀释效应的结果。在下游,瑞利过程和气候因素同时影响钙华同位素组成,因此 $\delta^{13}C$ 和 $\delta^{18}O$ 的相关性也就更高。

需要特别说明的是,我们在白水台所观测到的内部过程对同位素组成的影响与 Hori 等(2009)对日本表生钙华的研究结果正好相反。尽管在他们的研究中也观察到钙华氧碳同位素组成具有类似的夏季低、冬季高的季节变化,但是由于该系统是表生岩溶系统,水体的 $[HCO_3^-]$、P_{CO_2} 和 SI_c 是夏秋季高于冬春季,与白水台内生系统的情况刚好相反。这是由于在表生系统中,水中的 CO_2 是来自于土壤 CO_2 的溶解,后者在夏季的浓度更高。因此,他们发现表生钙华在夏秋季的沉积速率要高于冬春季(Kano et al.,2003),CO_2 逸出的速率也是夏季时更高。例如,在日本 Shimokuraida 研究点,泉水的 CO_2 是三个点中最高的,从泉口到近代钙华采集点水体 DIC 的 $\delta^{13}C$ 升高了约 3.1‰(Hori et al.,2009)。在夏季,CO_2 逸出速率更快,泉水所携带的 $\delta^{13}C$ 的季节变化(夏低冬高)则会被 CO_2 逸出过程抵消或者干扰,使得下游沉积的钙华的 $\delta^{13}C$ 记录出现明显的扰动,且季节变化变弱。对比两个研究可发现,究竟是放大由气候引起的季节变化还是减弱这种变化,取决于同位素组成与钙华沉积速率在时间上的关系。如果氧碳同位素组成与沉积速率正相关,即是在某一个季节都增加或者降低,那么物理化学过程则会放大同位素的季节变化(如本研究),相反则会减弱季节变化(Hori et al.,2009)。

最近,Sürmelihindi 等(2013)研究了土耳其 Patara 地区一条罗马时期的水渠里面沉积的表生钙华样品,发现沿着渠道往下钙华 $\delta^{13}C$ 和 $\delta^{18}O$ 的变化幅度都变大,与本研究所观察到的现象类似。但有意思的是,在他们的研究中钙华的 $\delta^{18}O$ 向下游降低,而 $\delta^{13}C$ 向下游增大。笔者认为其原因是:水体在向下游流动的过程中变化幅度明显增大,虽然蒸发会抵消掉一部分温度效应,但温度的变化是造成钙华 $\delta^{18}O$ 和变化幅度空间变化的主要原因。温度变化同样可以解释下游 $\delta^{13}C$ 变化幅度增大,即温度的大幅度变化使得 CO_2 逸出速率也变化明显,从而影响钙华的 $\delta^{13}C$ 变化。根据本研究的结论,碳元素在水中可以看成一个封闭系统,即水体从泉口流出后,其 DIC 的浓度就确定了,随后的 CO_2 脱气和钙华沉积会降低水中的 DIC 浓度。因此,在该研究中下游 $\delta^{13}C$ 的变幅增大也可用本研究的瑞利过程程度不同来解释。而对于其 $\delta^{18}O$ 数据的解释,由于钙华 $\delta^{18}O$ 向下游降低,与温度呈显著的负相关,主要反映了同位素分馏的温度效应,这说明在该点的 DIC 与 H_2O 达到氧同位素交换平衡,因此本研究所提到的影响氧同位素的瑞利过程不明显。同时,研究还发现上游钙华的 $\delta^{13}C$ 和 $\delta^{18}O$ 呈正相关,但到了下游,两者的相关性逐渐减弱,甚至有一定的负相关关系。这说明上游钙华同位素所蕴含的气候环境信息到下游由于温度变化或者物理化学过程而发生了改变。

虽然目前关于这样对比的研究相对较少,但是从白水台内生钙华、日本表生钙华和土耳其的表生钙华研究来看,渠道内部因素不管是对表生钙华还是对内生钙华的氧碳同位素组成都产生了影响,且影响的结果有差异,这是由两类钙华的成因不同造成的。在内生钙华系统,由于深部 CO_2 源比较稳定,泉水的 CO_2 分压和同位素组成没有明显的季节变化。在地表流动过程中,降雨或者坡面流的混入是同位素组成和沉积速率最主要的影响因素之一,因此两者往往在时间上成正相关。而对于表生钙华系统,地下水和泉水的 CO_2 来自土壤 CO_2 的溶解,因此泉水的 CO_2 浓度和同位素组成有明显的季节变化,而土壤 CO_2 浓度和同位素组成的负相关关系决定了在表生钙华系统中同位素组成与沉积速率在时间上也是负相关。总的来说,在利用钙华样品重建当地古气候时,特别是当钙华距离泉口较远时,必须考虑内部物理化学过程对于同位素组成的影响。

2)钙华 $\delta^{13}C$ 和 $\delta^{18}O$ 在年际尺度上的气候指示意义

根据 Sun 和 Liu(2010)的研究,白水台渠道钙华氧同位素组成在季节上的变化主要是由降雨引起的同位素稀释效应控制,因此可以指示降水量变化。但是,由于沉积试片法的取样时间限制,降雨对钙华氧碳同位素组成在年际尺度上的影响还没被证实。在本节中,通过对比近代钙华的 $\delta^{13}C$、$\delta^{18}O$ 和 2004~2011 年的气象记录,讨论渠道钙华氧碳同位素组成的在年际尺度上的气候指示意义。

(1)钙华 $\delta^{13}C$ 和 $\delta^{18}O$ 的极值

由于钙华氧碳同位素组成的季节变化与降雨有关(Sun 和 Liu,2010),那么钙华 $\delta^{13}C$ 和 $\delta^{18}O$ 周期变化的极大值或者极小值可能反映了当年干旱或者洪涝的程度(Liu et al.,2006a)。从图 4-81、图 4-82 和图 4-83 中可以看出,钙华 $\delta^{13}C$ 和 $\delta^{18}O$ 的极大值在 2005 年有个高值,但随后开始下降,直到 2009 年冬季开始逐渐增大。这与最近十年云南干旱历史有较高的一致性。进入 21 世纪,云南地区干旱灾害频发:2005 年遭遇近 50 年来最大的旱灾(晏红明等,2007),2009年开始遭遇连续四年的旱灾,旱情持续加重。从图4-83中看出,钙华δ¹³C和δ¹⁸O在2005年春季、2006年春季、2010年春季和2011年冬季出现的峰值都正好对应了云南地区的异常干旱事件。

由于钙华δ¹³C和δ¹⁸O的极大值往往出现在冬季最为干旱的时候,因此我们选取丽江气象站监测的12月到2月的降水量来进行分析。在这三个月中,降水量到达一年中的谷底(图4-80)。分别对上游和下游钙华的δ¹³C和δ¹⁸O极大值与12月至2月的总降水量做相关性分析,发现上游和下游钙华的δ¹³C极大值以及下游钙华δ¹⁸O极大值都与冬季(12月~2月)的降水量呈负相关关系,而上游钙华δ¹⁸O极大值与冬季降水量无相关性(图4-85和4-86)。这说明,在年际尺度上,钙华δ¹³C和δ¹⁸O极大值可反映该年份冬季的干旱情况,即冬季越干,极大值越大。

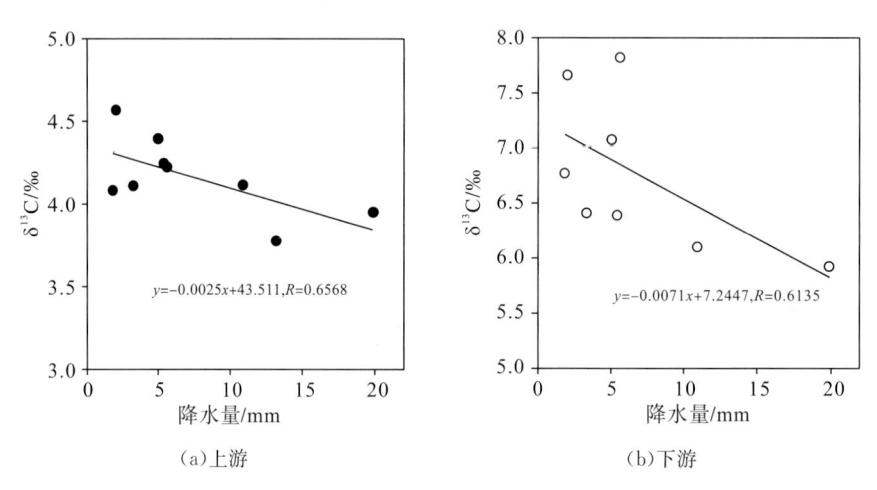

图4-85 上游、下游近代钙华样品δ¹³C极大值与冬季降水量的相关性分析

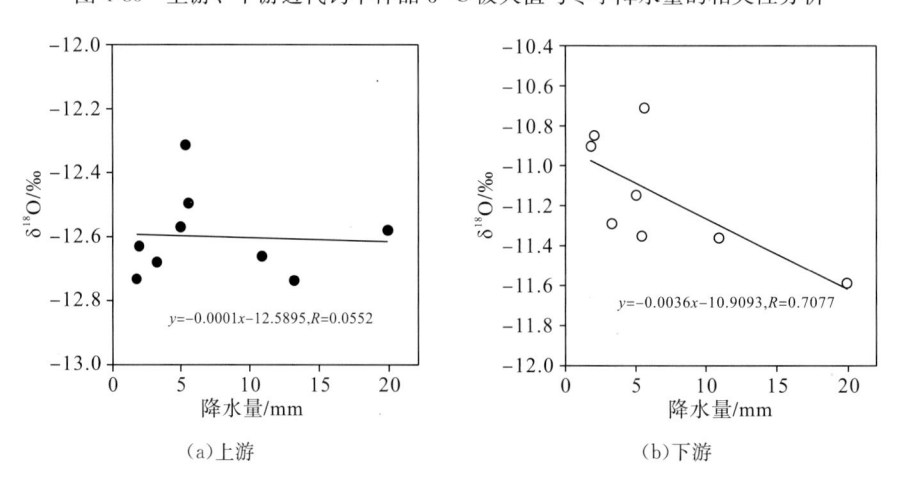

图4-86 上游、下游近代钙华样品δ¹⁸O极大值与冬季降水量的相关性分析

对于碳同位素(图4-85),其极大值与冬季降水量所拟合得到的线性回归方程的斜率在下游更大,这说明在下游点降雨对碳同位素组成的影响更为明显。在下游,降雨对钙华碳同位素的影响不仅包括坡面流的同位素稀释作用,同时还包括影响渠道内部的物理化学过程,因此在图4-85(b)中得到的斜率更大。

而对于氧同位素(图 4-86),上游钙华 δ^{18}O 极大值与冬季降水量无相关性[图 4-86(a)],说明冬季降雨对上游水体和钙华的氧同位素组成影响较小。这比较好理解,因为在冬季白水河水量达到低值,降雨很难引起河水水量的上涨或者形成坡面流补给到渠道中,渠道水体几乎全部由泉水补给,保持相对稳定。从图 4-86(a)中也可以看出,上游钙华 δ^{18}O 的极大值主要在-12.8‰~-12.4‰。由于降雨也会影响渠道内部的物理化学过程,如钙华沉积和 CO_2 脱气,虽然冬季降水量小影响不大,但是这个过程在 2.5km 长的渠道中累计,就可能在下游 W5 点体现出来,造成下游钙华 δ^{18}O 的极大值与冬季降水量的负相关关系[图 4-86(b)]。

需要指出的是,在特别干旱的年份,比如 2010 年春季百年一遇的大旱,空气的湿度很低,水体蒸发也是可能造成下游钙华氧同位素异常的物理化学过程。在图 4-83 中,下游钙华样品在 2010 年初出现了 δ^{18}O 的异常高值,明显比 δ^{13}C 的变化更为剧烈。若上文中提到的因钙华沉积和 CO_2 脱气而引起的瑞利过程是主要控制因素,那么 δ^{18}O 和 δ^{13}C 则会出现相似的峰值,如 2005 年初。在水体蒸发过程中,轻的氧同位素更容易蒸发,而剩余水体则会富集重同位素。由于这个过程只对氧同位素组成有影响,因此可以解释 2010 年初下游钙华 δ^{18}O 和 δ^{13}C 不一致的现象。

我们也分析了钙华 δ^{18}O 和 δ^{13}C 的极小值与夏季降水量和年最大降水量间相关性,但没有发现明显的相关性。这也许是因为降水量对于钙华 δ^{18}O 和 δ^{13}C 的影响有个最低的阈值,当降雨达到某一强度时,对水体同位素组成的改变减弱,或者取决于其他偶然的因素,比如严重的水土流失等。

(2)钙华深色层的 δ^{13}C 和 δ^{18}O

钙华 δ^{18}O 和 δ^{13}C 的极小值与年最大降水量间相关性可能由于其他因素影响而无法体现出来。考虑到钙华深色层在雨季形成,且能严格对应雨季的起止时间,因此深色层钙华 δ^{18}O 和 δ^{13}C 理论上可以反映该年份雨季的降雨强度。对上下游钙华深色层子钙华样品的 δ^{18}O 和 δ^{13}C 平均值与丽江气象站监测的雨季(5~10 月)降水量做相关性分析,结果见图 4-87 和图 4-88。从图中可以看出,在年际尺度上,上游钙华深色层 δ^{13}C 与雨季降水量有显著的负相关关系,体现了降水量对碳同位素组成的控制。然而,在上游钙华深色层 δ^{18}O、下游钙华深色层 δ^{18}O 和 δ^{13}C 均与雨季降水量无明显相关性。

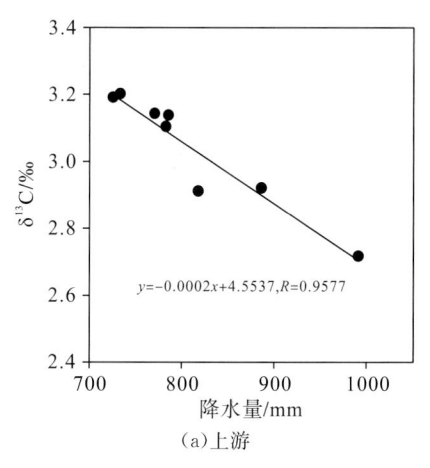

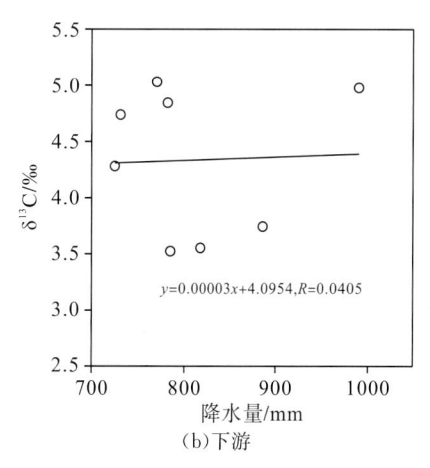

图 4-87 上游、下游钙华深色层 δ^{13}C 平均值与雨季(5~10 月)降水量的相关性分析

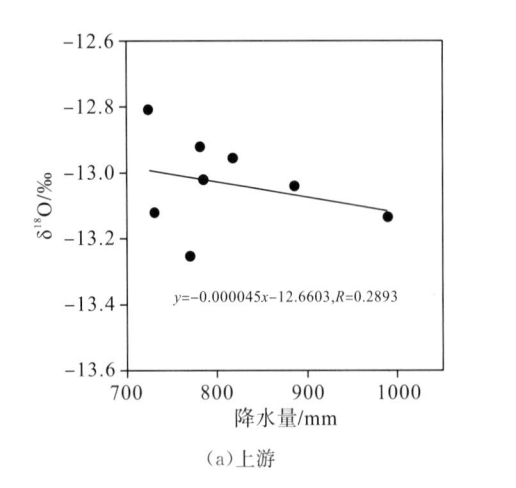

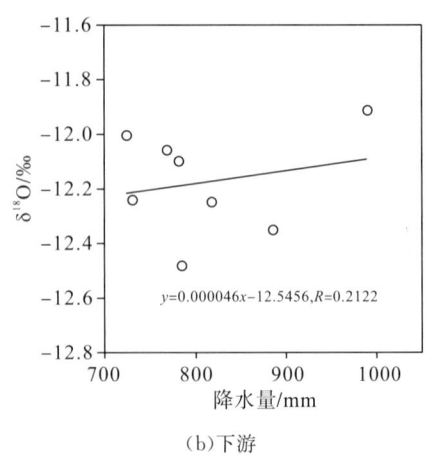

图 4-88 上游、下游钙华深色层 $\delta^{18}O$ 平均值与雨季(5~10月)降水量的相关性分析

白水台地区属雨热同期型气候。在雨季，降雨过程使得水体 DIC 的 $\delta^{13}C$ 降低，从而造成钙华 $\delta^{13}C$ 降低。然而，夏季晴天的高温会加快水体 CO_2 脱气，从而改变下游水体 DIC 和钙华的 $\delta^{13}C$。由于考虑的是深色层钙华的 $\delta^{13}C$ 平均值与雨季降水量的关系，因此发生在晴天的 CO_2 快速脱气过程在下游钙华中可能会被记录下来，从而减弱 $\delta^{13}C$ 与雨季降水量的相关性。由此推测，在年际尺度上，下游钙华深色层 $\delta^{13}C$ 与雨季降水量无关可能是受内部物理化学过程的影响。

在图 4-88 中，上游和下游钙华深色层 $\delta^{18}O$ 均与雨季降水量没有相关性。同时，我们也分析了上游和下游钙华深色层 $\delta^{18}O$ 与雨季(5~10月)温度的关系，两者也无明显相关性。这意味着深色层氧同位素组成在年际尺度上不是受雨季降水量或者温度控制。

4. 结论

通过分析白水台渠道上、中、下游近代钙华样品的氧碳同位素组成，对上、下游钙华氧碳同位素组成的控制机理进行了讨论，同时还讨论了钙华氧碳同位素组成在年际尺度上的气候指示意义。主要结论如下：①上、中和下游钙华氧碳同位素组成都有明显的季节变化，表现为夏低冬高，且越往下游，季节变化的幅度越大；②上、中和下游钙华 $\delta^{18}O$ 和 $\delta^{13}C$ 均呈正相关关系，且越往下游，相关性越高；③上游钙华 $\delta^{18}O$ 和 $\delta^{13}C$ 的季节变化主要由气候因素(降雨)控制，而下游钙华的 $\delta^{18}O$ 和 $\delta^{13}C$ 不仅受气候因素影响，还受内部物理化学过程影响。并且，内部物理化学过程会放大气候因素产生的同位素季节变化；④渠道内部因素不管是对表生钙华还是对内生钙华的氧碳同位素组成都会产生影响，但是影响的结果会有差异，这是由两类钙华的成因不同造成的。因此，在利用钙华样品重建当地古气候时，特别是当钙华距离泉口较远时，必须考虑内部物理化学过程对于同位素组成的影响；⑤白水台渠道钙华年层 $\delta^{13}C$ 的极大值反映了冬季的干旱程度，年层 $\delta^{13}C$ 的极大值越大，干旱越严重；⑥白水台渠道上游钙华深色层 $\delta^{13}C$ 与雨季的降水量显著相关，可用来指示该年份雨季的降水量。而下游钙华由于受到内部过程的影响，与雨季降水量相关性不大。

4.2.7 内生钙华系统中的钙同位素分馏

目前,在利用钙华进行古气候环境重建的研究中,年层厚度、晶体结构、微量元素浓度和氧碳同位素组成是常用的气候替代指标(Ihlenfeld et al.,2003),尤其是研究氧碳同位素组成最为常见(Andrews,2006)。然而,钙华沉积过程中的同位素动力过程等一些非气候因素会影响利用氧碳同位素组成示踪古环境变化的准确性。对于氧和碳同位素体系,沉积水体内部不同离子间的同位素交换使得解译更加复杂(Zeebe 和 Wolf-Gladrow,2001)。在这种情况下,直接根据同位素组成的变化来推测气候环境的改变可能是不准确的。对此,一个潜在的办法是开发多指标、多同位素体系,利用不同同位素对环境变化的响应不同来对某一个气候过程共同示踪,这无疑在准确性上比单个指标示踪要高得多。

尽管钙(Ca)是钙华中除氧(O)、碳(C)以外的第三个主量元素,但是目前国际上对于钙华沉积过程中钙同位素分馏的研究非常少(Nielsen 和 DePaolo,2013),而利用钙华中钙同位素组成进行古气候研究的尝试还未见报道。与氧碳同位素三相体系不同,钙同位素交换只在固相和液相发生,这有利于研究沉积过程中的同位素分馏机理。最近10年,无机成因碳酸钙沉积过程中钙同位素分馏的相关研究被国外几个实验室相继报道(Gussone et al.,2003;Lemarchand et al.,2004;Marriott et al.,2004;Gussone et al.,2005;Tang et al.,2008;Gussone et al.,2011;Reynard et al.,2011;Tang et al.,2012)。而对于野外样品的研究远远不够,特别是陆生碳酸盐沉积物样品。Tipper 等(2006)报道了青藏高原南部河流中的钙华比周围河水和石灰岩基岩更富集 ^{40}Ca。最近,Nielsen 和 DePaolo(2013)研究了美国加州一个高碱度的过饱和湖水中形成的钙华钙同位素组成,发现湖水 Ca^{2+}/CO_3^{2-} 对钙同位素分馏有重要影响。

本节将介绍我们对云南白水台内生钙华沉积点渠道系统和池子系统中现生钙华的钙同位素相关研究,这是首次通过野外样品来讨论方解石沉积过程中的钙同位素分馏机理,同时还考察了钙华钙同位素组成是否可以和氧碳同位素一起作为古气候环境变化指标。

1. 研究方法

在本研究中,现生钙华和水样的采集、水化学的现场测试、实验室阴阳离子浓度测试、钙华沉积速率的测定以及 CO_2 分压和方解石饱和指数的计算在上文已作介绍,这里就不再赘述。特别要指出的是,本研究中包含了 2011~2012 年冬季的样品,以研究钙华钙同位素组成的季节变化。冬季所有监测和采样点的位置与 2010 年夏季的一致,池子系统中 P6 点除外。原因是 2011 年冬季 P6 池已被钙华沙填满,我们则在 P4 和 P5 之间新增了一个研究点 P4.5。该池与 P5 池相邻,不同的是在 P4.5 底部生长了少量的藻类(图 4-89),并通过对比研究来分析藻类是否会影响钙同位素的分馏。

图 4-89　2011 年冬季 P4.5 池底钙华试片放置和藻类生长情况

1）白水台钙华晶体结构分析

选取 W1 和 P4 点的两块试片钙华样品进行 X 射线粉晶衍射实验（XRD），发现两块钙华均是由 100% 的方解石组成，不包含文石矿物。同时，对样品进行扫描电镜（SEM）观测（图 4-90），也证实了构成钙华的矿物为纯方解石。且晶体间没有发现丝状藻，也没发现方解石矿物附着在藻丝上沉积，说明白水台钙华沉积是由 CO_2 脱气引起的无机过程，微生物对钙华沉积的影响可以忽略不计。这也证实了 Liu 等（2010）的研究结果，即白水台渠道钙华中的有机物来源于坡面流等外来源的加入。

(a) W1 点　　　　　　　　　　　　　　(b) P4 点

图 4-90　W1 点和 P4 点试片钙华的 SEM 实验结果

2）双稀释剂法测量钙同位素组成

本研究钙同位素测试中所有的前处理过程和仪器分析均在法国斯特拉斯堡大学水文学与地球化学实验室（LHyGeS）完成。首先，将 100～300mg 的钙华样品放入离心管中，加入 1mL H_2O+1mL H_2O_2（30%），除去钙华样品中可能的有机质，润洗并离心之后去掉上清液，再缓慢加入 20mL 0.5mol/L HCl，保证酸过量，钙华溶解完全，离心，保留上清液，并用 10mL H_2O 润洗两次，保证绝大部分的 Ca 收集到特氟龙烧杯中。放在加热台上蒸干。对于石灰岩样品，先用碎样机将样品碾磨成粉状以后，再先后加入二次蒸馏的 HNO_3、超纯 HF 和超纯 $HClO_4$，蒸干。蒸干后的样品通过加入 1mol/L HNO_3 溶解，并定容至 30mL，用于浓度测定。

为了确定样品与双稀释剂的最佳比例，需要对溶液样品的钙离子浓度进行准确测定，该测量由 ICP-AES(Jobin Yvon JY 124)完成。钙同位素组成的测试参考 Schmitt 等(2009，2013)给出的方法。测试溶液样品钙离子浓度后，通过计算，将 5.6μg 来自于样品中的 Ca 与 0.4μg 来自于 $^{42}Ca/^{43}Ca$ 双稀释剂($^{42}Ca/^{43}Ca=2.5$)中的 Ca 混合，蒸干。加入了双稀释剂的样品随后在离子色谱 Dionex© ICS-3000 上进行化学分离提纯，由于是通过电导率信号控制收集，此分离方法钙的回收率一般高于 98%。收集到的 Ca 在蒸干之后用 2μL 0.25mol/L HNO_3 进行溶解，随后涂到在半真空条件下氧化过的 99.995% 纯度 Ta 带上。钙同位素组成的测试仪器为表面热电离质谱仪 TIMS(Triton，Thermo-Fisher)。测量过程中没有发现来自 $^{40}K^+$ 和 $^{88}Sr^{2+}$ 的干扰，因此不需要进行干扰校正。整个过程经历 130~200 个循环，得到的同位素比值为样品与双稀释剂混合物的同位素值。由于双稀释剂的浓度和同位素比值已知，通过 Newton-Raphson 迭代计算(Albarède 和 Beard，2004，在 Matlab 软件上进行)可得到样品的钙同位素组成。

本研究中，钙同位素组成用相对于国际标准 NIST SRM 915a 千分之偏差表示(Eisenhauer et al.，2004)：

$$\delta^{44/40}Ca=[(^{44}Ca/^{40}Ca)_{样品}/(^{44}Ca/^{40}Ca)_{SRM915a}-1]\times 1000 \quad (4-23)$$

钙华与沉积水体的钙同位素分馏系数为钙华的 $^{44}Ca/^{40}Ca$ 除以水体 $^{44}Ca/^{40}Ca$：

$$\alpha_{calcite\text{-}aq}=R_{calcite}/R_{aq} \quad (4-24)$$

钙华与沉积水体的钙同位素分馏值为：

$$\Delta^{44/40}Ca_{calcite\text{-}aq}=\delta^{44/40}Ca_{calcite}-\delta^{44/40}Ca_{aq}\approx 1000\ln\alpha_{calcite\_aq} \quad (4-25)$$

绝大部分样品的钙同位素组成至少测试 2 次，包括化学提纯和仪器测试。重复测定样品得到测量的平均外精度(2σ)为 ±0.08‰。因此，对于重复测试的样品，其 $\delta^{44/40}Ca$ 为多次测量的平均值。所对应的误差为 $2SE=2\sigma/n^{0.5}=\pm 0.06$‰。对于只测试一次的样品，其误差为实际测量的标准误差。在测量样品的同时，我们也对海水钙同位素组成进行了测试，其结果为 $\delta^{44/40}Ca=1.92\pm 0.08(N=8)$，该值与国际上公认的海水钙同位素组成一致(Hippler et al.，2003)，说明我们的测试是准确的。在整个分析过程中，Ca 的背景值占样品 Ca 的不到 3%，因此不需要进行背景校正。

2. 研究结果

1)两个钙华沉积系统的水化学特征和钙华沉积速率

表 4-21、图 4-91 和图 4-92 给出了渠道系统和池子系统常规的水化学参数特征。可以看出，两个系统的泉水 S1-1 和 S1-3 都有很高的 P_{CO_2}，方解石饱和指数(SI_c)接近于 0。当水体流到第一个钙华沉积点 W1(池子系统为 P4)时，由于 CO_2 的快速脱气，P_{CO_2} 下降至 200Pa(P4 点夏季为 510Pa，冬季为 291Pa)，与此同时，SI_c 升至 1.4(P4 为 1.3)，钙华开始大量沉积。随后，P_{CO_2} 和 SI_c 基本保持不变(图 4-91 和图 4-92)。pH 在空间上的变化与 SI_c 的变化类似，从泉口到第一个钙华沉积点快速上升，随后分别稳定在 8.4(渠道系

表 4-21 渠道和池子采样点的水化学特征

		采样时间 (日-月-年)	水温/℃ [a]	pH [a]	电导率 [a] /(μS/cm)	[K⁺] /(mg/L)	[Na⁺] /(mg/L)	[Ca²⁺] /(mg/L)	[Mg²⁺] /(mg/L)	[Sr²⁺] /(mg/L)	[Cl⁻] /(mg/L)	[HCO₃⁻] [a] /(mg/L)	[CO₃²⁻] [b] /(μg/L)	[SO₄²⁻] /(mg/L)	P_{CO_2}/Pa	SI$_c$
	Sl-3	28-07-2010	7.9	6.94	650	0.66	2.88	150	11.8	1.42	n.m.	451	1.97	n.m.	4099	0.03
		28-01-2012	7.0	6.93	898	u.d.	1.15	204	4.94	0.83	0.44	607	2.52	9.74	5370	0.23
	W1	28-07-2010	8.9	8.25	630	0.66	2.82	146	12.3	1.50	n.m.	437	40.1	n.m.	189	1.30
		28-01-2012	6.5	8.28	853	u.d.	1.83	193	7.72	1.36	0.58	576	52.7	10.18	218	1.50
	W2	28-07-2010	9.7	8.33	615	0.3	2.31	142	10.3	1.19	n.m.	427	48.2	n.m.	150	1.37
渠道系统		28-01-2012	6.2	8.36	820	u.d.	2.07	186	8.80	1.50	n.m.	555	60.4	n.m.	173	1.54
	W3	28-07-2010	12.2	8.43	566	0.32	2.27	132	10.4	1.17	n.m.	394	60.2	n.m.	112	1.43
		28-01-2012	5.4	8.44	725	u.d.	1.45	164	6.03	1.01	0.38	491	62.7	4.49	127	1.52
	W4	28-07-2010	12.9	8.41	534	0.48	2.35	125	10.6	1.19	n.m.	373	55.4	n.m.	113	1.38
		28-01-2012	5.0	8.44	675	u.d.	1.61	152	6.88	1.10	n.m.	457	57.6	n.m.	118	1.46
	W5	28-07-2010	14.0	8.34	496	0.67	2.78	116	11.7	1.32	n.m.	348	45.3	n.m.	128	1.27
		28-01-2012	4.7	8.39	620	0.06	2.08	140	8.72	1.36	0.17	421	46.8	8.19	120	1.36
	Sl-1	28-07-2010	11.0	6.7	1032	1.29	9.07	241	15.7	3.11	0.60	695	1.91	22.8	10852	0.16
		28-01-2012	11.0	6.77	1033	0.31	4.28	226	15.5	2.21	0.95	680	2.20	18.26	8954	0.20
池子系统	P4	28-07-2010	14.7	7.93	770	1.08	7.52	179	14.9	2.73	n.m.	544	28.1	n.m.	510	1.22
		28-01-2012	6.2	8.16	877	0.54	5.28	193	18.3	2.64	3.80	583	40.1	23.95	291	1.38
	P4.5	28-01-2012	5.5	8.24	820	0.34	4.48	181	15.9	2.18	0.31	547	44.2	12.83	228	1.40
	P5	28-07-2010	15.0	8.05	679	1.10	7.40	156	14.1	2.60	0.37	490	33.6	19.69	387	1.35
		28-01-2012	5.7	8.26	811	0.44	4.72	179	16.4	2.31	0.46	542	46.1	16.19	213	1.41

a. 钙华沉积时段内的平均值;b. 利用公式(4-26)计算得到; u.d. 表生低于检测限; n.m. 表示该样品没测量

统)和 8.1(池子系统)左右。而随着钙华的大量沉积，Ca^{2+} 和 HCO_3^- 的浓度则往下游逐渐减低。对于渠道系统，水温的空间变化为夏季向下游增高，冬季刚好相反，这是泉水的温度夏季低于气温而冬季高于气温的缘故(图 4-91)。在池子系统，由于水流较慢，水体在池子内部滞留时间较长，水温基本与周围大气温度保持一致，几个池子的水温没有空间变化(图 4-92)。我们还可以看出，两个系统中 SI_c、P_{CO_2}、$[Ca^{2+}]$ 和 $[HCO_3^-]$ 都有夏低冬高的季节变化，且渠道系统的变化更加明显[表 4-21，图 4-91(c)和图 4-92(c)]。

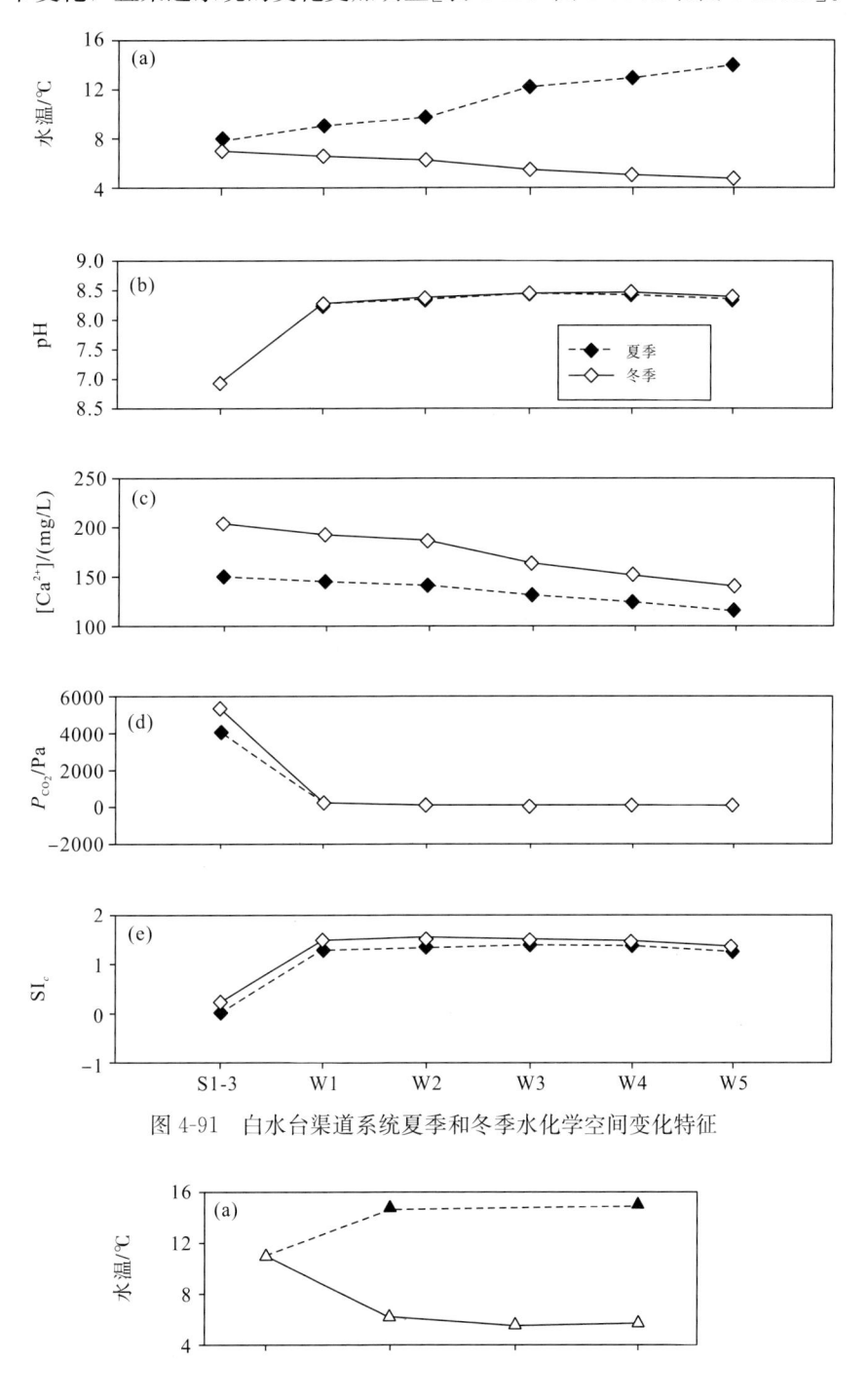

图 4-91　白水台渠道系统夏季和冬季水化学空间变化特征

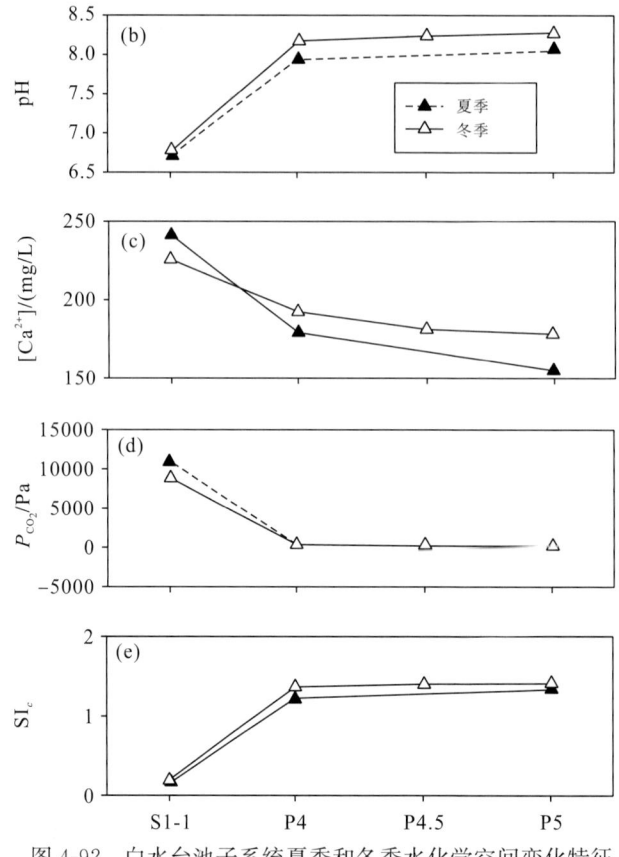

图 4-92 白水台池子系统夏季和冬季水化学空间变化特征

表 4-22 给出了夏季和冬季各个钙华沉积点测得的钙华沉积速率。总的来说，快速流渠道系统的钙华沉积速率要远远高出慢速流的池子系统。季节变化上，渠道系统的钙华沉积速率夏季略低于冬季[夏季 4.03 μmol/(m²·h)，冬季 4.37 μmol/(m²·h)]，而池子系统则相反[夏季 3.42 μmol/(m²·h)，冬季 3.24 μmol/(m²·h)]。其主要原因为渠道系统的沉积速率主要受降雨引起的稀释作用控制，由于地表水的混入，渠道水的[Ca^{2+}]和[HCO_3^-]夏季远低于冬季(Liu et al.，2010)。而对于池子系统，降雨的稀释作用并不强烈，这可从池子[Ca^{2+}]和[HCO_3^-]较小的季节变化看出，因此控制池子钙华沉积速率的主要因素为温度，夏季温度高，更有利于钙华的沉积。

表 4-22 野外钙华沉积速率与钙同位素分馏系数以及理论计算的钙同位素分馏系数

			野外数据			计算值	
			$\lg R_p$ mol/(m²·s)	$\lg R_p$ μmol/(m²·h)	$\alpha_{CaCO_3\_aq}$ [a]	R_b [b] mol/(m²·s)	$\alpha_{CaCO_3\_aq}$ [c]
渠道系统	W1	28-07-2010	−5.66±0.1	3.90	0.99858	1.64E−07	0.99850
		28-01-2012	−5.35±0.5	4.20	0.99841	1.51E−07	0.99845
	W2	28-07-2010	−5.58±0.1	3.98	0.99849	1.72E−07	0.99849
		28-01-2012	−5.28±0.5	4.28	0.99855	1.51E−07	0.99844
	W3	28-07-2010	−5.43±0.1	4.12	0.99838	2.04E−07	0.99848

续表

			野外数据			计算值	
			$\lg R_p$ mol/(m²·s)	$\lg R_p$ μmol/(m²·h)	$\alpha_{CaCO_3\_aq}$ [a]	R_b [b] mol/(m²·s)	$\alpha_{CaCO_3\_aq}$ [c]
渠道系统	W4	28-01-2012	−5.13±0.5	4.42	0.99840	1.50E−07	0.99843
		28-07-2010	−5.48±0.1	4.08	0.99829	2.16E−07	0.99849
		28-01-2012	−5.18±0.5	4.38	0.99840	1.50E−07	0.99843
	W5	28-07-2010	−5.49±0.1	4.07	0.99837	2.37E−07	0.99850
		28-01-2012	−5.18±0.5	4.37	0.99831	1.50E−07	0.99843
池子系统	P4	28-07-2010	−6.05±0.1	3.51	0.99878	2.52E−07	0.99873
		28-01-2012	−6.23±0.1	3.33	0.99873	1.51E−07	0.99871
	P4.5	28-01-2012	−6.37±0.1	3.19	0.99862	1.50E−07	0.99879
	P5	28-07-2010	−6.24±0.1	3.32	0.99889	2.58E−07	0.99886
		28-01-2012	−6.35±0.1	3.21	0.99873	1.50E−07	0.99878

a. 据公式(4-25)计算；b. 据公式(4-33)计算；c. 据公式(4-31)计算

2) 现生钙华和水体的钙同位素组成特征

表4-23和表4-24给出了本研究现生钙华(试片钙华)和相关水体的钙同位素组成，同时还给出了研究区石灰岩样品、坡面流、地表河和降水的钙同位素组成。所采集的水样的$\delta^{44/40}Ca$变化较大，为0.25‰~1.19‰。其中，坡面流的$\delta^{44/40}Ca$为0.25±0.12‰，是所有液体样品中最低的。有研究表明(Cenki-Tok et al.，2009)，腐殖层和土壤渗滤液富集轻的钙同位素。坡面流虽由降雨补给，但是在流动过程中溶解了大量土壤或土壤溶液中的Ca，使得其$\delta^{44/40}Ca$偏低。降雨的$\delta^{44/40}Ca$为0.79±0.06‰，接近于该地区灰岩的$\delta^{44/40}Ca$(0.87±0.06‰)。而研究区最大的地表河的$\delta^{44/40}Ca$略低于灰岩和降雨的$\delta^{44/40}Ca$，为0.67±0.06‰。其原因可能与坡面流富集^{40}Ca的原因类似。补给两个沉积系统的泉水S1-1和S1-3有着相似的钙同位素组成(约0.53‰)，也低于灰岩和降雨的$\delta^{44/40}Ca$。两个系统水体$\delta^{44/40}Ca$的变化类似，且均为向下游增大(表4-23)。

实验测得，所有现生钙华的钙同位素组成均相对于对应的沉积水体偏轻(表4-23)，这与前人在实验室测得的结果吻合(Gussone et al.，2003，2005；Lemarchand et al.，2004；Tang et al.，2008；Reynard et al.，2011)。虽然渠道系统和池子系统水体的钙同位素组成相近，但是池子系统沉积的钙华的$\delta^{44/40}Ca$(−0.30‰~0.01‰)却高于渠道系统(−0.97‰~−0.50‰)。与水体类似，两个系统钙华的$\delta^{44/40}Ca$均向下游增大，冬季和夏季均是如此，但增大幅度有所不同(表4-23)。在季节变化上，渠道钙华的$\delta^{44/40}Ca$冬季略高于夏季，而池子系统则相反(图4-93)。

表 4-23 2010 年夏季和 2011 年冬季白水台渠道和池子钙华与沉积水体的钙同位素组成

		采样时间 (日-月-年)	溶液		钙华		$\Delta^{44/40}$ Ca$_{CaCO_3 - aq}$/‰	2 SD/‰
			$\delta^{44/40}$Ca$_{aq}$/‰	2 SD/‰	$\delta^{44/40}$Ca$_{CaCO_3}$/‰	2 SD/‰		
渠道系统	S1-3	28-07-2010	0.50	0.06	—	—	—	
		28-01-2012	0.50	0.06	—	—	—	
	W1	28-07-2010	0.45	0.06	−0.97	0.06	−1.42	0.08
		28-01-2012	0.62	0.06	−0.97	0.06	−1.59	0.08
	W2	28-07-2010	0.49	0.06	−1.02	0.06	−1.51	0.08
		28-01-2012	0.53	0.06	−0.92	0.06	−1.45	0.08
	W3	28-07-2010	0.68	0.06	−0.94	0.06	−1.62	0.08
		28-01-2012	0.79	0.06	−0.81	0.06	−1.60	0.08
	W4	28-07-2010	0.76	0.06	−0.95	0.06	−1.71	0.08
		28-01-2012	1.01	0.06	−0.59	0.06	−1.60	0.08
	W5	28-07-2010	0.93	0.06	−0.70	0.06	−1.63	0.10
		28-01-2012	1.19	0.06	−0.50	0.06	−1.69	0.08
池子系统	S1-1	28-07-2010	0.59	0.06	—	—	—	
		28-01-2012	0.53	0.06	—	—	—	
	P4	28-07-2010	0.92	0.06	−0.3	0.06	−1.22	0.08
		28-01-2012	0.78	0.06	−0.49	0.06	−1.27	0.08
	P4.5	28-01-2012	0.87	0.06	−0.51	0.06	−1.38	0.08
	P5	28-07-2010	1.12	0.06	0.01	0.06	−1.11	0.08
		28-01-2012	0.88	0.06	−0.39	0.06	−1.27	0.08

表 4-24 坡面流、降雨、白水河河水和基岩的钙同位素组成

样品	采样日期	[Ca^{2+}]/×10^{-6}	$\delta^{44/40}$Ca/‰	2 SD‰
坡面流	22-06-2010	32.7	0.25	0.08
雨水	04-01-2012	9.8	0.79	0.06
白水河河水	28-07-2010	42.7	0.67	0.06
基岩	28-01-2012	219443	0.87	0.06

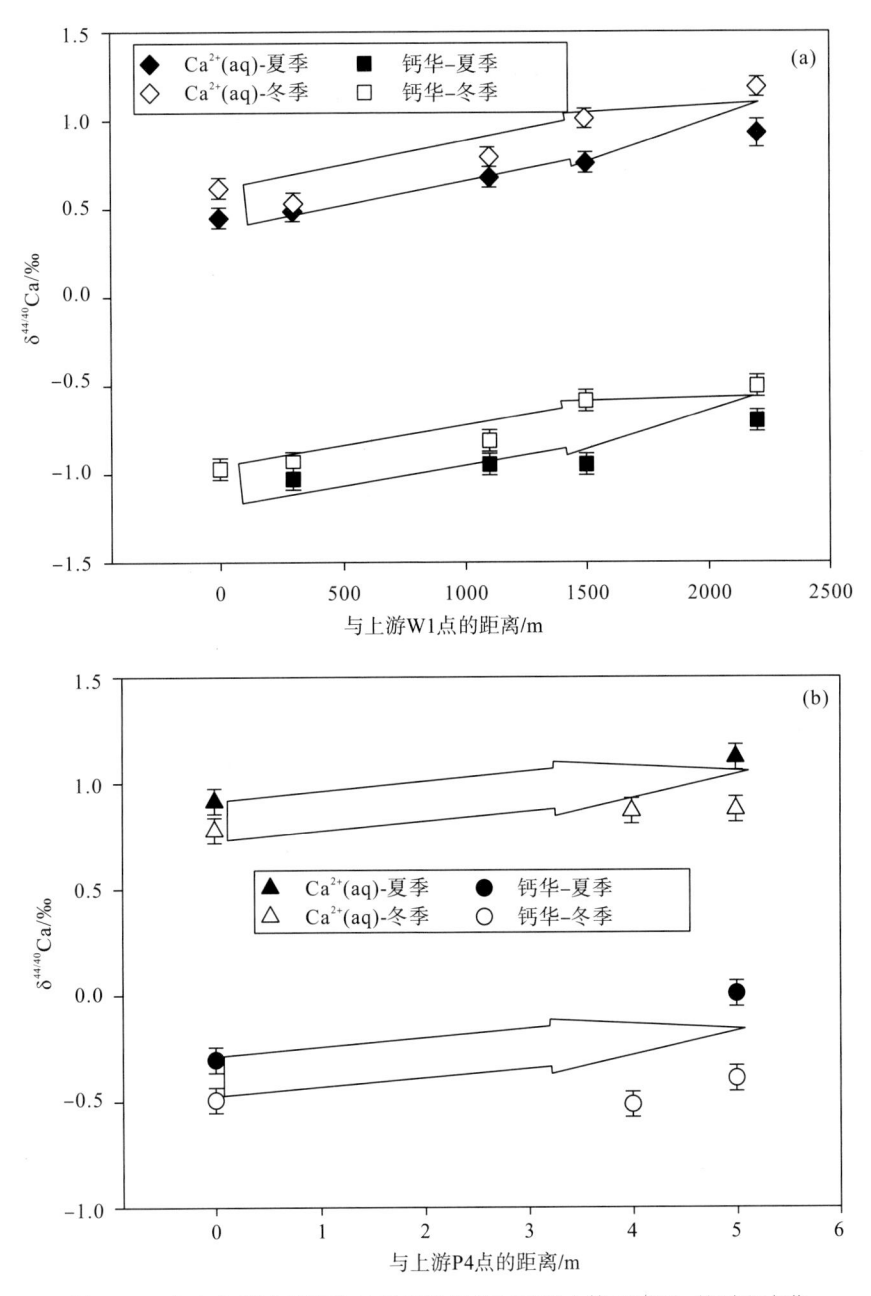

图 4-93 白水台渠道系统和池子系统钙华与沉积水体 $\delta^{44/40}$Ca 的时空变化

对比钙华与对应水体的钙同位素组成，可以计算出在钙华沉积过程中钙同位素分馏值的大小，结果见表 4-23。从表 4-23 可得，渠道系统中钙华与水体的钙同位素分馏值 $\Delta^{44/40}$Ca$_{\text{calcite\_aq}}$ 为 $-1.71‰ \sim -1.42‰$，平均值为 $-1.59‰$。而池子系统的 $\Delta^{44/40}$Ca$_{\text{calcite\_aq}}$ 则较小，平均值为 $-1.22‰$。

研究还发现白水台钙华沉积导致的钙同位素分馏大小与水温无关，即 $\Delta^{44/40}$Ca$_{\text{calcite\_aq}}$ 与水温的相关性仅为 $R^2=0.04$。另一方面，$\Delta^{44/40}$Ca$_{\text{calcite\_aq}}$ 与沉积速率 $\lg R_p$ 却有很好的负相关关系。这与 Tang 等(2008)实验室的研究结果类似，却与 Gussone 等(2005)和

Lemarchand 等(2004)的实验结果相反(图 4-94)。有意思的是，本研究中的沉积温度在 7~15℃，所得的钙同位素分馏与沉积速率的点刚好落在 Tang 等(2008)所得到的温度为 5℃和 25℃的两条拟合线之间。我们发现，$\Delta^{44/40}\text{Ca}_{\text{calcite\_aq}}$ 不仅与沉积速率 $\lg R_p$ 相关，还与 pH 和水中 CO_3^{2-} 离子浓度呈负相关关系(图 4-95)，其斜率和相关性分别为 $-1.08‰/$pH unit, $R^2=0.74$；$-0.01‰/$μmol/L CO_3^{2-}，$R^2=0.53$。我们知道，溶液的 $[CO_3^{2-}]$ 与水体 pH 有关，且可通过后者计算出来，计算公式为：

$$[CO_3^{2-}] = K_2[HCO_3^-]/[H^+] \tag{4-26}$$

式中，K_2 为碳酸二级电离常数(Buhmann 和 Dreybrodt，1985)。

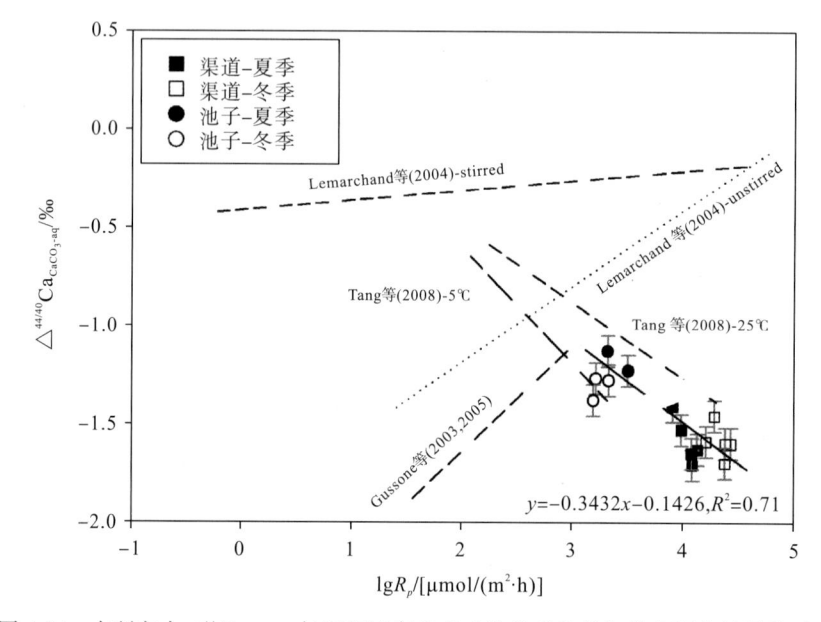

图 4-94 本研究中 $\Delta^{44}\text{Ca}_{\text{calcite-aq}}$ 与沉积速率($\lg R_p$)的关系及其与前人研究结果的对比

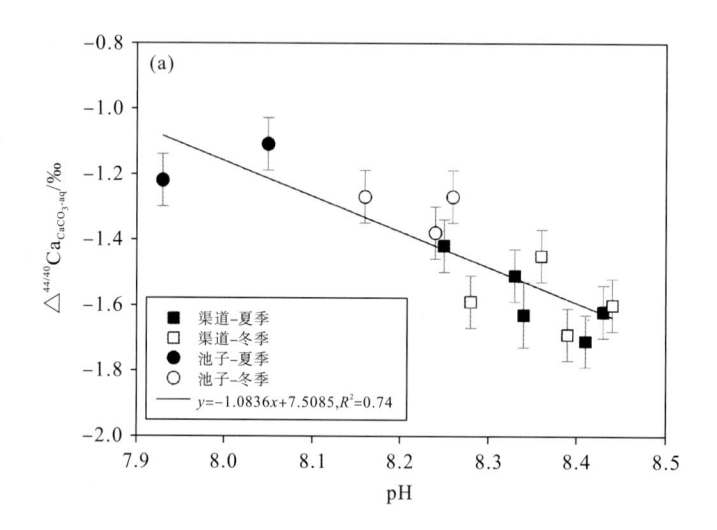

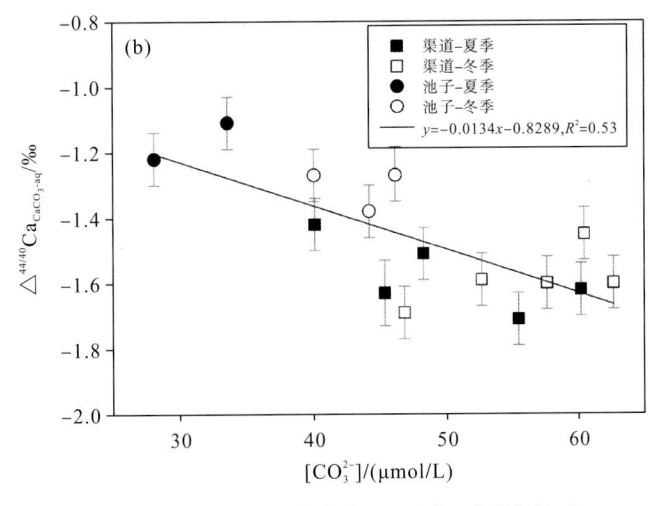

图 4-95　$\Delta^{44}Ca_{calcite\text{-}aq}$ 与溶液 pH 和 $[CO_3^{2-}]$ 的关系

因此，$\Delta^{44/40}Ca_{calcite\_aq}$ 与 pH 相关可近似等同于与 $[CO_3^{2-}]$ 相关。但我们研究发现 $\Delta^{44/40}Ca_{calcite\_aq}$ 并不与 $[HCO_3^-]+[CO_3^{2-}]$ 或者 $[HCO_3^-]$ 相关，因此可以得出，影响钙华沉积过程钙同位素分馏的主要阴离子为 CO_3^{2-}。在本研究中，水体的 $[Ca^{2+}]$ 远远大于 $[CO_3^{2-}]$，因此在沉积过程中，$[CO_3^{2-}]$ 是沉积速率的主要控制因素(Zuddas 和 Mucci，1994)。本研究 $[Ca^{2+}]\gg[CO_3^{2-}]$ 的条件也与海水的情况类似，因此本研究所得到的钙同位素分馏机理也适用于海洋环境中。

3. 讨论

1) 白水台内生钙华钙同位素组成的时空变化及指示意义

(1) 水体的钙同位素组成：钙同位素分馏控制还是混合作用控制？

白水台两个沉积系统中水体 $\delta^{44/40}Ca$ 向下游增大可以通过两种理论来解释：①由于 $\delta^{44/40}Ca$ 与 $1/[Ca^{2+}]$ 有很好的相关性(图 4-96)，这符合典型的二元混合模型的表现，即采集样品的 $\delta^{44/40}Ca$ 刚好落在两个端元的混合线上，上游端元特征为高 $[Ca^{2+}]$、低 $\delta^{44/40}Ca$，而下游为低 $[Ca^{2+}]$、高 $\delta^{44/40}Ca$；②所观测到的 $\delta^{44/40}Ca$ 变化是由方解石沉积导致的钙同位素分馏引起，如前所述，沉积过程中 ^{40}Ca 优先沉积到钙华中，剩余水体的 Ca 则变重。

我们先分析第一种可能性。泉水可以作为上游端元，具有高的 $[Ca^{2+}]$ 和低 $\delta^{44/40}Ca$。那么下游端元可能有降雨和坡面流。降雨具有较高的 $\delta^{44/40}Ca(0.79\pm0.08‰)$，但 Ca^{2+} 浓度却非常低，只有 9.8×10^{-6}，因此不能作为下游端元。而坡面流的 Ca^{2+} 浓度要高于降雨，但其 $\delta^{44/40}Ca$ 却是所有液体样品里面最低的，也不是下游端元。而且这种解释的一个潜在假设是钙华沉积不会引起水体钙同位素的改变，这只有当水体 Ca 含量非常大的时候，钙华沉积的量相对应水体 Ca 含量非常少，因此少量的 Ca 沉积引起的分馏不会改变水体的同位素组成。然而计算表明，对于两个系统来说，从泉口到下游有大约 30% 的 Ca 以方解石的形式沉积下来，因此钙华沉积引起的钙同位素分馏不能忽视。

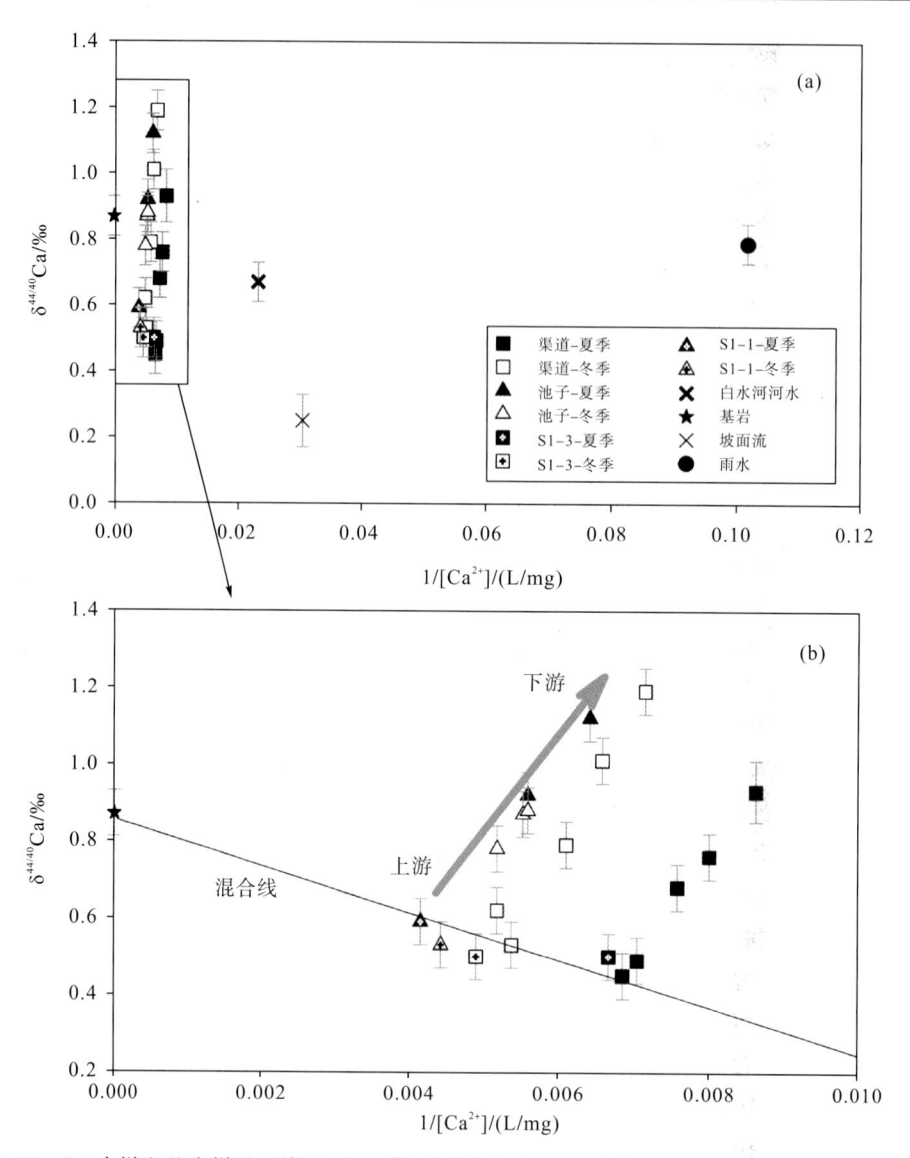

图 4-96 (a)水样和基岩样品 $\delta^{44/40}Ca$ 与 $1/[Ca^{2+}]$ 的关系；(b)泉水、沉积系统和基岩样品细节图

从图 4-96(b)中可以看出，泉水的钙同位素组成与 Ca^{2+} 浓度落到一条混合线上，且一个端元为当地的灰岩。这非常好理解，因为泉水中的 Ca^{2+} 正是来自于地下水在运移过程中对周围围岩的溶解。图中，灰岩点与几个泉水的点正好落在一条直线上也说明，灰岩作为一个端元，在溶解过程中并没有发生同位素分馏，这也与前人(Cobert et al.，2011；Ryu et al.，2011)在实验室的研究结果一致。而另一个低[Ca^{2+}]、低 $\delta^{44/40}Ca$ 的端元在本研究中尚未确定。它必须是在地下，因此很可能是土壤溶液。如前所述，土壤溶液溶解了植物枯枝落叶中的较轻的 Ca，因此具有较低的 $\delta^{44/40}Ca$，且[Ca^{2+}]也比内生钙华系统泉水的更低。由于本研究的重点是研究钙华钙同位素组成的时空变化和分馏机理，因此我们对此不深入探讨。

(2)瑞利过程控制水体和钙华钙同位素组成的空间和季节变化

下面我们用经典的瑞利模型，推导水体钙同位素组成在空间上的演化公式，定量解释钙华沉积是如何影响水体和钙华钙同位素组成的时空变化。

本研究和前人的研究均发现了轻的钙同位素更容易被沉积到钙华中，使得剩余水体的钙同位素偏重。在 t 时刻，溶液中含有 N 个 Ca 原子，此时它的同位素组成为 $r = N_{^{44}Ca}/N_{^{40}Ca}$。在 dt 时间后，dN 个 Ca 原子，同位素组成为 $r_{calcite} = \alpha_{calcite-aq} r$ 沉积到钙华中。因此在 $t+dt$ 时刻，溶液中还有 $N-dN$ 个 Ca 原子，而同位素组成变为 $r-dr$。根据同位素守恒可得：

$$Nr/(1+r) = (N-dN)(r-dr)/(1+r-dr) + \alpha r dN/(1+\alpha r) \tag{4-27}$$

其中，α 是钙华与水体钙同位素分馏系数（$\alpha_{calcite-aq}$）的简写。我们可以取溶液中 ^{40}Ca 原子数近似等于总的 Ca 原子数，即 $N \approx N/(1+r)$，去掉公式中的二次微分，可得到经典的瑞利分馏公式：

$$(\alpha - 1)dN/N = dr/r \tag{4-28}$$

两边积分后可得：

$$r = r_0(N/N_0)^{\alpha-1} \tag{4-29}$$

将 N 换成浓度，r 换成 δ 来表示，可得：

$$\delta_i = (1000 + \delta_0)([Ca^{2+}]_i/[Ca^{2+}]_0)^{\alpha-1} - 1000 \tag{4-30}$$

在本研究中，δ_0 和 $[Ca^{2+}]_0$ 为泉水的钙同位素组成和 Ca^{2+} 浓度。δ_i 和 $[Ca^{2+}]_i$ 为各个沉积点水体钙同位素组成和 Ca^{2+} 浓度。若对沉积水体的 $\delta^{44/40}Ca$ 与 $[Ca^{2+}]_i/[Ca^{2+}]_0$ 做相关性分析，可发现两者呈显著的正相关关系（图 4-97），这也证实了 $[Ca^{2+}]_i/[Ca^{2+}]_0$ 对水体 $\delta^{44/40}Ca$ 的空间变化其主要控制作用。

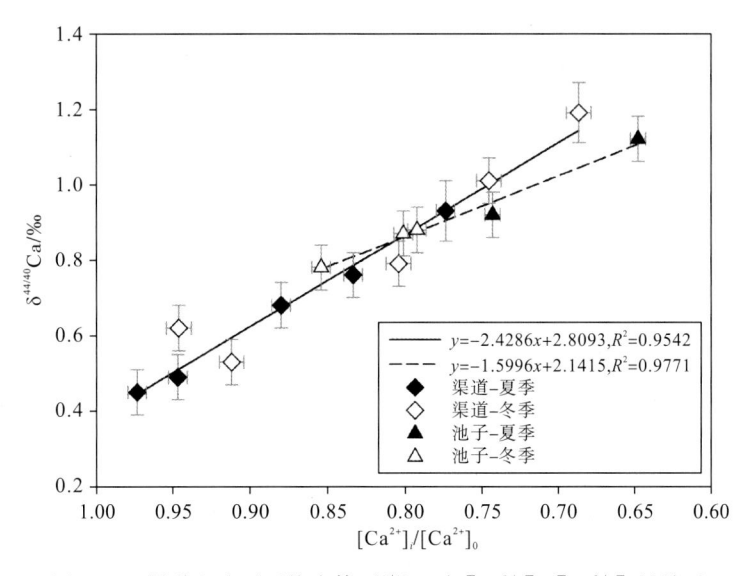

图 4-97 渠道和池子系统水体 $\delta^{44/40}Ca$ 与 $[Ca^{2+}]_i/[Ca^{2+}]_0$ 的关系

季节变化同样可以用瑞利过程来解释。对于渠道系统，冬季有 31% 的 Ca 从水体中沉积到钙华中，而夏季只有 23%（见表 4-21 和图 4-97）。因此，冬季相比于夏季水体具有更高的 $\delta^{44/40}Ca$，这种季节变化在下游尤其明显。因此，渠道沉积的钙华的 $\delta^{44/40}Ca$ 也是冬季高于夏季。渠道钙华钙同位素组成夏低冬高的季节变化与氧碳同位素组成的季节变化一致（Sun 和 Liu，2010）。相反，池子系统中，夏季有 35% 的 Ca 沉积到钙华中，高于冬季(见表4-21和图4-97)。这是由于夏季温度高,更有利于方解石的沉积,因此夏季池子钙华的$\delta^{44/40}$Ca也较冬季更高(图4-93)。本质上,渠道系统和池子系统钙同位素组成有相反的季节变化是因为两个系统的钙华沉积速率的控制因素不同:渠道系统是由降雨引起的稀释效应控制,而池子系统是由温度效应控制。

前面的研究发现,水动力条件对钙华碳氧同位素组成有显著影响。快速流的渠道系统中钙华氧同位素组成主要受动力过程控制,而慢速流环境下形成的池子钙华氧同位素组成则能反映沉积时的温度。既然不同水动力条件下形成的钙华其同位素组成的气候环境意义不尽相同,因此在利用古钙华进行古气候环境重建的时候需要对古钙华样品的沉积环境做一个判断。由于钙同位素组成在两个系统中的季节变化相反,因此可以作为判断钙华沉积环境的一个指标。本研究表明,钙华钙同位素组成的空间变化和季节变化主要受瑞利过程控制,而瑞利过程的程度则取决于沉积速率的大小,因此钙华钙同位素组成可以与氧碳同位素一起,用来示踪影响钙华沉积的某一个过程或者因素(例如温度、降雨、水动力条件等),使得从钙华样品中提取的气候环境信息更加准确。

2)沉积速率控制钙华与水体间的钙同位素分馏

本研究一个主要的发现是钙华与水体间的钙同位素分馏 $\Delta^{44/40}$Ca$_{calcite\_aq}$与沉积速率lgR_p有显著的负相关关系(图4-94)。也即是,高的沉积速率导致更大的钙同位素分馏。据我们所知,这是第一次通过野外样品观测到$\Delta^{44/40}$Ca$_{calcite\_aq}$与lgR_p存在负相关关系。这与Tang等(2008)实验室的研究结果类似,却与Gussone等(2005)和Lemarchand等(2004)的实验结果相反(图4-94)。上文提到,$\Delta^{44/40}$Ca$_{calcite\_aq}$还与pH和[CO_3^{2-}]呈负相关,由于在[Ca^{2+}]$\gg$[CO_3^{2-}]的条件下,CO_3^{2-}的补给是沉积的主要限制因素,因此$\Delta^{44/40}$Ca$_{calcite\_aq}$与pH和[CO_3^{2-}]的负相关关系可以视作是对$\Delta^{44/40}$Ca$_{calcite\_aq}$与lgR_p负相关的一个验证。在本节中,我们将对比国际上现有的几个关于方解石沉积过程中钙同位素分馏的模型,从中选出一个最合适的对我们的野外数据进行拟合,从而更好地解释钙同位素的分馏机理。

(1)现有的钙同位素分馏模型的比较

目前为止,一些学者通过实验室内合成方解石实验,调查了饱和指数、离子强度、搅拌情况(水动力条件)、温度和沉积速率等多个因素对无机成因的$CaCO_3$沉积过程中的钙同位素分馏的影响(Lemarchand et al.,2004;Marriott et al.,2004;Gussone et al.,2005;Tang et al.,2008,2012;Reynard et al.,2011)。在各种影响因素中,沉积速率被认为是影响钙同位素分馏系数的主要因素之一。为了解释各自得到的实验室数据,研究者们提出了几个不同的同位素分馏理论模型,例如水合物扩散导致的动力学模型(Gussone et al.,2003;2005)、平衡分馏模型(Marriott et al.,2004)、平衡分馏+动力学模型(Lemarchand et al.,2004)、吸附控制的稳态模型(Fantle 和 DePaolo,2007)、表面捕获模型(SEMO,Tang et al.,2008)以及宏观和微观表面反应动力学模型(DePaolo,2011;Nielsen et al.,2012)等。

Bourg等(2010)发现Ca^{2+}在水溶液中的扩散所导致的同位素分馏并没有之前研究(Gussone et al. 2003)所假设的那么大。在他们的实验中,在长度1cm的圆柱形细管内有巨大的Ca^{2+}浓度梯度(0~167mol/L),但是最大只观察到大约0.45‰的钙同位素分馏。而在方解石沉积固液界面的扩散边界层内,Ca^{2+}作为过量的阳离子,其浓度几乎在边界层内是不变的,只有 CO_3^{2-} 的浓度在边界层的两端有较大变化(Dreybrodt 和 Buhmann,1991)。我们认为在方解石沉积过程中,水溶液中 Ca^{2+} 的扩散不会导致明显的同位素分馏,因此排除了以上与水溶液中 Ca^{2+} 扩散有关的同位素分馏模型(Gussone et al.,2003;2005)。

Fantle 和 DePaolo 通过研究海底岩心,发现与孔隙溶液交换达百万年的方解石晶体具有与溶液相同的钙同位素组成,因此他们认为方解石与水溶液间的钙同位素平衡分馏系数为1,即没有分馏(Fantle 和 DePaolo,2007)。这个观点随后被另外一个研究(Jacobson 和 Holmden,2008)所证实,Jacobson 和 Holmden 发现在一个年龄超过1万5千年的含水层里,经过长时间的水岩相互作用,水溶液中的 Ca^{2+} 与周围方解石达到同位素平衡,且没有分馏。这意味着 Marriott 等(2004)在实验室所观察到的方解石与水体的钙同位素分馏是动力过程的结果,由于室内实验周期短,钙同位素很难达到平衡,因此这个模型也可以排除。

Tang 等(2008)用 Watson(2004)提出的 SEMO 模型很好地解释了他们的实验数据。这个模型假设新形成的方解石晶体与老的晶体间有钙同位素分馏,而它们间的离子扩散则会减小这种分馏。也即是说,晶体间的离子扩散速率与沉积速率两者的大小关系决定了最终钙同位素分馏的大小。然而,低温条件下固相的离子扩散速率是非常缓慢的(DePaolo,2011),因此,这么模型在低温下的假设可能是错误的。

近来,DePaolo(2011)和他指导的博士生(Nielsen et al.,2012)分别提出宏观和微观的表面反应动力学模型。他们的模型可以看作对 Fantle 和 DePaolo(2007)提出的稳态盒子模型的延伸。表面反应动力学模型是基于方解石沉积过程是一个可逆反应,在动态反应过程中生成物和反应物的同位素会发生交换这样一个假设。他们认为固液界面的同位素交换速率取决于逆反应(即溶解过程)的速率,而总的钙同位素分馏系数则由同位素交换速率和方解石沉积速率共同控制。有意思的是,Tang 等(2008)的实验数据同样可以用表面反应动力学模型来解释,虽然这两种模型所描述的机理并不相同。许多实验(Plummer et al.,1978;Chou et al.,1989)证明在低温下方解石的沉积是可逆过程,因此我们选取表面反应动力学模型来解释白水台的野外数据,并与实验室数据进行对比。而由于微观模型中需要的参数在野外条件下不能获得,而宏观模型中的沉积速率可以测定得到,因此我们选择 DePaolo(2011)提出的宏观模型。

(2)白水台钙华沉积过程中钙同位素分馏的模型模拟以及参数确定

表面反应动力学模型可以用概念模型图4-98表示。图中,r_{aq} 和 r_s 为溶液和固体的钙同位素比值($^{44}Ca/^{40}Ca$),α_f 和 α_{eq} 分别为正向半反应的分馏常数和平衡分馏常数,R_f 和 R_b 分别为正向和逆向半反应的反应速率。需要说明的是,水溶液中钙离子扩散所导致的同位素分馏在本研究中忽略不计(Bourg et al.,2010),因此我们只考虑发生在固液界面上的离子和同位素交换。假设方解石的沉积过程是处于一个稳定状态下,则由质量守恒可得(DePaolo,2011):

$$\alpha_{CaCO_3\_aq} = \frac{\alpha_f}{1+\left(\dfrac{R_b}{R_p+R_b}\right)\left(\dfrac{\alpha_f}{\alpha_{eq}}-1\right)} \tag{4-31}$$

式中,$\alpha_{CaCO_3\_aq}$ 为沉积过程中的钙同位素分馏系数;α_{eq} 为平衡分馏系数;α_f 为沉积半反应的钙同位素分馏系数；R_p 为总的沉积速率；R_b 为溶解半反应的速率。在以上参数中，总的沉积速率可以通过放置沉积试片测得，其结果可见表 4-22。

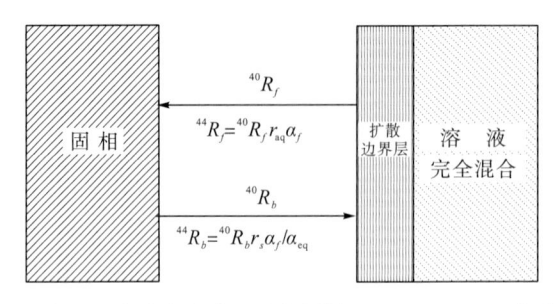

图 4-98　表面反应动力学模型示意图[据 DePaolo(2011)文章修改]

方解石的溶解可以由固液界面上三个同时进行的化学反应来表示(详见 Plummer et al., 1978; Chou et al., 1989)：

$$CaCO_{3(s)} + H^+_{(aq)} \longleftrightarrow Ca^{2+}_{(aq)} + HCO^-_{3(aq)}$$

$$CaCO_{3(s)} + H_2CO_{3(aq)} \longleftrightarrow Ca^{2+}_{(aq)} + 2HCO^-_{3(aq)}$$

$$CaCO_{3(s)} \longleftrightarrow Ca^{2+}_{(aq)} + CO^{2-}_{3(aq)}$$

根据 Plummer 等(1978)和 Chou 等(1989)，方解石溶解速率 R_b 为这三个反应的速率之和，即

$$R_b = k_1(H^+) + k_2(H_2CO_3) + k_3 \tag{4-32}$$

式中，每一部分对应上述的一个化学反应，括弧表示活度，k_1、k_2 和 k_3 分别为上述三个反应的与温度有关的反应速率常数。在不同条件下，溶解速率的大小由不同的反应控制。具体来说，第一个反应表示水中氢离子对固体表面的溶解，通常在 pH≤5 的条件下起主导作用；第二个反应表示碳酸对固体表面的溶解，在 4≤pH≤6 的条件下占主导；第三个反应表示方解石的水解，在 pH>6 和 P_{CO_2}<0.01atm 的条件下起主导作用(Pokrovsky et al., 2009)。本研究中，沉积水体的 pH 在 7.93~8.44，对应的 P_{CO_2} 为 1.1×10^{-3}~5.0×10^{-3} atm。因此，白水台钙华沉积系统的方解石溶解速率可以近似的用第三个反应来表示，即 $R_b \approx k_3$。

Chou 等(1989)给出了 25℃ 时 R_b 随 pH 变化的一个经验关系。在 pH 为 7.5~9 时(包括白水台水体的 pH 范围)，R_b 是一个常数，等于 6×10^{-7} mol/(m²·s)(25℃)。DePaolo(2011)在他的文章中给出了在 7.5<pH<9 条件下 5℃ 和 40℃ 的方解石溶解速率分别为 1.5×10^{-7} mol/(m²·s) 和 1.55×10^{-6} mol/(m²·s)。因此我们可以根据这三个数据，拟合出一条 5~40℃ R_b 与温度的关系曲线：

$$R_b = 0.011667T^2 - 6.4985T + 906.44 \tag{4-33}$$

式中，T 的单位为 K，R_b 为 10^{-7} mol/(m²·s)。根据此公式，我们计算出白水台两个沉积系统各个观测点的方解石溶解速率，结果见表 4-22。

通过 Origin 软件，我们拟合出一条与实测的野外数据相关性最好的曲线(图 4-99)。所得到的 α_{eq} 和 α_f 分别为 0.9999±0.0002 和 0.99835±0.00004。有意思的是，所得的 α_{eq} 与国际上公认的平衡分馏值相同，α_f 也接近目前所观察到的方解石与水体的最大分馏值(Reynard et al., 2011)，均与 DePaolo(2011)解释 Tang 等(2008)的数据时所得的值一

致。因此，可以认为，DePaolo(2011)提出的表面反应动力学模型可以很好地解释实验室和白水台野外观测数据，比较符合实际钙同位素分馏的情况。同时也说明，白水台钙华沉积过程对与钙同位素来说是一个动力过程。

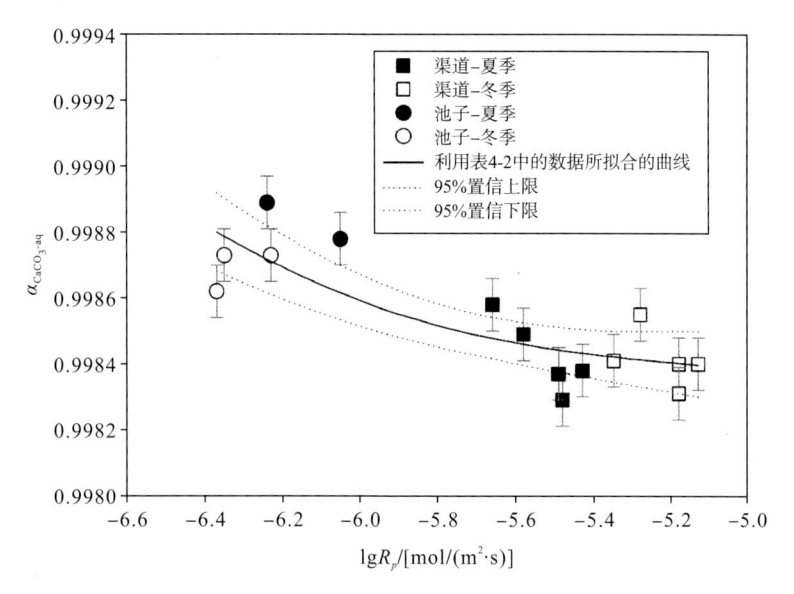

图 4-99 $\alpha_{CaCO_3\_aq}$ 随沉积速率 $\lg R_p$ 的变化关系：白水台野外数据模拟

总的来说，我们通过白水台野外钙华样品证实了方解石与水体间的钙同位素分馏主要受沉积速率控制。钙同位素与氧碳同位素不同，其分馏系数对沉积温度不敏感，因此，钙同位素可以作为沉积速率或者动力过程的指示工具。特别地，当钙华或者石笋剖面的 $\delta^{18}O$ 和 $\delta^{44/40}Ca$ 同时发生改变的时候，有可能在这个沉积阶段，沉积物的沉积速率也发生了改变，此时的 $\delta^{18}O$ 变化则不能完全归因于气候的改变(Reynard et al., 2011)。

(3) 本研究与 Tang 等(2008)的室内实验对比

Tang 等(2008，2012)在实验室观察到 $\Delta^{44/40}Ca_{calcite\_aq}$ 与沉积速率有负相关关系，而我们在本研究中也得到了类似的结果。然而，对比两个研究的条件可以发现，野外钙华沉积的机理与实验室合成方解石完全不同。在 Tang 等的实验中，CO_2 从一个低 pH 的溶液通过扩散穿过一个很薄的 PE 膜，到达 pH 较高、Ca^{2+} 浓度大的溶液中，CO_2 与 OH^- 发生反应生成 CO_3^{2-}，同时方解石开始形成。总的反应方程式可以表示为：

$$nCa^{2+} + CO_2 + (1+n)OH^- + (n-1)HCO_3^- \Longrightarrow nCaCO_3 + nH_2O$$

而本研究中的钙华沉积是由于水体具有高的 CO_2 分压，在流动过程中，CO_2 脱气导致 pH 上升，方解石沉积。其反应可表示为：

$$Ca^{2+} + 2HCO_3^- \longrightarrow CaCO_3 + H_2O + CO_2$$

两者的一个主要不同是，Tang 等(2008)的实验中溶液通过吸收 CO_2 来合成方解石，而野外钙华沉积则是 CO_2 脱气的结果。但是两个研究得到相似的结果，说明了方解石形成过程中钙同位素分馏是由碳酸盐沉积半反应($Ca^{2+} + CO_3^{2-} \longrightarrow CaCO_3$)控制的，与 CO_2 的吸收或者释放无关。

另一个不同点是，在 Tang 等(2008)的实验中，Ca^{2+} 浓度远远大于 DIC 的浓度，他们的比值最大可达 200，这远远高于本研究中的$[Ca^{2+}]$与$[DIC]$的比值。若考虑$[Ca^{2+}]$与$[CO_3^{2-}]$的比值，则在两种条件下均大于 200，在这样的环境中，$[CO_3^{2-}]$是沉积的主要控制因素。因此，这也再一次验证了钙同位素分馏由沉积半反应控制的观点。同时，两种条件也符合 Nielsen 等（2012）的模型预测，在$[Ca^{2+}]$/$[CO_3^{2-}]$超过 10 时，钙同位素分馏对溶液的化学计量数不再敏感。

4. 结论

本研究分析了白水台渠道系统和池子系统中现生钙华和相关水体样品的钙同位素组成，从而研究沉积过程中的钙同位素分馏和钙华钙同位素的气候指代意义。我们发现，两个系统中钙华与水体的 $\delta^{44/40}Ca$ 均向下游增大，这是由于沉积过程使得 ^{40}Ca 优先到钙华中，使得剩余水中的 Ca^{2+} 变重。而两个系统钙华和水体的 $\delta^{44/40}Ca$ 有相反的季节变化，这是由于在渠道系统中冬季有更多的 Ca^{2+} 沉积为 $CaCO_3$，使得水体和钙华的 $\delta^{44/40}Ca$ 升高，池子系统则刚好相反。钙华 $\delta^{44/40}Ca$ 的空间变化和季节变化可以通过经典的瑞利分馏模型来解释。

另外，我们还发现 $\Delta^{44/40}Ca_{calcite\_aq}$ 与钙华沉积速率呈负相关关系，与 Tang 等在 2008 和 2012 年的室内观测结果吻合。钙华沉积过程中的钙同位素分馏机理可以用 DePaolo（2011）提出的表面反应动力学模型进行解释。这也说明钙同位素的分馏过程是由发生在固液界面上的化学反应控制。

根据上一小节的研究结果，氧碳同位素在不同的水动力条件下对气候变化的响应是不同的，而且快速沉积引起的动力学过程也会影响沉积物中的氧碳同位素信号。而钙同位素可以作为示踪沉积环境或者动力学过程的一个有效工具。在随后的古气候研究中，将 Ca、O、C 三个同位素体系结合起来，无疑会使得解译得到的古气候环境信息更加准确。

第 5 章 钙华景观的退化和保护问题
——以四川黄龙为例

我国四川黄龙拥有"世界钙华三大之最",那就是最壮观的露天钙华彩池群、最大的钙华滩流和最大的钙华塌陷壁(实际应为最大的钙华瀑布)。由于这些美丽和独特的自然景观及其周围无与伦比的森林和高寒岩溶景观,黄龙于 1992 年被联合国教科文组织批准列入世界自然遗产名录,每年吸引百余万国内外游客前来参观游览,被誉为"圣地仙境,人间瑶池",成为国家和地方财政收入的重要来源,每年旅游及带动的相关产业总收入在十亿元人民币以上。

然而,由于过度的旅游活动(游客人数自 20 世纪 90 年代初的约 10 万人增加到现在的 100 万人以上)和气候变化(降水量减少、气温增加)等人为和自然因素的影响,自 90 年代初我们对黄龙钙华进行研究以来,黄龙钙华正在发生令人担忧的退化现象,主要包括:①地表水量减少使某些钙华彩池干枯或季节性干枯(图 5-1),不但本身失去观赏价值,还影响总体观感;②地表溪流流量减少,加上可能的人为污染,藻类加速繁殖,使得某些钙华颜色由黄变黑(图 5-2),失去美感,黄龙总体景观大打折扣,有"黄龙"变"黑龙"之忧;③钙华侵蚀沙化加剧,某些钙华彩池被逐渐填平(图 5-3),失去观赏价值。总体钙华沉积似在变慢,且发生局部溶蚀现象,自我修复能力下降。

图 5-1 黄龙五彩池景区的一处干枯变黑的钙华池

图 5-2　黄龙中寺旅游饭店下游盆景池景区由黄变黑的边石坝钙华

图 5-3　黄龙中寺旅游饭店下游因上游钙华侵蚀沙化被填满一半的钙华彩池

上述钙华景观退化现象不但引起了游客们的不满，也引起了科研人员的极大关注，黄龙国家级风景名胜区管理局和联合国教科文组织世界遗产委员会对此也高度重视。为阻止钙华景观继续退化，并对退化景观进行修复，以使黄龙世界自然遗产得以永续利用，亟需对景观退化的人为和自然影响机理进行深入系统的分析研究，以回答钙华退化究竟是人为影响为主还是天然影响为主，以及其中的物理、化学和生物作用机理是什么等关键科学问题，以便为下一步对类似钙华景观进行有效保护和修复，以及制定科学的旅游开发和利用规划提供"对症下药"的实用依据。无疑，这些关键科学问题的解决不仅具有很高的应用价值(资源效益、环境效益、经济效益和社会效益并存)，而且具有重要的岩溶学术(岩溶作用动力学机理、岩溶水文生物地球化学过程、岩溶作用碳循环、岩溶地貌成因等)意义，有利于进一步提升我国相关研究在国际上的地位。同时，为国际上类似钙华景观(如土耳其的棉花堡 Pamukkale、美国的黄石公园、我国的九寨沟和白水台等钙华景观)的保护和修复研究提供范例。

5.1 研究方法

5.1.1 实验点的设置

据李前银等(2009)和王海静等(2009)研究，黄龙核心景区水循环划分为 4 个二次转化段，即：黄龙泉—五彩池—马蹄海转化段、接仙桥—争艳池转化段、隐芳泉—金沙铺地转化段和龙眼泉—迎宾池转化段；为此，我们在核心景区各景点均设置了数量不等的采样和监测点。

• 泉水流量监测点：主要监测了黄龙沟后沟地表水、黄龙泉流量以及龙眼泉流量；
• 钙华沉积速率监测点：根据各景点地表溪流水流经距离的长短，分别布置了数量不等的钙华沉积速率监测点，即五彩池(4 个)、马蹄海(6 个)、争艳池(4 个)、金沙铺地(9 个)以及迎宾池(1 个)；
• 阴、阳离子采样点：在五彩池、马蹄海、争艳池、金沙铺地以及迎宾池各设置了一个采样点，位置与钙华沉积速率采样点相同；
• $[Ca^{2+}]$、$[HCO_3^-]$ 野外监测点：监测点位置同阴、阳离子采样点；
• DOC 采样点：位置同阴、阳离子采样点；
• 水化学野外监测点：位置同钙华沉积速率监测点；
• 叶绿素及气象数据监测点，位于黄龙风景区潋滟湖边。
上述各采样点和监测点具体位置如图 5-4 和图 5-5 所示。

5.1.2 泉水流量监测

黄龙沟中地表岩溶水流动状态可概括为漫状水流、束状水流和垂直渗漏三种类型(杨俊义，2004b)。

漫状水流：地表水在钙华滩流、钙华边石坝及钙华瀑布处呈分散、片状流动，有利于钙华沉积和对钙华的涵养；

束状水流：地表水沿低洼沟、谷呈线状流动；

垂直渗漏：地表水沿钙华空隙向地下渗漏转变为地下水径流，使钙华体失去保护而退化衰退。

为了探索近年来黄龙景区地表水流量有所减少的真正原因(降水量减少所致还是地表水下渗转化为地下径流的结果),我们分析了近50年来黄龙地区降水量(数据来自中国气象信息网)并监测、分析了近10年来黄龙景区上下游泉水流量,即使用水利部重庆水文仪器厂生产的LJD打印式流速仪定期监测黄龙景区上下游三处水体(地表水、黄龙泉及龙眼泉)的流量,用以分析各泉流量的时间变化规律,该仪器可测试的流速是0.1~4m/s,测量误差≤2%,根据下式计算各泉的流量Q(L/s):

$$Q=BHV \tag{5-1}$$

式中,B为矩形堰宽度(cm);H为平均水头高度(cm);V为泉水平均流速(m/s)。

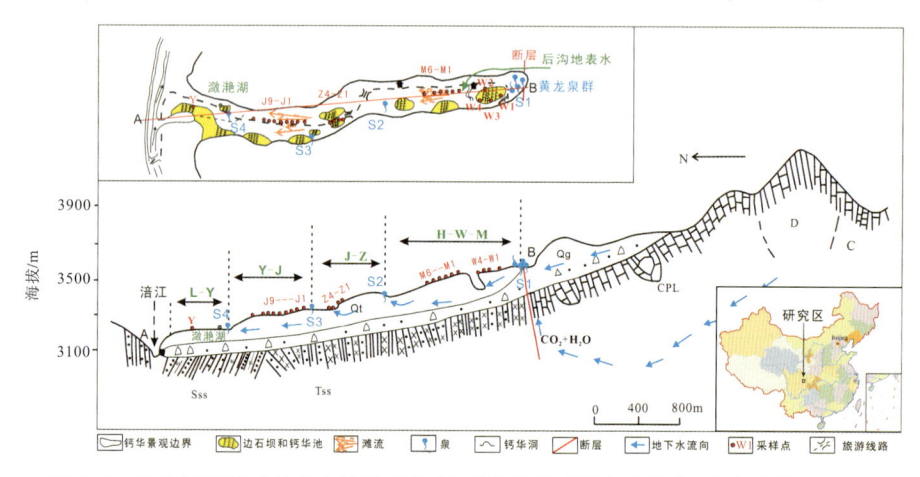

图5-4 黄龙钙华形成的水文地质条件剖面图及平面图和采样点(张金流等,2010)

W. 五彩池;M. 马蹄海;Z. 争艳池;J. 金沙铺地;Y. 迎宾池;S1. 黄龙泉群;S2. 接仙桥泉;S3. 隐芳泉;S4. 龙眼泉;H-W-M. 黄龙泉—五彩池—马蹄海转化段;J-Z. 接仙桥—争艳池转化段;Y-J. 隐芳泉—金沙铺地转化段;L-Y. 龙眼泉—迎宾池转化段

图5-5 五彩池(示意四个采样点)

5.1.3 降水量自动监测

降雨形成的坡面流进入黄龙景区地表溪流后对地表溪流水中的钙离子和重碳酸根离子具有稀释作用，同时坡面流对地表污染物也有冲刷作用，为了分析黄龙各景点钙华沉积速率是否受降雨稀释作用的影响，我们采用安装于潋滟湖边上的美国产 HOBO 便携式小气象站自动记录降水量(图 5-6)，该仪器可测试的降水量为 0~12.7cm/h，分辨率为 0.2mm；数据采集器扫描时间设定为 15min。

5.1.4 叶绿素自动监测

叶绿素 a 大约占水藻生物量的 1‰~2‰(吕洪刚等，2005；戴荣继等，2006；丛海兵等，2007)，因此，水中水藻叶绿素浓度的变化在某种程度上可以反映水藻生物量的变化。在本研究中，为了获取潋滟湖水中叶绿素浓度的时间变化规律，我们于湖中安装一台德国产多参数水质自动记录仪(型号：SEBA MPSS572)，用其自动记录水中叶绿素浓度的变化(图 5-6)；该仪器可测试的叶绿素浓度为 0.03~500μg/L，分辨率是 0.01μg/L，数据采集器扫描时间间隔同样设定为 15min。

图 5-6 HOBO 小气象站和 SEBA 多参数水质自动记录仪

5.1.5　水化学的现场监测、滴定及室内分析

每天使用德国产 WTW 350i 手持式多参数自动记录仪,在固定时间自动监测各监测点水温(T)、pH 和电导率(EC)等参数,其精度分别是 0.1℃、0.01pH 单位和 1μS/cm。并使用德国 Merck 公司生产的碱度和硬度滴定盒测定各监测点水中的 HCO_3^- 和 Ca^{2+} 浓度,精度分别是 6mg/L 和 2mg/L。

为了探索水中微量离子(特别是对水藻生长有促进作用以及对钙华沉积有阻滞作用的磷酸根离子浓度)浓度变化规律及其与旅游活动的关系以及计算溶液方解石饱和指数(SI_c)的需要,每隔 10d 左右,我们用注射器和装有 0.45μm 玻璃纤维滤膜的过滤器采集水样,盛于两个 60mL 聚乙烯塑料瓶中,并于一瓶中滴加 1~2 滴分析纯浓硝酸,使水溶液酸化到 pH<2,用于分析溶液中阳离子(K^+、Na^+、Mg^{2+})浓度;另一瓶水样用于分析阴离子(Cl^-、SO_4^{2-}、PO_4^{3-}、NO_3^-)浓度。水样定期带回中国科学院地球化学研究所环境地球化学国家重点实验室,分别用美国 Varian 公司产的 Vista MPX 型电感耦合等离子体-光发射光谱仪(ICP-OES)和美国 Dionex 公司产 ICS-90 型离子色谱仪分析水中的阳离子和阴离子浓度。

水的 CO_2 分压(P_{CO_2})和方解石饱和指数(SI_c)根据野外和室内分析结果由 Watspec 软件(Wigley,1977)计算获得。

$$P_{CO_2} = \frac{[HCO_3^-][H^+]}{K_1 K_{CO_2}} \tag{5-2}$$

式中,K_1 和 K_{CO_2} 分别是 H_2CO_3 和 CO_2 的平衡常数。

$$SI_c = \lg \frac{[Ca^{2+}][CO_3^{2-}]}{K_C} \tag{5-3}$$

式中,K_C 为方解石平衡常数。

采集样品前,盛样品的聚乙烯瓶子用 1:10 硝酸浸泡 24h,之后用超纯水清洗 3 次,再用超纯水浸泡 48h,然后在 50℃条件下用烘箱烘干 24h。

5.1.6　钙华沉积样品的获取及钙华沉积速率的计算

为了获取各监测点钙华沉积速率的时间变化规律及其与阻滞剂(磷酸盐、溶解有机碳)间的关系,按照文献(Liu et al.,1995)的方法(图 5-7),于各采样点放置有机玻璃试片(规格为 5cm×5cm×0.5cm,总表面积约 60cm²),每隔 10d 左右采集一次;玻璃试片在放入水中之前及回收后,在 50℃条件下置于烘箱中烘干 24h,然后用分析天平称重,分辨率为 0.1mg,按下式计算钙华沉积速率:

$$R = \frac{W_{ts} - W_s}{AT} \tag{5-4}$$

式中,W_{ts} 为玻璃试片放入溪流水中大约 10d 后玻璃试片重量(即玻璃试片净重加沉积钙华样重量);W_s 为玻璃试片放入溪流水之前重量(即玻璃试片净重);A 为玻璃试片总表面积(60cm²);T 为玻璃试片在溪流水中停留时间(精确到分钟)。

图 5-7　钙华沉积样采集玻璃试片

5.1.7　溶解有机碳(DOC)水样采集和室内分析

据相关研究(Inskeep et al.，1986；Lebron et al.，1996，1998；Hoch et al.，2000；Lin et al.，2005)，水中溶解有机碳(DOC)对钙华沉积具阻滞作用。因此为了探索水中溶解有机碳浓度时间变化规律及其对钙华沉积速率的影响，每隔 10d 左右(与阴、阳离子样品采集时间相同)，我们用注射器和装有 0.45μm 玻璃纤维滤膜的过滤器采集水样，盛于 60mL 棕色玻璃瓶子中，用滴管加入 3 滴(约 0.3mL)饱和 $HgCl_2$ 溶液后加盖密封保存，定期带回中国科学院地球化学研究所环境地球化学国家重点实验室，用 Elementar High TOC Ⅱ型总有碳/氮分析仪分析水中溶解有机碳含量，其分析精度是 0.01mg/L。

采集样品前，0.45μm 玻璃纤维滤膜和盛样品的棕色玻璃瓶子在 500℃ 条件下烘烤 2h。

5.1.8　游客人数统计

在本研究中，每日游客人数来源于黄龙风景区管理局统计数据。

5.2　黄龙风景区地表水流量减少原因分析

与 20 世纪 90 年代初相比，近年来黄龙风景区地表溪流水流量明显减少，这可能是近年来大气降水减少所致，也可能与地表水下渗进入地下径流有关。据相关研究(杨俊义等，2004a，2004b；乔羽佳，2008；李前银等，2009)，黄龙地表水流量减少很可能是由于溪流水下渗量增加所致；然而上述相关研究大多从黄龙景区水循环以及钙华外在形态特征(如钙华漏斗)角度来概述或推测水量减少的原因,并没有给出明确、定量的观测结果。因此,为了探索黄龙风景区地表水量减少的真正原因:是下渗量增加还是大气降水减少所致?亦或是两者的共同作用所致?我们进行了如下观测和分析。

5.2.1 黄龙风景区近60年大气降水及温度变化趋势

为了分析近年来黄龙景区大气降水是否减少,我们根据中国气象科学数据共享服务网(http://cdc.cma.gov.cn/index.jsp)提供的数据,分析了近60年来与黄龙风景区最近的松潘县气象站所观测的大气降水数据,结果见图5-8。

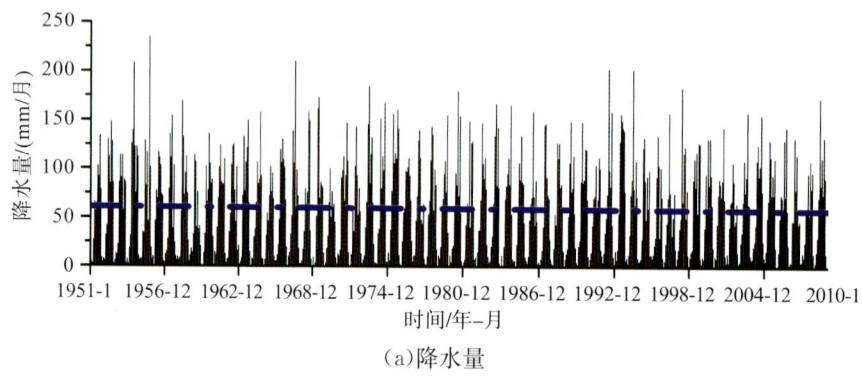

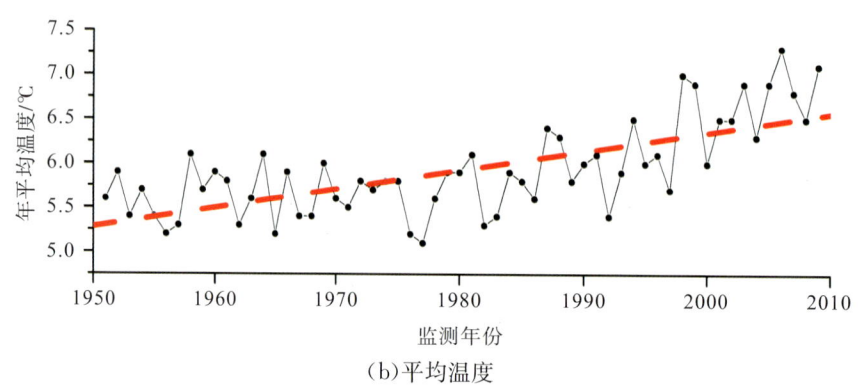

(a)降水量

(b)平均温度

图5-8 松潘县历年月平均降水量及年平均温度
(a)上图中蓝色线是降水趋势线,(b)图中红色线是气温趋势线

由图5-8可知,近60年来,黄龙风景区所在地松潘县大气降水量各年间有所波动,总的趋势是略有减少,但减少趋势并不明显;而大气温度有逐年上升的趋势,特别是20世纪90年代后,这与全球变暖趋势是一致的。

近年来黄龙风景区地表水流量减少可能与大气降水无关,或者说大气降水对地表水量减少的影响并不显著。为此,我们进一步分析了黄龙风景区上、下游泉水流量近年来变化趋势关系。

5.2.2 黄龙风景区上、下游泉水流量变化关系分析

从上一节的分析可知,近60年来黄龙风景区大气降水量并没有显著减少,因此大气

降水不可能是近年来黄龙风景区地表水流量减少的根本原因；根据前面分析，那只可能是地表水下渗流量增加所致。为此，根据李前银等(2009)对黄龙风景区水循环系统的研究，我们分析了近 10 年来黄龙风景区上游黄龙后沟地表水总流量、黄龙泉群(源泉)总流量及下游龙眼泉流量间的变化趋势关系，结果见图 5-9。

从图 5-9 可以看出，近年来源泉(黄龙泉群)总流量基本不变，反映了近年来大气降水补给基本稳定(图 5-8)；上游后沟地表水总流量和下游龙眼泉流量有逐年增加的趋势，可能是气温逐年升高导致景区所在地的最高峰雪宝顶融雪水补给逐年增加所致，对这一推测从图 5-8 气温逐年升高趋势也可得到证实；但下游龙眼泉流量增加较上游地表水总流量增加趋势更加明显(见图 5-9 中红色虚线和绿色虚线)，说明中、下游地表水向地下漏失对龙眼泉的补给比以前有所增加。因此，我们认为黄龙风景区地表溪流水流量减少的主要原因是地表水向下渗漏形成地下径流量增加所致，这与前人相关研究结果是一致的(杨俊义等，2004a，2004b；石岩，2005)。

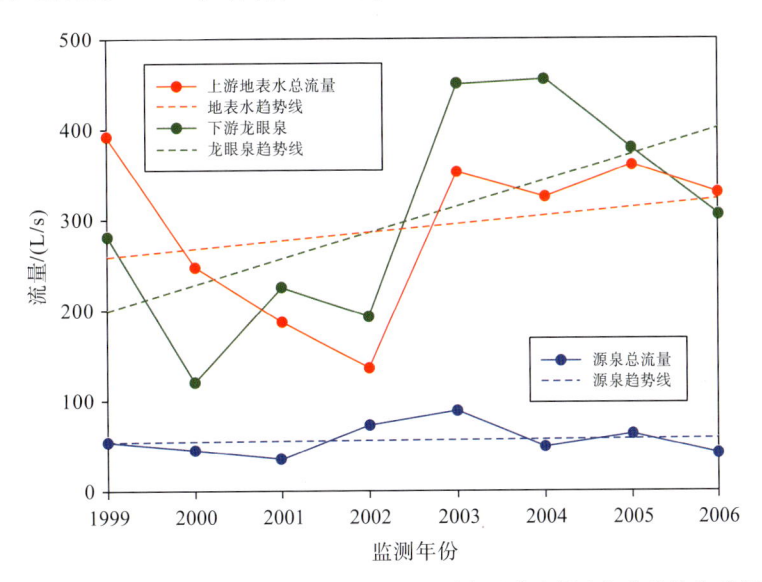

图 5-9 后沟地表水总流量、黄龙泉群总流量(源泉)和下游龙眼泉流量多年变化趋势(刘再华等，2009b)

5.2.3 地表水下渗量增加原因分析

由前节分析可知，近年来黄龙风景区地表溪流水流量减少是大量地表水垂直下渗进入地下径流的结果，那么这一现象是如何发生的呢？

1. 景区地质环境变化对景观的影响

黄龙景区的形成、发展和演化与景区新构造运动所产生的大地构造位置及冰川地貌和高寒岩溶地貌密切相关。

黄龙风景区的钙华景观是发育在由志留纪—三叠纪的碳酸盐岩建造和碎屑岩建造构成的雪山断裂两侧褶皱推覆岩片之上，在印支期、燕山期以及喜马拉雅期的复合造山作用的影响下，在第四纪冰川作用下组成的特定冰川地貌的基础上，叠加高寒岩溶作用以及新构造运动的联合作用而形成的世界奇观。形成的自然景观将持续不断地受到地壳差异性抬升和溶蚀两种主要地质作用的制约，使侵蚀基准面不断下降，自然引起地下水位下降，从而使得更多的地表径流垂直下渗进入地下。

当然，地质环境的变化过程是十分缓慢的，对黄龙地表水流量的减少可能只是起到一定的促进作用。

2. 地表水流向改道的影响

据现场调查，为了使某些地段景观更具有观赏性，黄龙风景区经常存在地表水流人为迁徙改道的现象，这种改变会加剧地表水垂直渗漏进入地下：①某些地段由于自然演化原因使得地表水减少，钙华景点干枯，质地松散，由于这种结构对水的保有能力很差，要是人为地重新使这些景点流入大量的地表水，必然会使大量的地表水流垂直渗漏进入地下。另一方面，由于各景点补给泉水量有限，当人为引走一部分水量时，必然要使景点的其他部分水量减少，从而使得本来靠这部分水流涵养的钙华景观遭到破坏；②地表水流向的改变，可能使漫状水流由片状缓流变为速状急流，对钙华体产生机械冲刷侵蚀，支离早期形成的钙华体，具有很强的破坏性，从而导致钙华体保水能力下降，可能使更多的地表水垂直下渗进入地下。

3. 人类活动的影响

随着大九寨国际旅游区城市化进程的加快，近年前往黄龙风景区游览的游客人数逐年增加，不断增强的旅游活动必然对景区产生影响：①工程建设对钙华景观的影响。为了优化旅游环境，景区内大量建筑施工、扩建道路，必然对钙华景观的物理性状产生影响，使水的渗透性增加；②游客对钙华景观的影响。游人的一些不正当的行为也会破坏钙华景观，如某些人置警告牌于不顾，践踏地表钙华景观，久而久之，使得钙华表面破碎，钙华景观保水能力下降。

上述这些因素都可能使得黄龙景区地表水量减少，虽然自然过程从长远的角度来讲也可能改变地表水流量，但毕竟是一个缓慢的过程；近年来黄龙风景区地表水量快速减少，很可能是人为活动对黄龙景区的不合理利用、人为破坏造成的结果。

5.2.4 小结

在分析近60年来大气降水量变化规律后发现，黄龙地区大气降水量近年来并没有明显减少；而在分析近年来黄龙风景区上游地表水总流量、源泉总流量和下游龙眼泉流量变化趋势后发现，下游龙眼泉流量增加速度明显大于上游地表水增加速度，说明在黄龙风景区中、下游，地表水向下渗漏逐年增加，使得龙眼泉得到更多的地下径流量补给。

因此，我们认为近年来黄龙风景区地表水流量逐年减少是因为地表水向地下渗漏量逐年增加所致；大气降水虽有所减少，但效果并不显著，应是次要影响因素。

5.3 旅游活动对黄龙风景区水质的影响

由于其独特的钙华景观（钙华池、钙华瀑布、钙华滩流、钙华溶洞），加上前往风景区的交通逐渐便捷，黄龙风景区自1992年被联合国教科文组织列为世界自然遗产名录以来，前往游览的国内外游客人数从20世纪90年代初的年均约10万人上升到近年来的100多万人（如2010年超过110万，2011年超过184万，达到5·12汶川大地震前水平）。随着游客人数的逐年增长，景区内餐饮、住宿以及购物等服务业也获得了迅速发展，每年旅游及相关产业带来的收入在十亿元人民币以上，成为国家和地方政府收入的重要来源。然而，如前所述，近年来黄龙钙华景观却出现了快速退化的现象，给景区的保护和可持续发展带来了很大的压力。

众所周知，水既是黄龙钙华景观的生命之源，又是钙华景观的养护剂，被称为景观的"灵魂"，水质的改变必然导致钙华景观的退化（如磷酸盐、溶解有机碳等阻滞钙华沉积）。为了探索日益增强的旅游活动是否会对水质产生影响（主要是通过游客在景区内产生的生活垃圾量的多少来影响景区地表溪流水水质，主要污染源有为数众多的厕所、垃圾桶以及景区内的饭店等），进而导致钙华景观的退化，我们对黄龙风景区各景点旅游季节（每年5~11月）水中的Sr^{2+}以及磷酸盐、硝酸盐浓度进行监测，以揭示旅游活动是否会对水质产生影响。

同时需要说明的是，生活垃圾量的多少与游客量的多少是成正比的，因此在本章节后面相关分析中，我们直接使用游客人数的多少来代表旅游活动在景区对地表溪流水质的影响强度。

5.3.1 锶离子质量浓度时间变化规律

根据相关研究（李前银等，2009；王海静等，2009），黄龙风景区核心景区（即黄龙前沟）水循环系统可分为四个亚系统（或称作4个转化系统）（图5-4），每一亚系统由钙华景观和相应补给泉组成；为了进一步明确各补给泉对相应景点岩溶溪流水的补给作用，我们以Sr^{2+}作为天然示踪剂（Schoonover et al., 2003；Svensson et al., 2010；Aberg, 1995；翟远征，2011），对比分析各补给泉与相应景点间Sr^{2+}浓度时间变化规律，以排除未知的、可能的地下水对相应景点的补给。

各亚系统所得结果类似，为了简化说明，我们以黄龙风景区上游五彩池和下游迎宾池采样点为例，来说明溪流水中Sr^{2+}浓度时间变化规律。

1. 黄龙泉-五彩池 Sr^{2+} 浓度时间变化规律

图5-10显示了黄龙风景区五彩池景点与其补给泉黄龙泉两采样点水中Sr^{2+}浓度时间变化规律，由图可知，五彩池池水中Sr^{2+}浓度除了略低于黄龙泉外，两采样点间Sr^{2+}浓度变化趋势明显一致，说明五彩池池水除了受大气降雨（Sr^{2+}浓度极低，可以忽略不计）形成的地表径流少量补给外，池水主要来源于黄龙泉，从而也可排除其他未知水源对五

彩池补给的可能性。

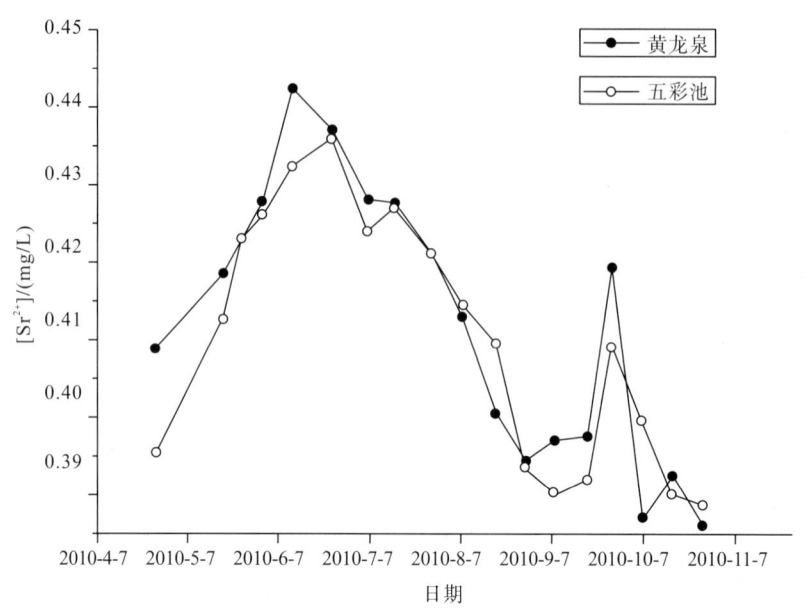

图 5-10　黄龙泉-五彩池溪流水中 Sr^{2+} 浓度时间变化规律

2. 龙眼泉-迎宾池 Sr^{2+} 浓度时间变化规律

图 5-11 显示了黄龙风景区迎宾池景点与其补给泉龙眼泉两采样点水中 Sr^{2+} 浓度时间变化规律，两采样间 Sr^{2+} 浓度同样呈现出明显一致的变化趋势，说明迎宾池景点池水也只受龙眼泉补给。

从图 5-10 和图 5-11 的分析并根据前人的研究结果（李前银等，2009；王海静等，2009）我们可以得出：在黄龙风景区四个亚系统中，各景点地表溪流水、池水除了降雨时受降雨形成的地表径流补给外，平时主要由相应补给泉补给。

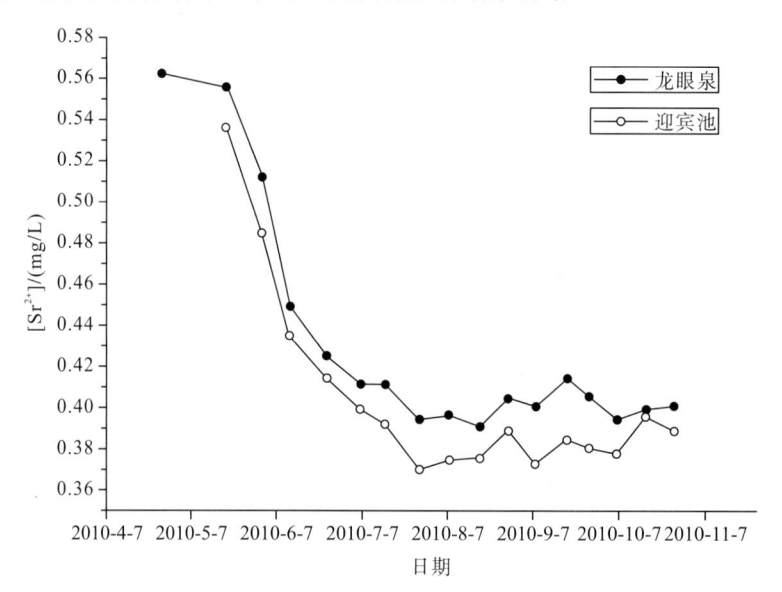

图 5-11　龙眼泉-迎宾池溪流水中 Sr^{2+} 浓度时间变化规律

5.3.2 磷酸盐质量浓度时间变化规律

我们可以设想，如果没有外来污染源的影响，各景点溪流水、池水中PO_4^{3-}浓度变化趋势理应与其补给泉泉水中PO_4^{3-}浓度变化趋势相一致。为此我们对比分析了各景点与其补给泉水中PO_4^{3-}浓度变化趋势，同样我们以黄龙泉－五彩池和龙眼泉－迎宾池为例。

1. 黄龙泉－五彩池 PO_4^{3-} 浓度时间变化规律

图5-12显示了黄龙泉－五彩池两处水中PO_4^{3-}浓度时间变化规律；我们可以推测，如果没有外来污染源的影响，黄龙泉－五彩池两处水中PO_4^{3-}浓度时间变化趋势理应一致，然而事实正好相反。

由图5-12可以看出，黄龙泉－五彩池两处水中PO_4^{3-}浓度变化趋势呈现出明显的不一致性，且五彩池水中PO_4^{3-}浓度明显高于源泉黄龙泉。由此我们推测，五彩池池水中PO_4^{3-}除了小部分来自其源泉黄龙泉外，必然还受到其他外来污染物的影响。

我们知道，黄龙风景区位于海拔3500m以上的高寒岩溶地区，远离工业、农业污染，因此我们推测景区磷酸盐污染只可能来自旅游活动所造成的生活污染。

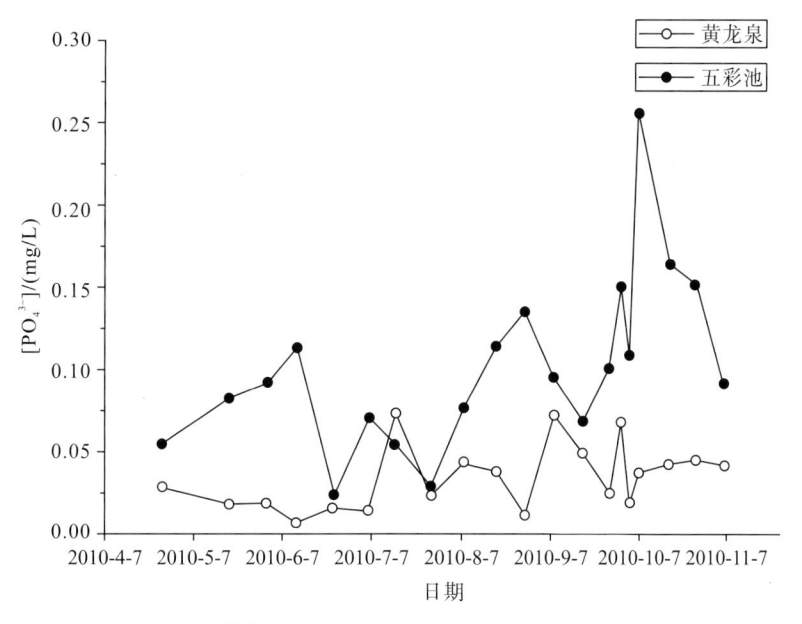

图5-12 黄龙泉－五彩池水中PO_4^{3-}浓度时间变化规律

2. 龙眼泉－迎宾池 PO_4^{3-} 浓度时间变化规律

图5-13显示了龙眼泉－迎宾池水中PO_4^{3-}浓度变化趋势；由图可以看出，龙眼泉、迎宾池两处PO_4^{3-}浓度变化趋势同样呈现出不相关性，说明迎宾池水中PO_4^{3-}同样可能受到旅游活动造成的生活垃圾的污染。

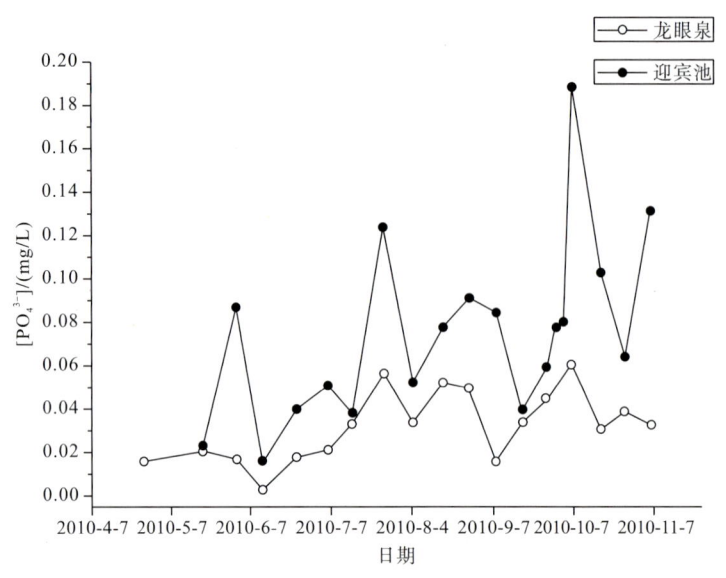

图 5-13 龙眼泉—迎宾池溪流水中 PO_4^{3-} 质量浓度时间变化规律

5.3.3 黄龙风景区各亚系统水中磷酸盐质量浓度空间变化规律

由上述章节分析可知，黄龙风景区各景点水中 PO_4^{3-} 浓度可能受到旅游活动产生的生活污染物的影响，如果这一推测是事实的话，黄龙风景区四个亚系统各景点溪流水中的 PO_4^{3-} 浓度应该都受到影响，而不仅仅是上面提到的两个景点，为此我们分析了黄龙风景区所有景点及其补给泉水中 PO_4^{3-} 浓度年平均浓度空间变化规律，结果如图 5-14 所示。

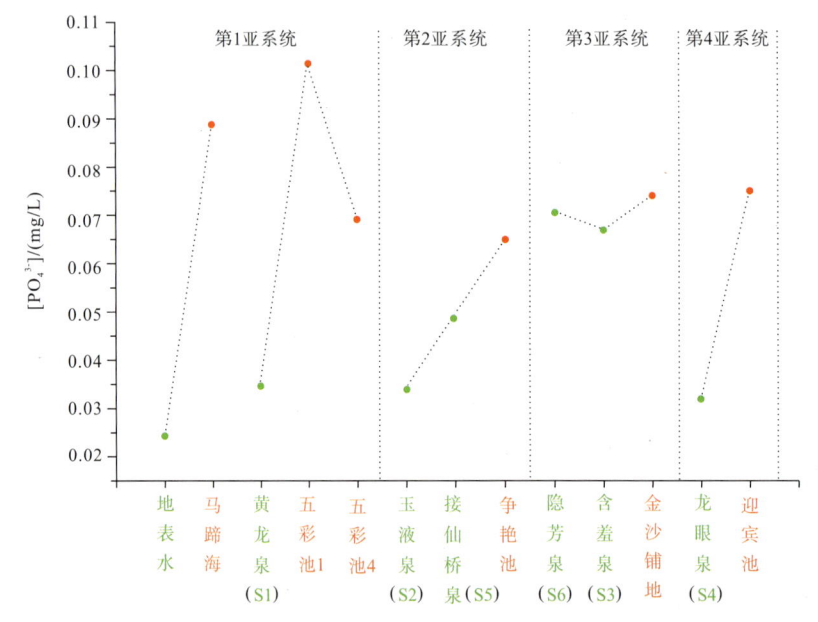

图 5-14 黄龙风景区沿途各采样点溪流水中 PO_4^{3-} 浓度年平均值（2010 年）

注：图中红色部分代表景点，绿色部分代表相应的补给泉

由图 5-14 可知，黄龙风景区各景点溪流水中 PO_4^{3-} 浓度都比相应的补给泉水中 PO_4^{3-} 浓度高，说明黄龙风景区各景点水中 PO_4^{3-} 浓度确实受到外来污染物的影响。由于黄龙风景区远离工、农业生产，因此这种污染物只可能来自旅游活动产生的生活垃圾。

同时从图 5-14 我们也可以看出，在五彩池景点两个采样点中，4 号采样点水中 PO_4^{3-} 浓度年平均值低于 1 号点。这是因为 1 号采样点处水藻生长旺盛，吸收了磷酸盐等营养元素，从而降低了水中 PO_4^{3-} 浓度；同时，由于 4 号采样点受到地表水的稀释作用，从而也进一步降低了水中磷的含量。

黄龙风景区上游的五彩池 1 号采样点水中磷的含量比下游迎宾池还高，这是因为一方面该处水体流动性差，不容易被泉水稀释；另一方面该采样点位于游客观光栈道边缘，而且该景点是黄龙风景区最具观赏性景点，游客人数也最为集中，从而使得该处也更加容易受到生活垃圾的污染，这一点从生长繁茂的水藻即可窥见一斑（图 5-15）。

图 5-15　五彩池 1 号采样点生长旺盛的黄色水藻

5.3.4　水中磷酸盐质量浓度与游客人数间的关系

为了进一步明确黄龙景区水中 PO_4^{3-} 浓度是否受到旅游活动的影响，我们仍以五彩池、迎宾池两处为例，对比分析水中 PO_4^{3-} 浓度与游客人数间的动态变化关系。

图 5-16 显示了黄龙沟景区上游五彩池和下游迎宾池两处水中 PO_4^{3-} 浓度在 2010 年旅游季节的时间变化。由图可知，五彩池和迎宾池两处 PO_4^{3-} 浓度在整个旅游季节的变化趋势基本一致，因此下面以五彩池为例来详细分析水中 PO_4^{3-} 浓度和游客人数及降水量间的关系。

由图 5-16 可知，五彩池水中 PO_4^{3-} 浓度与游客人数呈现明显的正相关变化趋势，例如，与游客人数四个峰值（图中分别由四个向下的箭头所示）相对应，水中 PO_4^{3-} 浓度也相应呈现出四个峰值,说明旅游活动已对黄龙 PO_4^{3-} 浓度产生了影响。

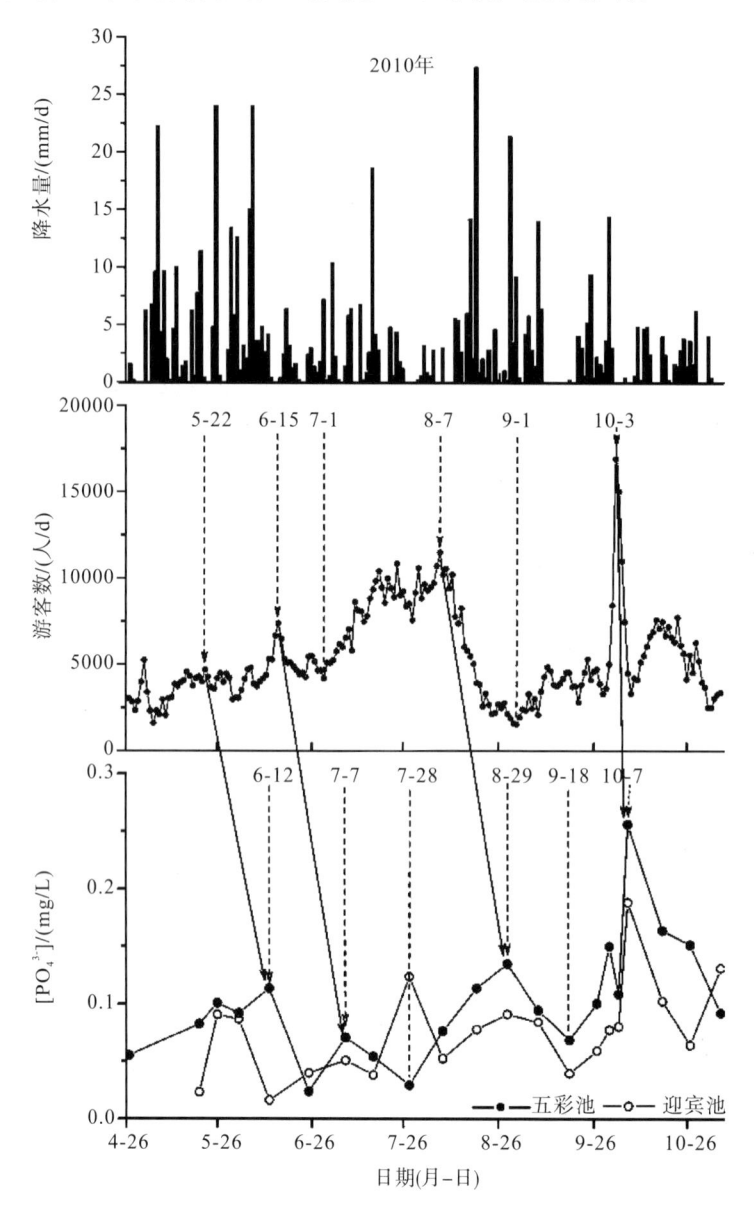

图 5-16　五彩池和迎宾池 PO_4^{3-} 浓度的时间变化及其与游客人数和降水量的关系(2010 年)

同时,由图可知,五彩池水中 PO_4^{3-} 浓度变化往往滞后于游客人数的变化(见图中 PO_4^{3-} 浓度峰值与游客人数峰值间的连线)。例如,从 7 月 28 日到 8 月 29 日,水中 PO_4^{3-} 浓度一直在增加,之后开始下降,直到 9 月 18 日,而与之相对应的游客人数早在 8 月 7 日就达到了高峰,而后开始下降,直到 9 月 1 日,分别比 PO_4^{3-} 浓度峰值和谷值出现日期早了 22d 和 17d。出现这种现象的原因可能是在之前的 7 月 17 日至 8 月 16 日期间黄龙风景区游客人数处于 2010 年整个旅游季节高峰时段(日平均游客人数在 1 万左右,最高峰达 11514 人),导致较多的含有可溶性磷酸盐的固体垃圾(如方便食品等)和餐饮垃圾(来自景区饭店)进入景区,但此期间降雨相对偏少,大部分可溶性磷酸盐因得不到雨水冲刷、溶解而暂时保存在固体垃圾中；8月16日之后，降水量逐渐增加，前期未溶解的磷酸盐在雨水的冲刷作用下才又开始溶解并进入溪流水，导致水中 PO_4^{3-} 浓度继续上升。因此，正是这种滞后的雨水冲刷、溶解过程致使 PO_4^{3-} 浓度峰值比游客人数峰值滞后了22d；9月1日后，游客人数又开始逐渐增加，但溪流水中 PO_4^{3-} 浓度仍然保持下降，这是因为此时降雨仍然很强，且游客人数增长幅度很小，因而景区溪流水中由于旅游活动导致的 PO_4^{3-} 浓度的增加不足以抵消雨水对磷酸盐的冲刷、稀释作用，因而总的效果仍然是水中 PO_4^{3-} 浓度下降。

9月18日后，在降水量减少以及游客人数（旅游活动强度）持续增加两个因素共同作用下，水中 PO_4^{3-} 浓度又开始逐渐增加，特别是在国庆节期间，黄龙景区日游客人数达到了全年的峰值（10月3日游客人数为16929），水中 PO_4^{3-} 浓度也达到了整个实验周期的峰值；国庆后，随着游客人数的逐渐减少，水中 PO_4^{3-} 浓度也逐渐下降直到我们野外工作结束。

对于迎宾池采样点，从图5-16可以清楚地看出，水中 PO_4^{3-} 浓度和旅游活动及降水量的关系总体与五彩池采样点类似；但我们也注意到几点异常之处，例如在7月28日，五彩池采样点处水中 PO_4^{3-} 浓度处于低谷，而迎宾池处水中 PO_4^{3-} 浓度却处于峰值，两处正好相反，出现这种现象很可能是游客在景区内各景点分布往往不均匀，从而对各点水质产生影响的强度也不尽相同的结果。

为了得出更加准确的结论，我们在2011年的旅游季节，对黄龙风景区上述各景点水中 PO_4^{3-} 浓度做了重复性的监测，结果如图5-17所示。从图中可以清楚地看出，随着旅游强度（游客人数）的增减，五彩池和迎宾池水中 PO_4^{3-} 浓度再一次呈现出与之相一致的变化趋势（如图中四个向下的箭头所示），再一次证明黄龙风景区水中 PO_4^{3-} 浓度受到旅游活动的影响。

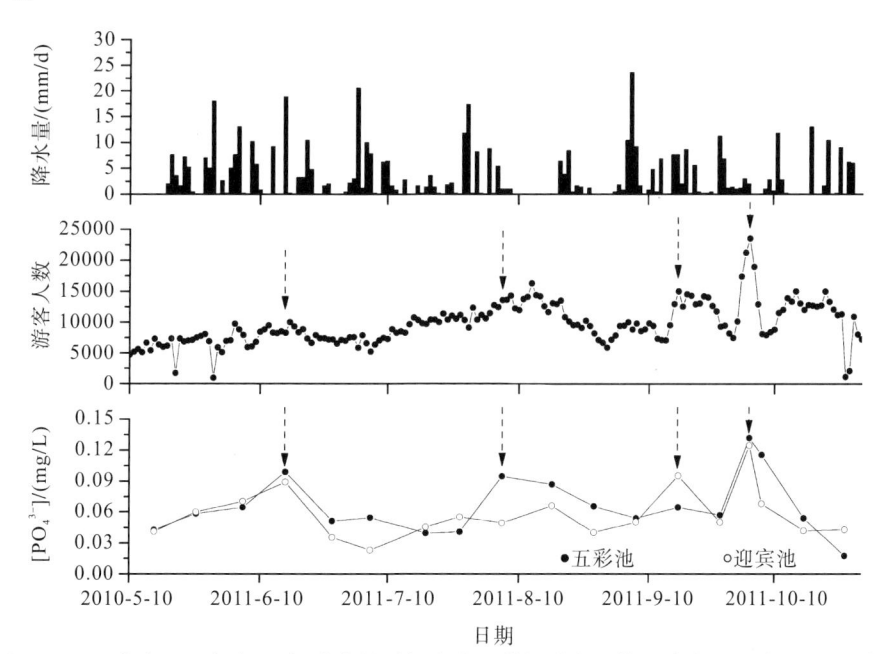

图5-17 五彩池和迎宾池 PO_4^{3-} 浓度的时间变化及其与游客人数和降水量的关系（2011年）

总之，从上面的分析可知，黄龙风景区水中 PO_4^{3-} 浓度变化是旅游活动和降雨两个因素共同作用的结果，而其根本来源则源于旅游活动造成的污染。

5.3.5 水中硝酸盐质量浓度与游客人数间的关系

为了更加全面地分析旅游活动是否已对黄龙水质造成影响，我们再次对比分析了水中 NO_3^- 浓度与同期游客人数间的关系，同样以五彩池和迎宾池两处为例，结果如图 5-18 所示。

从图 5-18 可以明显地看出，在人为划分的 5 个时段（由图中 4 条垂直虚线分开），随着游客人数的增减，水中 NO_3^- 浓度呈现出同样的变化趋势；如从 6 月 25 日到 8 月 19 日，随着游客人数先上升后下降，水中 NO_3^- 浓度也是相应的先上升后下降；再如 10 月 3 日，日游客人数达到全年的峰值，水中 NO_3^- 浓度也相应地出现峰值（不是全年最高值，此点与 PO_4^{3-} 浓度不一样，见图 5-16）；据此我们同样可以推测，就 NO_3^- 浓度而言，黄龙风景区溪流水同样受到旅游活动的影响。

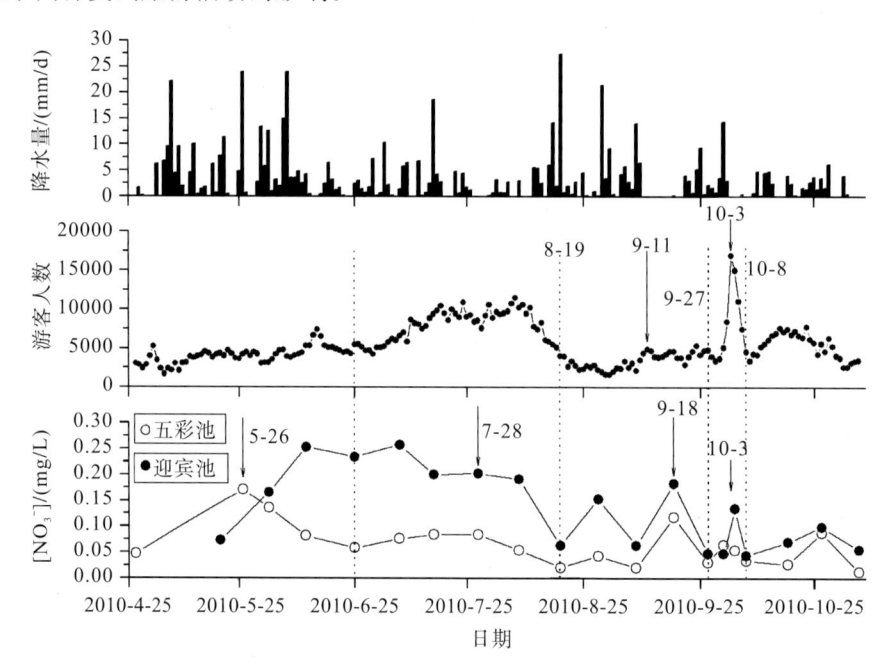

图 5-18 五彩池和迎宾池 NO_3^- 浓度的时间变化及其与游客人数和降水量的关系（2010 年）

从图 5-18 也可以看出，水中 NO_3^- 浓度变化幅度与游客人数变化幅度间的关系并不完全一致，这可能是不同时段降雨对 NO_3^- 浓度稀释作用不完全一致的结果（比如当游客活动和降雨稀释作用同时增强时，溪流水中 NO_3^- 浓度就不一定上升）；同时，就有限的游客人数而言，旅游活动产生的生活垃圾与游客人数也不一定完全成正比，自然游客人数与水中 NO_3^- 浓度也就不一定完全成正比。

另外，我们也注意到，五彩池采样点水中 NO_3^- 浓度时间变化趋势没有出现 "PO_4^{3-} 浓度时间变化趋势往往滞后于游客人数变化" 这一现象，这可能是由于硝酸盐比磷酸盐更易溶解于水，从而能更加与游客人数保持一致所产生的结果。

迎宾池采样点水中 NO_3^- 浓度变化趋势与五彩池采样点相似，如图 5-18 所示，在此不再赘述。

5.3.6 小结

在相关研究的基础上，对黄龙风景区各景点与其补给泉水中天然示踪剂锶元素质量浓度时间变化规律进行了对比分析，结果进一步明确了黄龙风景区前沟水循环系统；与 Sr^{2+} 浓度时间变化规律不同，PO_4^{3-} 浓度在各景点与其补给泉两者间的时间变化规律呈现出明显的非相关性，说明黄龙风景区各景点溪流水、池水中磷酸盐含量已受到外来污染源的影响；考虑到黄龙风景区远离工、农业生产，推测这种外来污染源很可能是日益增强的旅游活动所产生的生活垃圾；为了明确这种推测，我们对比分析了黄龙风景区水中 PO_4^{3-} 浓度与同期的游客人数间的关系，结果发现两者间的变化趋势呈现出明显的正相关性，说明黄龙风景区水中磷酸盐含量已受到旅游活动等人为活动的影响；为了进一步肯定这一结论，我们换用硝酸盐与同期的游客人数进行对比，结果得出了相似的结论。

因此我们认为，黄龙风景区在日益增强的旅游活动的影响下，水质已受到不同程度的污染，必然对景区钙华景观与水生藻类的生长产生影响，应引起有关部门的高度重视。

5.4 水质变化对水藻生长的影响

近年来黄龙钙华景观出现了明显的退化现象，其表现形式之一是：水藻加速生长，死亡后附着钙华表面，使得钙华表面由黄变黑，大大影响了黄龙钙华景观的整体美感，游客对此强烈不满。同时据相关研究(Heath et al., 1995; Viles et al., 2000; Shiraishi et al., 2008; Martinez et al., 2010)及卢国平等(Lu et al., 2000)在此处的研究，水生藻类会侵蚀已有钙华，减少新的钙华沉积。为了黄龙钙华景观得以永续利用，急需对上述景观退化现象的机理性问题展开研究。

众所周知，在淡水生态系统中，磷酸盐往往是水藻生长的限制性营养盐(Jickells, 1998; 王勇等, 2000)，可以促进水藻的生长(Prairie et al., 1989; McCauley et al., 1989; Seip et al., 1994; Klausmeier et al., 2004; 刘春光等, 2006; 孙凌等, 2006; 罗固源等, 2007; 李建平等, 2007; Kim et al., 2009)，同时据朱成科(2007)在相似生态环境九寨沟的研究，磷酸盐是九寨沟景区水藻生长主要限制性营养因子。根据前述，黄龙水藻近年来的加速生长很可能与迅速增强的旅游活动所导致的溪流水水质受到磷酸盐污染有关(刘再华等, 2009; 王海静等, 2009; 张金流等, 2010)。为了证实上述推测，我们使用 SEBA 多参数水质自动监测仪对 2010 年黄龙风景区潋滟湖水中水藻叶绿素浓度(作为水生藻类生物量的替代指标)做了一个旅游季节的监测，并与同期水中 PO_4^{3-} 浓度进行对比，以期找出水藻加速生长的真正原因。

5.4.1　水藻叶绿素浓度与水中硝酸盐质量浓度和游客人数间的关系

图 5-19 显示了潋滟湖采样点水中叶绿素浓度时间变化以及同期水中 PO_4^{3-} 浓度、降水量和游客人数。

从图中可以看到，在整个旅游季节，水中 PO_4^{3-} 浓度呈现明显的四个变化周期（分别由图 5-19 中四条粗虚线隔开），即先上升后下降；与之相对应，水藻叶绿素浓度也呈现出与之一致的四个变化周期，因此可以断定，水中磷酸盐对水藻的生长可能起着重要的促进作用。

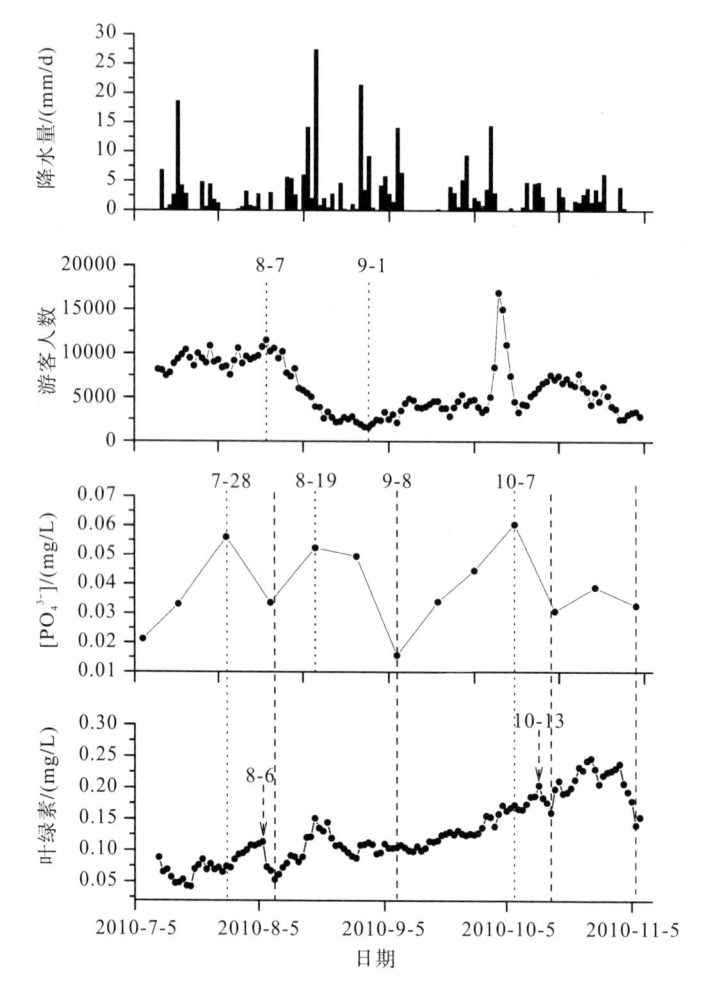

图 5-19　潋滟湖水中叶绿素浓度的时间变化及其与水中 PO_4^{3-} 浓度的关系

从图中我们也注意到，叶绿素浓度变化往往也滞后于磷酸盐浓度变化，例如在 7 月 28 日和 10 月 7 日，水中 PO_4^{3-} 浓度分别达到了变化周期的最高值，对应的叶绿素则分别在 8 月 6 日和 10 月 13 日才达到峰值。这可能是两方面的原因：首先，磷酸盐样品的采样方法是瞬时采样，不能像叶绿素浓度自动监测那样精确反映水中 PO_4^{3-} 浓度的详细变化，所以水中磷酸盐有可能在 7 月 28 日和 10 月 7 日采样后会继续上升，从而继续促进水藻生长；其次，叶绿素浓度反映的是水生藻类的生物量，其变化是一个生物过程，因此其变化速度不可能像化学反应那样精确对应反应物浓度。叶绿素浓度变化滞后于 PO_4^{3-} 浓度变化并不能否定磷酸盐对水藻生长的促进作用，相反，这正是磷酸盐促进水藻生长的正常表现。

另外，从图 5-19 中 PO_4^{3-} 浓度与游客人数间变化趋势关系可以看出，此处 PO_4^{3-} 浓度变化趋势与五彩池和迎宾池两个采样点相似，如对应游客人数的几个峰值，PO_4^{3-} 浓度也同样呈现出几个峰值；相对于游客人数的变化，PO_4^{3-} 浓度也同样呈现出一定的滞后现象，如 8 月 7 日，游客人数开始下降，直到 9 月 1 日到达低谷，而磷酸盐直到 8 月 19 日才开始下降，一直到 9 月 8 日。因此我们可以断定，与五彩池和迎宾池两处相同，潋滟湖采样点水中 PO_4^{3-} 浓度的变化同样是旅游活动影响的结果。

5.4.2 小结

众所周知，在淡水生态系统中磷酸盐往往是水生藻类生长的限制性营养盐，而据相关研究，在生态环境相似的九寨沟风景区，磷酸盐是限制水生藻类生长的主要限制因子。因此我们推测，近年来黄龙风景区水生藻类的加速生长很可能与日益增强的旅游活动有关。为此，我们对比分析了潋滟湖水藻叶绿素浓度与同期的水中 PO_4^{3-} 浓度间的关系，结果发现，随着水中 PO_4^{3-} 浓度的增减，水中水藻叶绿素浓度呈现出与之一致的变化趋势，说明水中磷酸盐对水藻生长有明显的促进作用，这很可能就是近年来黄龙风景区水生藻类加速生长的真正原因。同时我们对比分析了水中 PO_4^{3-} 浓度与同期的游客人数间的关系，在潋滟湖水中 PO_4^{3-} 浓度也明显受到旅游活动的影响。

因此我们认为，在不断增强的旅游等人为活动的影响下，黄龙风景区水质明显受到人类活动的影响（如水中磷酸盐），这种影响改变了原有水生藻类的生长环境，促进了黄龙风景区水生藻类的生长，进而也影响了黄龙国家级风景名胜区的整体美感。

5.5 黄龙风景区钙华沉积速率的时空变化

与 20 世纪 90 年代初相比，近年来黄龙钙华景观出现了明显的退化现象，钙华沉积速率明显减缓即是其表现形式之一。为了定量化研究现今黄龙风景区各景点钙华的沉积速率及其时、空变化规律，以更好地保护钙华景观，我们对黄龙风景区四个转化段各景点钙华沉积速率进行了详细监测。

5.5.1 钙华沉积速率的空间变化

图 5-20 显示了 2010 年黄龙风景区沿途四个转化系统（图 5-14）24 个监测点的钙华沉积速率年平均值。

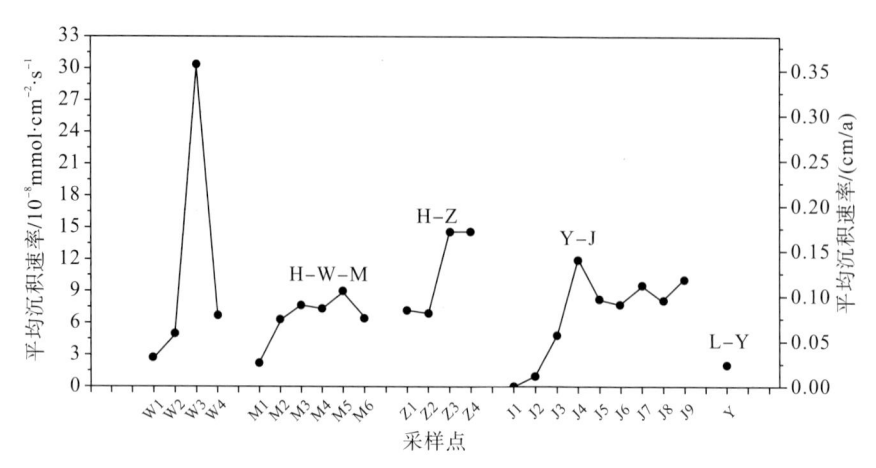

图 5-20 黄龙风景区各景点钙华沉积速率年平均值

H-W-M. 黄龙泉—五彩池—马蹄海转化段；J-Z. 接仙桥—争艳池转化段；
Y-J. 隐芳泉—金沙铺地转化段；L-Y. 龙眼泉—迎宾池转化段

由图 5-20 可以看出，黄龙风景区各景点之间钙华沉积速率并没有表现出明显的上升或下降变化规律，这是因为各个亚系统地表溪流水分别由不同的补给泉补给，因而水化学性质（如钙离子浓度）不同所致。

我们注意到，在各个亚系统内，钙华沉积速率一般都表现出先上升后下降的趋势。这是因为当补给泉泉水流入各景点时，随着流经距离的不断增加，溪流水中的 CO_2 不断溢出，使得方解石饱和指数（SI_c）不断增加，进而不断加快钙华的沉积；之后，随着水中钙离子的不断沉积，饱和指数开始下降，导致钙华沉积速率也开始下降。

然而我们也发现，在各个亚系统内，钙华沉积速率并没有表现出严格的先上升后下降的规律。这是因为各监测点水流速度不一样，使得钙华沉积时的扩散边界层（DBL）厚度不一样，DBL 薄的地方（即快流速）钙华沉积速率快，厚的地方（即慢流速）则沉积速率慢。例如：虽然 W2 处（慢流速）钙离子浓度和方解石饱和指数都比 W3 处高，但由于 W3 监测点位于钙华边石坝（快流速），反而 W3 监测点钙华沉积速率要快，后者是前者的 6.18 倍。

从图中我们也发现，即使是沉积速率最快的 W3 监测点，其平均钙华沉积速率也低于 4mm/a，这与 20 世纪 90 年代初时的沉积速率（5mm/a）(Liu et al., 1995) 相比，已出现了明显的下降。

5.5.2 钙华沉积速率的时间变化

由上一节分析可知，黄龙风景区五彩池监测点钙华沉积速率出现了明显的下降，为了明确黄龙风景区各景点钙华沉积速率与 20 世纪 90 年代初相比，是否都出现了下降，我们对 2010 年同月份、同地点的钙华沉积速率与 20 世纪 90 年代初的数据进行了对比分析，结果如图 5-21 所示。

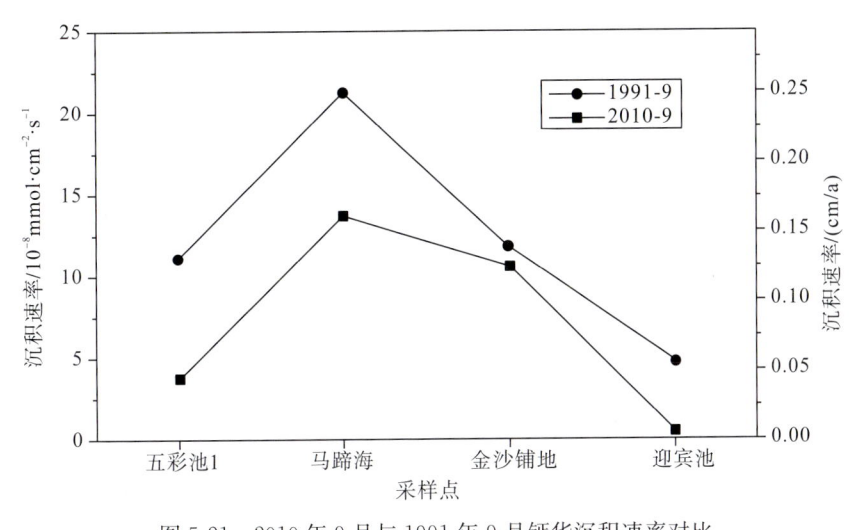

图 5-21 2010 年 9 月与 1991 年 9 月钙华沉积速率对比

注：争艳池 2010 年钙华沉积速率监测点位置与 1991 年不同，故未做比较

由图 5-21 可知，与 20 世纪 90 年代初相比，2010 年黄龙风景区各景点钙华沉积速率都出现了不同程度的下降，下降比例从 17.8% 到 89.5% 不等；其中沉积速率下降程度最大的两个点是迎宾池监测点和五彩池 1 号监测点，其钙华沉积速率分别下降了 89.5% 和 65.9%。

这一沉积速率改变从图 5-15 和图 5-22 也可窥见一斑，因为这两个监测点钙华表面被浓密生长的水藻所覆盖，宏观上几乎见不到有新的钙华沉积。

图 5-22 迎宾池采样点生长旺盛的黄色水藻

1. 水化学的时间变化

我们知道，影响钙华沉积速率的因素有很多，内在影响因素主要有温度、Ca^{2+} 浓度、饱和指数以及外在影响因素，如阻滞剂对钙华沉积速率的阻滞等。从前节分析可知，与 20 世纪 90 年代初相比，2010 年黄龙风景区各景点钙华沉积速率均出现了不同程度的下降，为了探索钙华沉积速率下降的真正原因（是内在因素发生了改变还是外在因素产生了影响），对 2010 年和 20 世纪 90 年代初同期同地点的天然水化学性质进行了对比分析，结果如图 5-23 所示。

从图中可以看出，与20世纪90年代初相比，在相同地点的四个采样点，不论是水温（WT）（可能与全球变暖有关）、钙离子浓度（可能与5·12汶川大地震影响有关，具体见文献（王海静等，2009；刘再华等，2011））还是饱和指数（SI$_c$）在2010年都表现出不同程度的升高，按理说这些因素的升高应该是促进钙华沉积，提高钙华沉积速率的（Dreybrodt，1988）。而事实上，从前节分析可知，钙华沉积却表现出不同程度的下降。

因此我们认为，近年来黄龙钙华沉积速率下降并不是地表溪流水天然水化学性质发生改变的结果。考虑到日益增强的旅游活动对黄龙水体造成的污染，黄龙风景区钙华沉积速率下降很可能是外在水质变化造成的，如水体中磷酸盐、溶解有机碳浓度的增加导致对钙华沉积的阻滞作用。

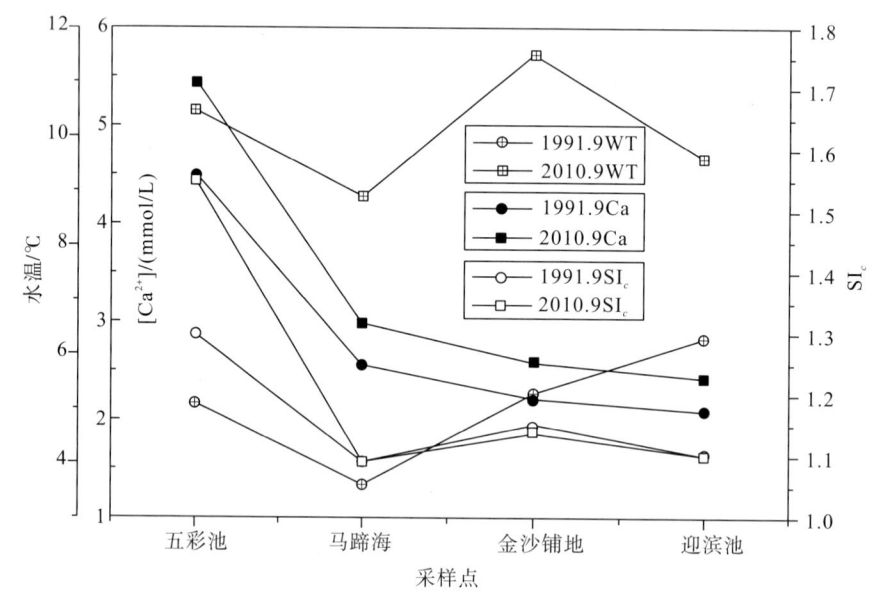

图 5-23 2010 年 9 月与 1991 年 9 月水化学特征对比
WT. 水温；Ca. 钙离子浓度；SI$_c$. 方解石饱和指数

2. 小结

在定量化对比分析了2010年和1991年黄龙风景区四个监测点的钙华沉积速率后发现，与1991年相比，2010年钙华沉积速率出现了明显的下降，其中下降比例最大的监测点是迎宾池和五彩池1号监测点，下降比例分别是89.5%和65.9%。为了探索造成沉积速率下降的真正原因，我们对比分析了1991年和2010年水化学特征，结果发现，无论是水温、钙离子浓度还是方解石饱和指数，2010年的内在水溶液性质都更加有利于钙华沉积。考虑到日益增强的旅游活动对黄龙水质造成的污染，我们推测近年来黄龙钙华沉积速率下降很可能是日益增加的旅游活动的结果。

5.5.3 阻滞剂对钙华沉积速率的影响

众所周知，水中溶解磷酸盐（Simkiss，1964；Nancollas et al.，1971；Otsuki et al.，1972；Reddy et al.，1973；Reddy，1977；Kitano et al.，1978；Wilken，1980；Nancollas et al., 1981; Ishikawa et al., 1981; Meyer, 1984; House et al., 1986; House, 1987, 1990; Buhmann et al., 1987; Giannimaras et al., 1987; Kleiner, 1988; Burton et al., 1990; Dove et al., 1993; Goudie et al., 1993; Gratz et al., 1993; Heath et al., 1995; Louwerse et al., 1995; Jonasson et al., 1996; Bono et al., 2001; Millero et al., 2001; Plant et al., 2002; Abdel-Aal et al., 2003; Lin et al., 2005, 2006; Rodriguez et al., 2008)、溶解有机碳(DOC)(Kitano, 1965; Otsuki et al., 1973; Suess, 1973; Berner et al., 1978; Richard et al., 1985; Inskeep et al., 1986; Zullig et al., 1988; Lebron et al., 1996, 1998; Hoch et al., 2000; Meldrum et al., 2001; Reddy et al., 2001; Lin et al., 2005; Westin et al., 2005)能强烈阻滞钙华沉积。由前面章节研究可知，近年来黄龙风景区各景点钙华沉积速率均出现了不同程度的减缓，考虑到日益增强的旅游活动对景区地表溪流水水质的影响，推测钙华沉积速率减缓很可能与水质变化有关，如阻滞剂(磷酸盐、溶解有机碳)阻滞钙华沉积。

为详细调查旅游活动对黄龙风景区各主要景点水质的影响程度以及是否对钙华沉积产生影响，本小节将对黄龙风景区五个主要景点逐一分析，以期得出详细的结论，从而为黄龙风景区各景点的保护及退化景观恢复提供科学、实用的理论支持。

1. 五彩池 1 号监测点

图 5-24 显示了五彩池 1 号采样点水中溶解有机碳、磷酸盐与降水量、游客人数间的关系。从中可以看出，随着游客人数的增减，水中溶解有机碳、磷酸盐浓度呈现出有规律的增减，说明旅游活动对该处水质已产生影响；特别是水中溶解有机碳，除个别数值外(国庆节期间)，其浓度变化几乎与游客人数呈现完全一致的变化趋势。例如从 5 月 20 日到 8 月 8 日，游客人数一直呈上升趋势，水中溶解有机碳也同样呈上升趋势，再如从 8 月 8 日到 9 月 18 日，游客人数先是下降后又逐渐上升，水中溶解有机碳变化趋势则与之完全一致；而对于磷酸盐，其浓度变化与游客人数变化趋势也基本一致，这一现象已在前面详细分析，在此不再赘述。在此需要说明的是，从图中可以看出，磷酸盐浓度变化往往滞后于游客人数的变化；例如对应于 8 月 8 日的游客高峰，五彩池 1 号采样点磷酸盐浓度峰值到 8 月 29 日才出现，这是因为 8 月 8 日前后黄龙风景区降水量偏少，降雨形成地面径流也小，因而对地面垃圾冲刷、溶解作用有限；之后，在强降雨冲刷、溶解作用下，方可使得前期旅游高峰产生的大量垃圾中所含有的磷酸盐溶解于雨水并进入钙华彩池。

因此，由 DOC、PO_4^{3-} 这两大主要阻滞剂浓度变化趋势与游客人数变化间的关系可以判定，DOC 很可能主要来源于游客在景区内产生的各种液态垃圾，如各种有机质饮料、饭店餐饮污水等，其所含 DOC 能很快流入钙华彩池中(例如据景区内的观察，许多游客将喝剩的饮料，环卫及餐饮工人将垃圾桶、洗涤餐具等所产生的污水直接倒入彩池)；而磷酸盐则很可能主要来源于旅游活动在景区内产生的固态垃圾，其所含磷酸盐在雨水的冲刷作用后才能溶解于水并流入钙华彩池。因而，对于"10 月 3 日出现的全年游客人数日最高峰，水中溶解有机碳浓度反而开始下降，而磷酸盐浓度出现峰值这一现象"就能很好理解了：这是因为在国庆期间，景区气温已经很低(日平均温度在 4℃ 左右)，导致游客饮用水量减少，游客带入景区饮料量减少，因而产生的液态垃圾也相应减少；但作为景区固态有机垃圾主要来源的固体食品仍然会随着游客人数的增加而增加，也正因为如此，水中溶解有机碳浓度在国庆节后开始下降而磷酸盐浓度却在 10 月 7 日出现全年峰值。

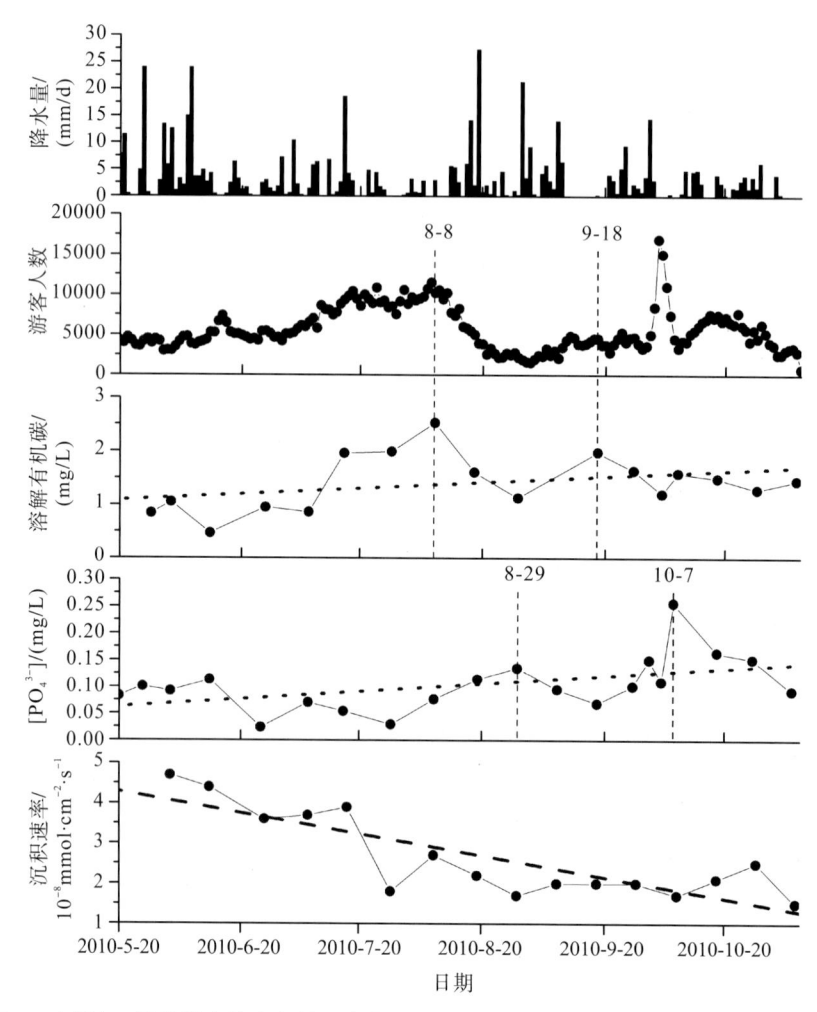

图 5-24　五彩池 1 号监测点游客人数、降水量对溶解有机碳、磷酸盐、钙华沉积速率的影响

2. 马蹄海监测点

图 5-25 显示了马蹄海监测点处水中溶解有机碳、磷酸盐与游客人数、降水量间的关系。从图中同样可以看出，随着游客人数的增减，水中溶解有机碳、磷酸盐浓度与游客人数间同样呈现有规律的增减趋势，说明旅游活动对此监测点水质同样产生影响；且 DOC、PO_4^{3-} 浓度变化趋势与游客人数间的关系与五彩池 1 号采样点处非常相似，即 DOC 与游客人数保持比较好的一致性，而磷酸盐则呈现出一定的滞后现象。例如在 8 月 8 日的游客人数高峰，DOC 也同样呈现出质量浓度高峰，而磷酸盐质量浓度高峰到 8 月 29 日才出现。

从图中我们也可以看出，降雨对该处水化学的影响非常明显，表现在对溶解有机碳和磷酸盐强烈的稀释作用，即 DOC、PO_4^{3-} 与降水量呈现出明显的负相关变化趋势，同时与五彩池1号采样点相比，水中DOC、PO_4^{3-}浓度也明显偏低；这一点从钙华沉积速率与降水量间的关系也可以明显看出，表现为降水量增加，沉积速率下降，降水量减少，沉积速率上升。

另外，从图5-25可以看出，在降水量相对较少的7月7日，8月8日和9月27日前后，水中溶解有机碳质量浓度也相对较高，这一监测结果也可进一步验证在上一节的推论，即溪流水中的DOC来自液体垃圾而磷酸盐来自固体垃圾。这是因为在黄龙风景区降雨较少时，气温就相对较高，从而游客饮用饮料也会较多，导致产生液体垃圾会相对较多，而磷酸盐来自固体垃圾，其在溪流水中的质量浓度只与产生的固体垃圾多少及降雨冲刷作用强度有关，而垃圾量的多少在一定程度上则与游客人数的多少呈正相关。

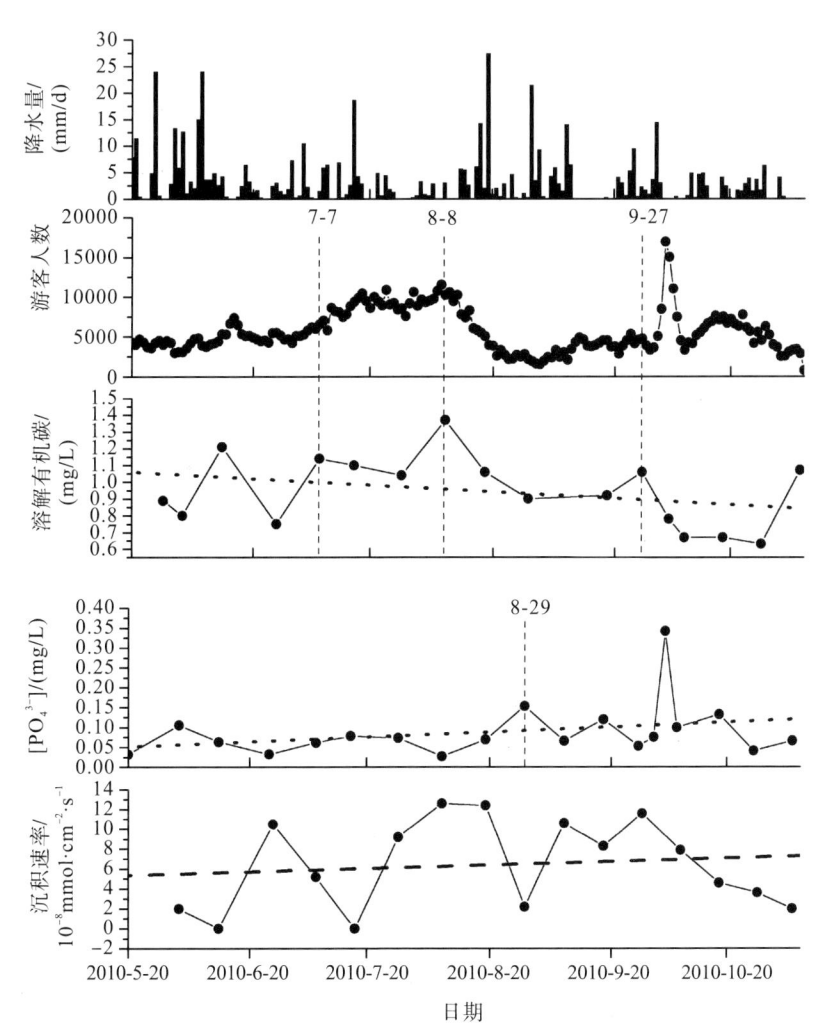

图5-25 马蹄海监测点游客人数、降水量对溶解有机碳、磷酸盐、钙华沉积速率的影响

3. 争艳池监测点

图5-26显示了争艳池监测点水中溶解有机碳、磷酸盐与降水量、游客人数间的关系，从图中垂直虚线分隔开的几个部分可以看出，水中溶解有机碳、PO_4^{3-}浓度变化趋势

与游客人数间呈现出非常明显的一致性,例如:一开始,随着游客人数的增加,水中 DOC、PO_4^{3-} 浓度也逐渐增加;而在第一和第二虚线段内,游客人数是先下降后上升,相应的 DOC、PO_4^{3-} 浓度也是先下降后上升;在第二和第三虚线段内,游客人数同样是先下降后上升,相应的 DOC、PO_4^{3-} 浓度也是先下降后上升;在实验最后时段,游客人数先上升后下降,从图中可以明显地看出,水中 DOC、PO_4^{3-} 浓度也是先上升后下降。

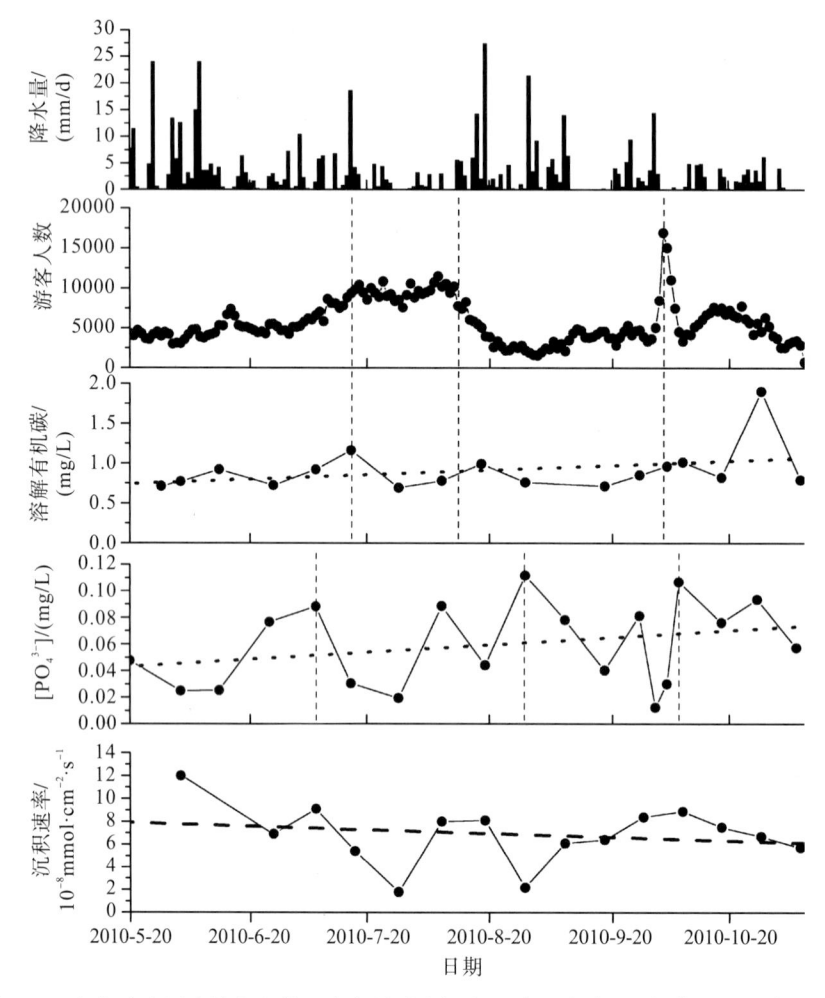

图 5-26 争艳池监测点游客人数、降水量对溶解有机碳、磷酸盐、钙华沉积速率的影响

因此,从水化学变化情况来看,旅游活动对此监测点同样产生了比较明显的影响。同样,降雨对该处水化学及钙华沉积速率同样表现出明显的稀释作用,例如从图中可以看出,对应几个降水量比较大的时间段,钙华沉积速率则明显下降。

4. 金沙铺地监测点

图 5-27 显示了金沙铺地监测点水中溶解有机碳、磷酸盐与降水量、游客人数间的关系。从图中可以看出,旅游活动对该处水化学产生的影响不是太明显,特别是水中溶解有机碳与游客量关系不明显,例如从图 5-27 中可以看出,在 9 月 20 日之前,水中 DOC 浓度变化不大,这可能是因为金沙铺地景点区域面积较大(上下游距离长约 1km,东西宽

约350m），溪流水对旅游活动产生的污染物稀释作用较强。同时，采样点远离旅游栈道，使得旅游活动对采样点水质影响也比较小。PO_4^{3-}浓度与游客人数间的关系相对于溶解有机碳则明显的多；例如从5月20日到7月16日，随着游客人数的上升和下降，PO_4^{3-}浓度呈现出非常一致的变化趋势；在7月16日到8月8日，黄龙风景区游客人数呈现凹形波峰，相应地，水中PO_4^{3-}浓度也呈现相同的变化形状；之后，随着景区游客人数的下降和上升，PO_4^{3-}浓度也呈现下降和上升的趋势（详见图中两条垂直虚线隔开的时间段部分）。相比之下，溶解有机碳质量浓度虽然也有这些变化趋势，但幅度要小很多。

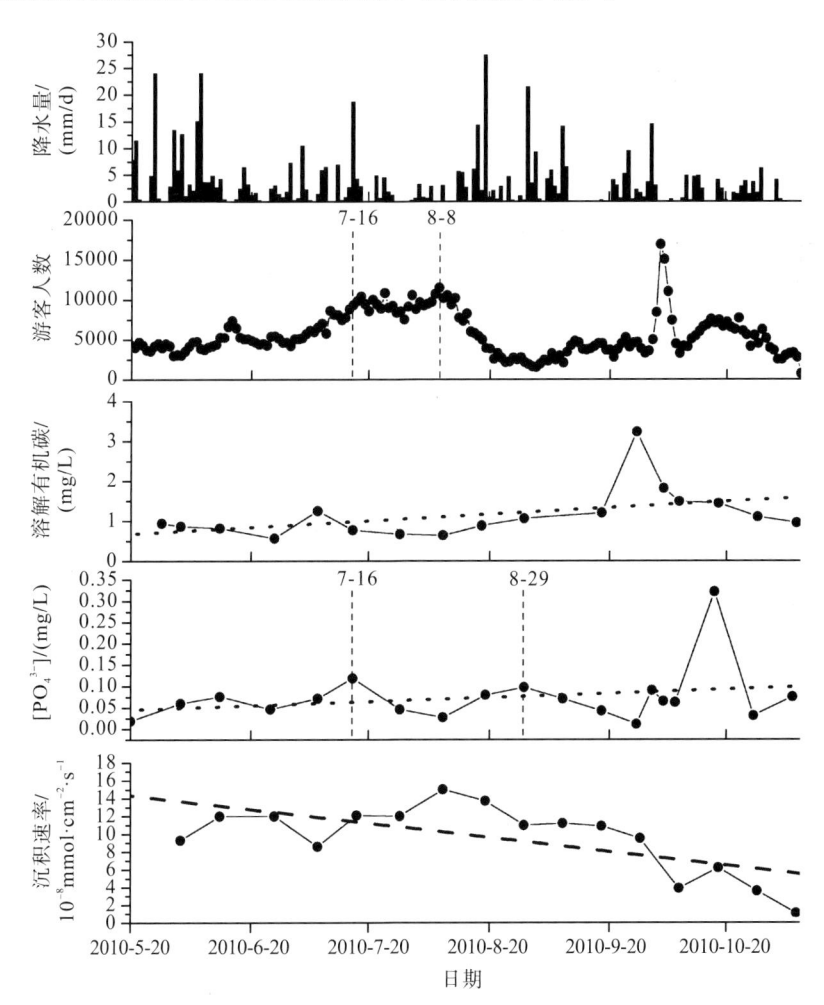

图5-27 金沙铺地监测点游客人数、降水量对溶解有机碳、磷酸盐、钙华沉积速率的影响

因此，金沙铺地水中PO_4^{3-}浓度与游客人数间的关系非常明显，而溶解有机碳则不明显，我们推测金沙铺地景点水中溶解磷酸盐可能受到上游景区内的固体垃圾污染物的影响，特别是上游旅游饭店产生的固体生活垃圾污染物的影响。

同样我们也注意到，此点PO_4^{3-}浓度变化趋势也滞后于游客人数的变化，例如对应于8月8日的游客人数高峰，PO_4^{3-}浓度高峰直到8月29日才出现，出现这种现象的原因同样是滞后的雨水对固体垃圾冲刷作用。

5. 迎宾池监测点

图 5-28 显示了迎宾池采样点处水中溶解有机碳、磷酸盐与降水量、游客人数间的关系，从图中可以看出，除个别数据外，水中溶解有机碳与游客人数呈现出完全一致的变化趋势，比如从 6 月 12 日到 7 月 28 日以及 7 月 28 日到 9 月 27 日（见图中两条垂直虚线隔开部分）；而对于 5 月 28 日到 6 月 12 日，水中溶解有机碳浓度明显偏高（见图中虚线椭圆包含部分），与游客量不一致，这是因为 6 月 12 日之前，迎宾池采样点处地表溪流水是由人工先用水管引至一片灌木林，在灌木林地表流淌大约 300m 后流入迎宾池，因此，根据有关研究（Baron et al.，1991），6 月 12 日之前水中溶解有机碳浓度明显偏高很可能是灌木林地表层溶解有机碳溶于水中的结果。9 月 27 日后水中溶解有机碳逐渐下降，这一点与五彩池等其他地点一样，主要是因为大气温度偏低，旅游活动产生的液体垃圾较少所致。对于水中磷酸盐，其变化趋势与游客量变化趋势也基本一致，如对应 7 月 28 日以及国庆期间出现的游客高峰，水中 PO_4^{3-} 浓度也同样出现明显高峰。

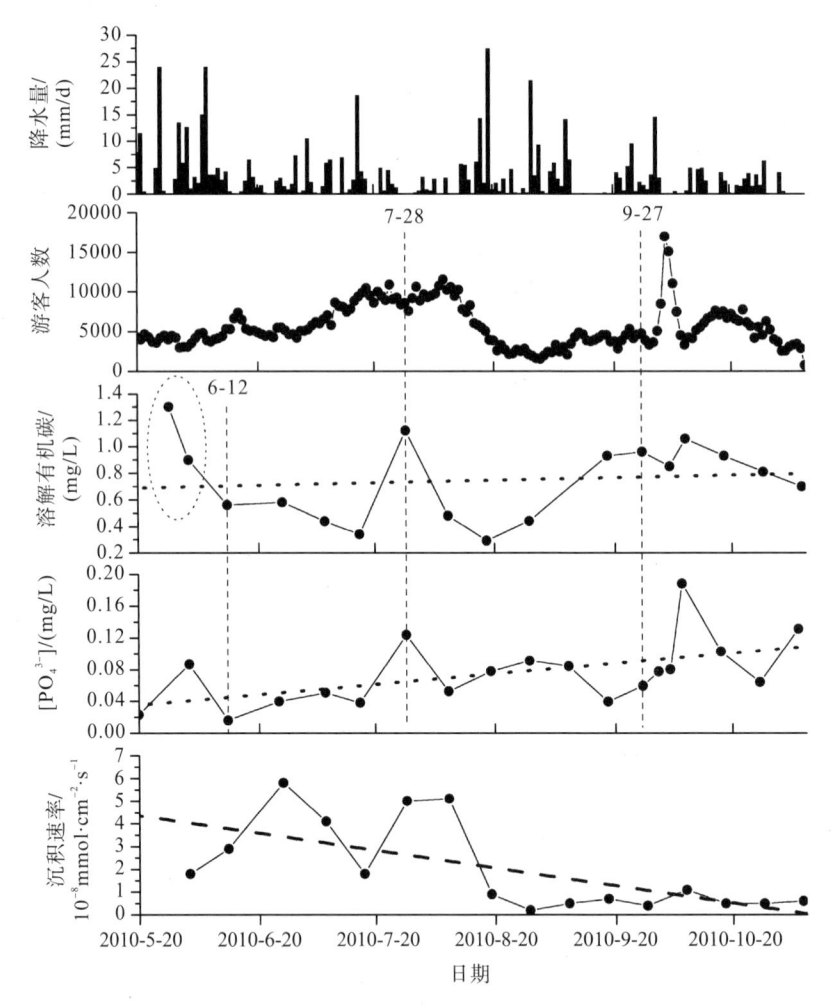

图 5-28　迎宾池监测点游客人数、降水量对溶解有机碳、磷酸盐、钙华沉积速率的影响

因此，从水中DOC、PO_4^{3-}浓度与游客人数间的关系来看，旅游活动同样对迎宾池处水化学产生明显的影响。

总之，在黄龙风景区的五个主要景点，由于过度旅游活动的影响，地表溪流水水质已不同程度地受到污染，特别是对钙华沉积有阻滞效应的磷酸盐、溶解有机碳两类阻滞剂，其浓度变化趋势在整个旅游季节基本与旅游活动强度保持一致。因此可以肯定，旅游等人类活动影响了黄龙风景区水质，导致钙华沉积阻滞剂（磷酸盐、溶解有机碳）进入地表溪流水。那么，这些阻滞剂对黄龙风景区各景点钙华沉积是否产生影响以及对各景点影响程度如何？下面就此问题进一步分析。

6. 阻滞剂对钙华沉积速率的影响

从图5-24~图5-28中PO_4^{3-}浓度、溶解有机碳质量浓度变化趋势与钙华沉积速率变化趋势可以看出，五彩池1号采样点（图5-24）、迎宾池（图5-28）两处钙华沉积速率与DOC、PO_4^{3-}浓度呈现出明显的负相关变化趋势，说明此两处钙华沉积受到DOC、PO_4^{3-}明显阻滞，且后者的阻滞作用更加明显（这从水中PO_4^{3-}浓度低于溶解有机碳浓度即可看出），这与相关文献（Lebron et al.，1996；Hoch et al.，2000；Lin et al.，2006）的研究结论是一致的。同时，据下文分析可知，金沙铺地采样点钙华沉积主要受水温控制，因而可能是温度效应掩盖了DOC、PO_4^{3-}两阻滞剂对钙华沉积的部分阻滞效应，使得该采样点钙华沉积与DOC、PO_4^{3-}浓度呈现微弱的负相关性（图5-27）；对于马蹄海（图5-25）、争艳池（图5-26）两采样点，虽然旅游活动对水化学同样产生了一定的影响，但由图中钙华沉积速率变化趋势线和两阻滞剂浓度变化趋势线可以看出，DOC、PO_4^{3-}对钙华沉积似乎并无明显的阻滞作用，这是因为此两处钙华沉积主要受降雨稀释作用控制（由图中钙华沉积速率与降水量呈负相关变化趋势即可以看出），因而稀释效应可能完全掩盖了阻滞效应。

由上面的分析可知，在整个黄龙风景区，旅游活动对各景点钙华沉积都产生了影响，其中影响最大的两个点是五彩池1号采样点和迎宾池两处；其他景点处水化学虽然也受到旅游活动的影响，但可能是因为钙华沉积其他控制因素（如温度、降雨）掩盖了阻滞效应，使得阻滞效应没有表现出来（如马蹄海、争艳池两处）或表现不明显（如金沙铺地处）。

为了更加定量表达DOC、PO_4^{3-}对黄龙钙华沉积速率的阻滞效应，我们用SPSS统计分析软件对阻滞作用最明显的五彩池和迎宾池两处钙华沉积速率进行了回归分析，结果如表5-1所示。

表5-1 五彩池、迎宾池两处钙华沉积速率回归方程

地点	回归方程	复相关系数	F值
五彩池	$R=5.005-7.341[PO_4^{3-}]-1.058[DOC]$	0.621	3.768
迎宾池	$R=3.070-11.048[PO_4^{3-}]-0.171[DOC]$	0.265	0.453

从表5-1可知，五彩池、迎宾池两处钙华沉积速率R明显受到磷酸盐、溶解有机碳的阻滞影响，且磷酸盐的阻滞作用更强（由磷酸盐项系数绝对值较大可知），这与上面图形分析中得出的结论是一致的；另外，由F值可知，迎宾池处回归方程可信度不高，这可能主要是因为6月12日之前水中DOC主要来自地表层，浓度偏高影响的结果，亦或

是别的影响因素影响的结果（温度、流速以及 CO_2 脱气速率等），但根据上文提到的相关文献理论基础（磷酸盐和溶解有机碳对钙华沉积都有阻滞作用），此方程仍是可接受的。

7. 小结

在黄龙风景区五个主要景点 2010 年水化学与游客人数关系对比分析的基础上，我们发现景区各景点地表水水质都不同程度地受到污染（表现在水中磷酸盐、溶解有机碳浓度与游客人数有规律性的波动）；为了研究这种水质变化对钙华沉积速率是否产生影响及影响程度，我们进一步对比分析了阻滞剂浓度与钙华沉积速率间的关系，结果发现，在五彩池 1 号采样点和迎宾池采样点，阻滞剂对钙华沉积速率影响最为显著；金沙铺地采样点受阻滞影响相对偏弱，而马蹄海、争艳池采样点阻滞作用则没有表现出来，这可能是因为控制钙华沉积的其他因子，如温度、降雨稀释作用部分或全部掩盖阻滞作用的结果。

因此，为了黄龙风景区钙华景观的可持续利用，我们应特别关注人类活动对五彩池、迎宾池的影响；金沙铺地景点由于地域面积较大，旅游活动对钙华沉积影响相对较弱；而对于马蹄海和争艳池两处景点，在地表水对阻滞剂强烈稀释作用下，阻滞剂对钙华沉积阻滞作用未能表现出来。

5.5.4 钙华沉积速率主要影响因素的辨析

由上述分析可知，由于过度旅游活动的影响，黄龙风景区各景点地表溪流水水质已受到不同程度的污染，特别是对钙华沉积有阻滞作用的磷酸盐、溶解有机碳质量浓度在水中含量的增加，已不同程度地影响了钙华沉积。根据岩溶动力学有关理论（Dreybrodt，1988），在岩溶水环境下，方解石沉积速率主要影响因素有饱和指数（SI_c）、钙离子浓度、温度、水动力条件和阻滞剂。为了更好地保护黄龙钙华景观从而实现其可持续利用，有必要对黄龙风景区各景点钙华沉积速率主要控制因素进行分析。

下面，我们将在前面章节分析的基础上，归类分析水温、降雨稀释以及磷酸盐阻滞在黄龙风景区各景点钙华沉积中的作用。

1. 水温对钙华沉积的主导控制

图 5-29 显示了五彩池 3 号采样点钙华沉积速率从 5 月 23 日～11 月 7 日的变化及其与同期的降水量、水温、电导率和饱和指数间的关系。由图中 8 月 8 日那条垂直虚线分开的两部分可知，在图的左边，随着水温逐渐升高（5 月 23 日～8 月 8 日），钙华沉积速率逐渐上升，之后随着温度逐渐下降（8 月 9 日～11 月 7 日），钙华沉积速率也呈现下降趋势。虽然我们也注意到，从 8 月 9 日到 9 月 23 日，钙华沉积速率逐渐降到了整个实验周期的最低点，明显大于同期温度下降幅度，这一方面是因为 8 月 12 日到 9 月 9 日连续阴雨天气的影响，水温下降明显，如 8 月 21 日和 9 月 3 日（见图中两向下箭头所示）；另一方面，由于大量降雨，对溪流水的稀释作用增强这一点可从钙离子浓度在降雨作用下出现波动可知，从表面来看这一时间段内钙华沉积似乎受水温和降雨两个因素共同控制，但从水温及钙华沉积两者变化趋势来看，例如在 8 月 21 日和 9 月 3 日前后，温度都是先下降后升高，对应的钙华沉积速率也呈现相同的变化趋势，因此可以断定，即使钙华沉

积速率在此时间段内出现了较大幅度的下降，但其主导控制因素仍然是水温。这一结论我们从 9 月 3 日水中钙离子浓度出现一小的峰值也可反推出来，如果降雨稀释作用主导控制钙华沉积，则 9 月 3 日前后在强降雨稀释作用下，水中钙离子浓度就不可能出现峰值，而之所以出现峰值，是因为此时温度较低（见图中向下箭头所示），导致钙华沉积速率下降，水中钙离子因未沉积而出现浓度峰值。9 月 23 日后，钙华沉积速率再次加快，这是因为此时降水量明显减少，温度效应再次增强的结果。

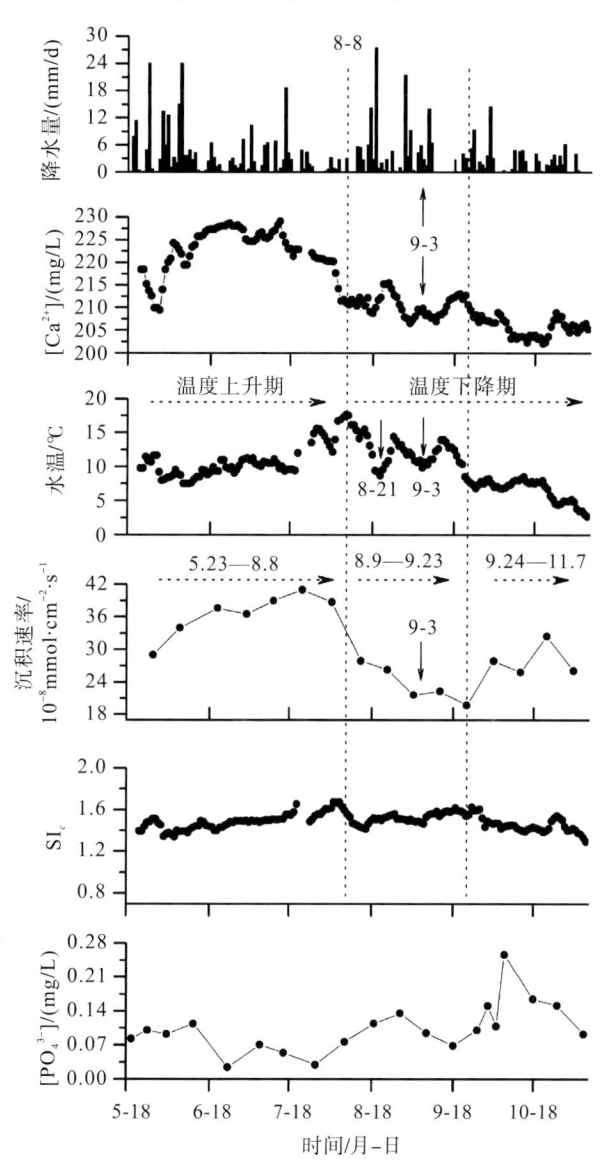

图 5-29　五彩池 3 号采样点钙华沉积速率与相关影响因素关系：温度效应主导型

图 5-30 显示了金沙铺地取样点 5 月 23 日到 11 月 7 日钙华沉积速率时间变化及其与同期的降雨、水温、钙离子浓度和饱和指数关系；从图中我们也可以看到两个明显的时期：即温度上升期和下降期；在温度上升期，随着水温逐渐升高（反映周围大气温度的影响），CO_2 脱气过程加快，提高方解石饱和程度，钙华沉积速率逐渐加快；之后，随着秋冬季节的

到来，水温开始下降，沉积速率则与之呈现相同的下降趋势。在图中温度上升和下降两个趋势段内部，我们也发现一些温度波动，如图中两条垂直向下箭头所示低温期，与之相对应，钙华沉积速率也呈现下降趋势，这也说明了温度对此景点钙华沉积速率的主导控制。

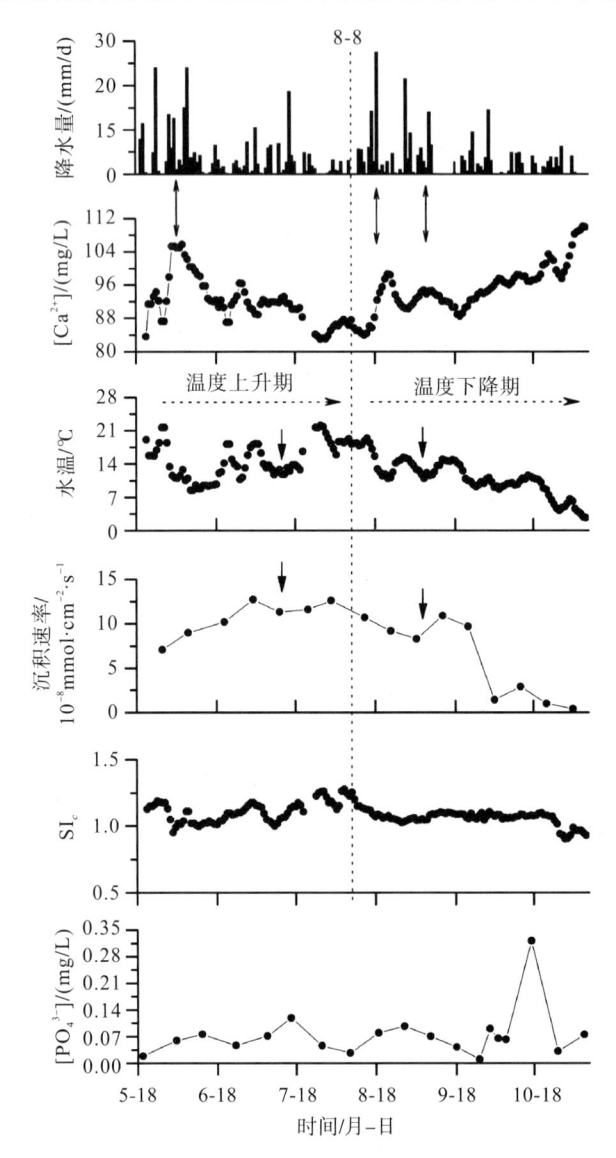

图 5-30 金沙铺地采样点钙华沉积速率与相关影响因素关系：温度效应主导型

图中也显示了 Ca^{2+} 浓度在整个实验周期中的变化趋势，其变化趋势与水温和钙华沉积速率变化趋势正好相反，说明其下降或上升主要是由于钙华沉积导致水中 Ca^{2+} 和重碳酸根离子浓度变化的结果，而不是出自降雨的稀释作用。正如图中三条双箭头垂直线所示，在降雨明显的情况下，水中 Ca^{2+} 浓度反而升高，而在降雨减少时 Ca^{2+} 浓度反而下降。这是因为降雨时温度偏低，降低了钙华沉积速率，则水中 Ca^{2+} 浓度升高，而天晴时水温相对较高，钙华沉积速率则加快，水中 Ca^{2+} 浓度由于沉积则下降，这一现象也可间接说明此处钙华沉积主要受水温控制。

从图 5-29 和图 5-30 也可看出，此两处水中 PO_4^{3-} 浓度较低，均低于 $1\mu mol/L$，因此抑制钙华沉积能力有限。

由上面分析可知，在五彩池 3 号采样点和金沙铺地景点，钙华沉积主要受水温控制，此种钙华沉积类型可以定义为水温效应主导型。

2. 降雨稀释作用对钙华沉积的主导控制

图 5-31 显示了马蹄海处从 5 月 23 日到 11 月 7 日钙华沉积速率的时间变化及其与同期的降水量、水温、Ca^{2+} 浓度和饱和指数的关系；从图中可以看出，在马蹄海处，钙华沉积速率与降水量呈现出明显的负相关性，即降雨的稀释效应在整个钙华沉积控制因素中占据了主导控制地位。这一结论从钙华沉积速率与降水量间的关系即可明显看出，例如，从图中 A、B、C、D 四个垂直虚线箭头所示时间可以看出，在降雨强的情况下，钙

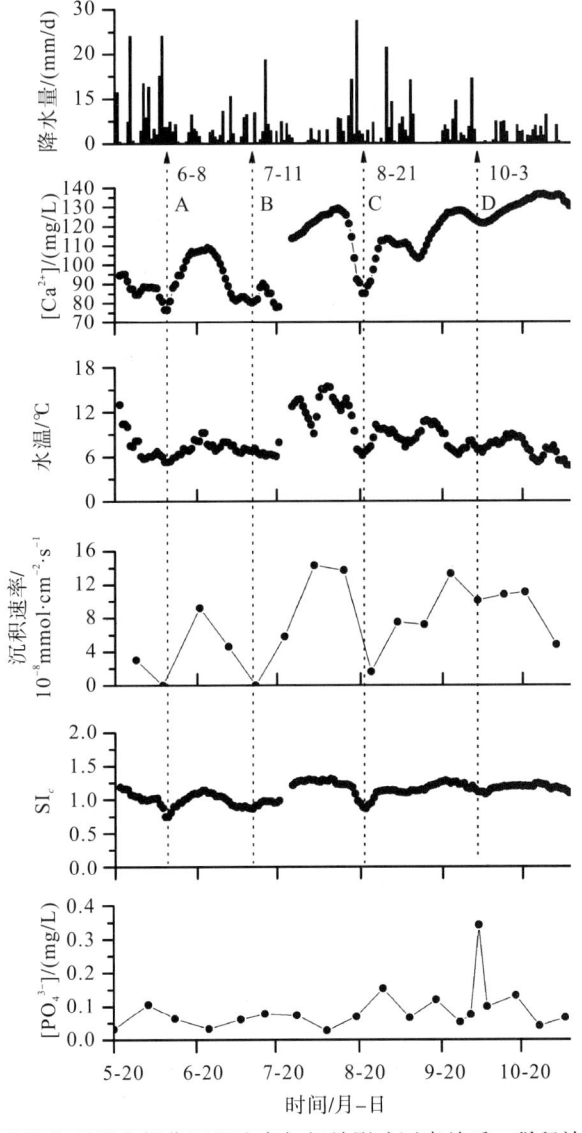

图 5-31 马蹄海采样点钙华沉积速率与相关影响因素关系：稀释效应主导型

华沉积速率迅速下降；另一方面，我们从 Ca^{2+} 浓度与降水量间的关系也可看出，随着降水量的增加和减少，Ca^{2+} 浓度也呈现出有规律的减少和增加。这一现象与在上一节中分析的 Ca^{2+} 浓度与温度呈现负相关变动趋势明显不一样，因为在水温主导控制的钙华沉积机制下，Ca^{2+} 浓度随着水温的增加而下降，是由于钙华沉积降低了水中的 Ca^{2+} 浓度；但在降雨稀释效应主导控制的沉积机制下，例如此景点，沉积速率主要受控于降水量这一因素，是雨水稀释作用降低了水中的 Ca^{2+} 和重碳酸根离子浓度，而对应于水温，Ca^{2+} 浓度则与之呈现出一致的变化趋势。

我们再来考察一下钙华沉积速率与 Ca^{2+} 浓度间的关系，从图中可以看出，Ca^{2+} 浓度与钙华沉积速率变化趋势几乎一致。这就是说，随着钙华沉积速率的加快，水中 Ca^{2+} 浓度也相应升高。这种情况只可能在如下情况下发生：即由于钙华沉积从水溶液中减少的 Ca^{2+} 量小于补给源补给量或者说降雨稀释作用减弱导致 Ca^{2+} 增加量大于钙华沉积导致的 Ca^{2+} 浓度减少量的情况下发生；即雨水稀释作用主导了水中的 Ca^{2+} 浓度从而进一步控制了钙华沉积。因此我们认为，马蹄海处的钙华沉积主要由雨水稀释作用控制。

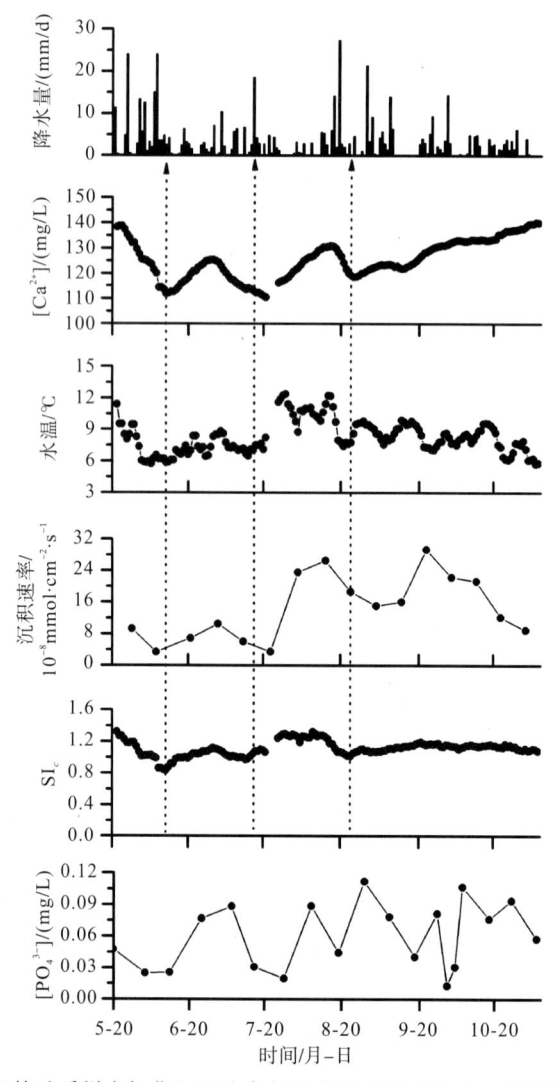

图 5-32 争艳池采样点钙华沉积速率与相关影响因素关系：稀释效应主导型

图 5-32 显示争艳池处从 5 月 23 日到 11 月 7 日钙华沉积速率的时间变化及其与同期的降水量、水温、Ca^{2+} 浓度和饱和指数的关系。从图中可以看出，随着降水量的增加，水中 Ca^{2+} 浓度、钙华沉积速率也相应下降（如图中三条垂直虚线箭头所示），而 Ca^{2+} 浓度与钙华沉积速率则表现出一致的变化趋势，说明在争艳池监测点，钙华沉积速率也主要受控于雨水的稀释作用。

因此我们认为，马蹄海和争艳池两景点处钙华沉积主要受控于降雨稀释作用，可定义为稀释效应主导型钙华沉积。

3. 阻滞作用对钙华沉积的主导控制

图 5-33 显示了迎宾池景点处钙华沉积速率的时间变化及其与同期的降水量、水温、钙离子浓度和饱和指数的关系。如图所示，从 8 月 20 日到 9 月 20 日，水温相对较高，虽

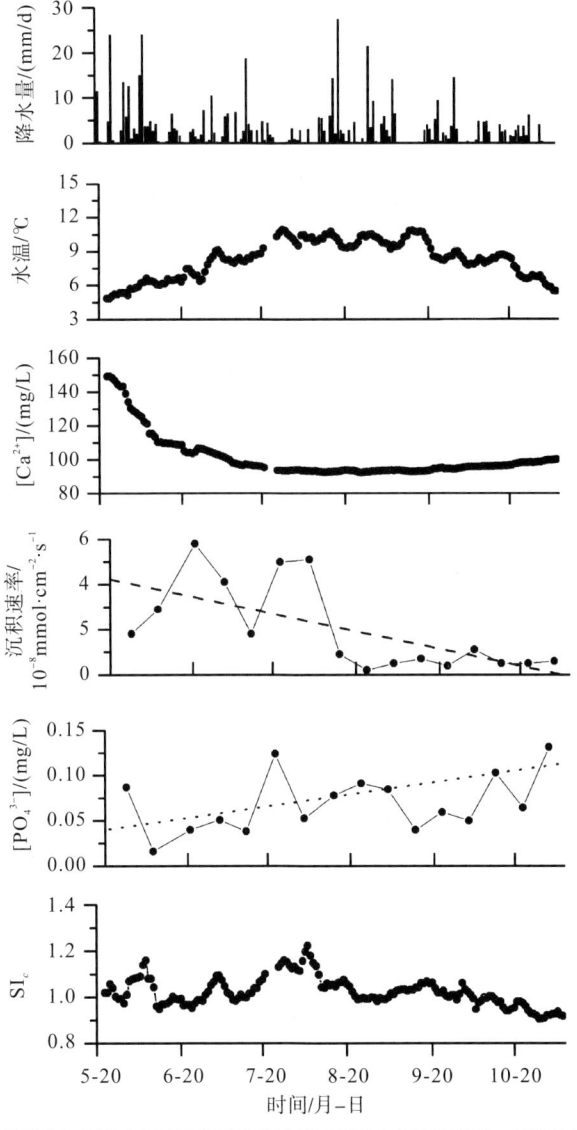

图 5-33 迎宾池采样点钙华沉积速率与相关影响因素关系：阻滞效应主导型

然钙离子浓度较低但比较稳定,且此时饱和指数也大于1。因此在正常情况下,钙华沉积速率应该很快,然而事实正好相反,此时沉积速率却下降到了最低点(小于1×10^{-8}mmol·cm^{-2}·s^{-1})。然而我们也注意到,在相似条件下的7月份,钙华沉积速率则要比此时大一个数量级。分析其原因,从图中可以看出,在所有的影响因素中,唯一发生变化的只有PO$_4^{3-}$浓度,其值随时间推移有逐渐上升的趋势(见图中浓度变化趋势线)。据Bono等(2001)的研究,当水中PO$_4^{3-}$浓度达到0.1mg/L时即可抑制钙华沉积,PO$_4^{3-}$浓度值在迎宾池溪流水中也基本达到这一阈值,因此我们推测,磷酸盐可能阻滞了此处钙华沉积,而此处钙华沉积速率变化趋势与PO$_4^{3-}$质量浓度变化趋势呈负相关则进一步证明了我们的推测。

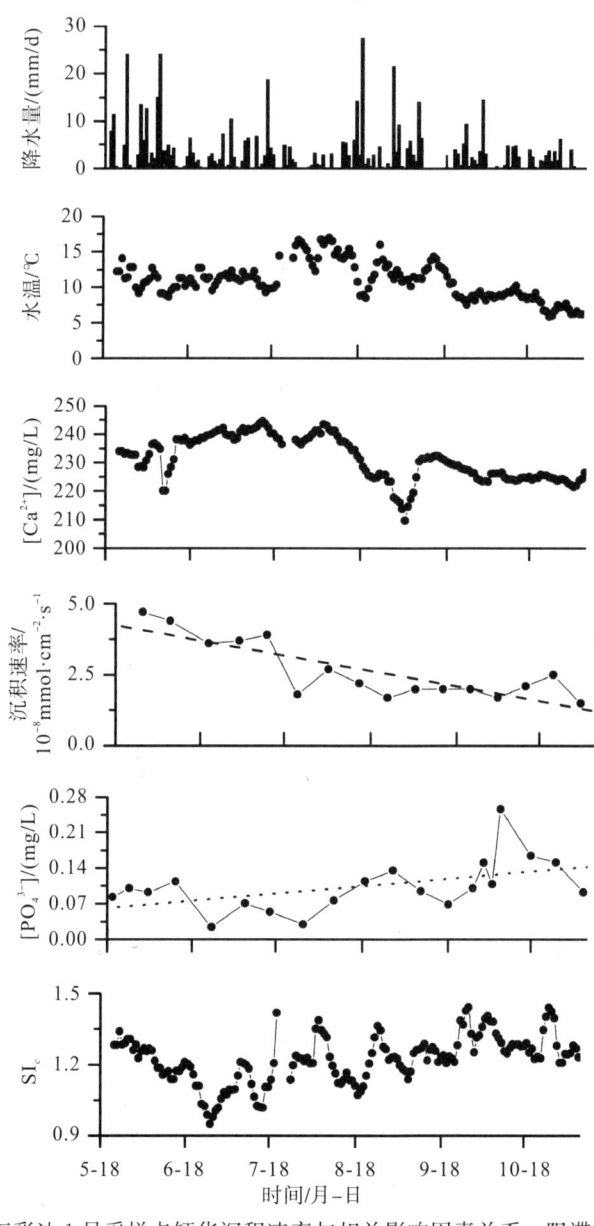

图5-34 五彩池1号采样点钙华沉积速率与相关影响因素关系:阻滞效应主导型

图 5-34 显示了五彩池 1 号采样点钙华沉积速率的时间变化及其与同期的降水量、水温、Ca^{2+} 浓度和饱和指数的关系；从图中可以看出，此处的情况和迎宾池相似，例如从 5 月到 8 月，池水方解石饱和指数比较低，而在之后的 8 月到 10 月，池水中方解石饱和指数则比较高(超过 1.25)。按常理，钙华沉积速率也应是这个趋势，然而事实则正好相反，钙华沉积速率在饱和指数较低的不利情况下(沉积速率>3.7mmol·cm^{-2}·s^{-1})反而比在饱和指数较高的情况下(<2.5mmol·cm^{-2}·s^{-1})大。分析其原因，我们从图中看到，虽然在后一种情况下饱和指数较大，但 PO_4^{3-} 浓度也达到了较高的水平(>0.14mg/L)，这再一次证明了磷酸盐阻滞了钙华沉积。

因此我们认为，在黄龙风景区迎宾池景点和五彩池景点 1 号采样点处，水中磷酸盐阻滞效应已主导控制了钙华沉积，在此可定义为阻滞效应主导型钙华沉积。这与前面的研究结果(即与 20 世纪 90 年代初相比，五彩池 1 号采样点和迎宾池钙华沉积速率下降最大)是一致的。

4. 小结

在前面相关章节分析基础上，我们详细分析了三类主要影响因素(即水温、降雨和磷酸盐阻滞剂)对黄龙钙华沉积速率的影响，并在此基础上把黄龙风景区各景点钙华沉积速率主导控制因素分为三类，它们分别是水温效应主导型钙华沉积(金沙铺地和五彩池 3 号采样点处)、降雨稀释效应主导型钙华沉积(马蹄海和迎宾池)以及磷酸盐阻滞效应主导型钙华沉积(迎宾池和五彩池 1 号采样点处)。各景点钙华沉积速率主导控制因素的提出，必将为黄龙钙华景观的保护及退化景观的修复措施的制定提供更加有效、实用的科学依据。而对于受到人类活动影响比较严重的五彩池 1 号和迎宾池景点则更应引起相关部门的高度注意。

5.6 景观保护与修复建议

5.6.1 景观演化趋势分析

水是钙华景观的"灵魂"，缺少富含 Ca^{2+} 和 HCO_3^- 岩溶水的涵养，钙华景观将很快退化。根据前面分析，近年来黄龙风景区地表水有加速垂直下漏的趋势，这必然导致中、下游地表溪流水流量减少，导致地表钙华沉积量减少，降低钙华景观形成与自我修复能力，而地表水转化为地下水后由于环境的改变，可能变成不饱和的、具有侵蚀性的岩溶水，从而进一步侵蚀已有的钙华，降低钙华致密性，加快钙华漏斗的形成，致使地表水更加快速地转化为地下水。因此，这一演变趋势如果得不到改变，黄龙风景区将会干枯、死亡。而人类活动(如工程建设、采矿等)的影响则进一步加快了这种演变。

在旅游活动影响下，水质受到污染，部分景观钙华沉积受到阻滞，如果不加强地表水水质保护，黄龙钙华景观即使在有地表水涵养的情况下，钙华景观也将快速退化。因此，虽然黄龙钙华景观现今处于"沉积"与"溶蚀"动态平衡的相对稳定阶段(石岩，

2005；姜泽凡等，2008；李前银等，2009），但在人类活动影响下，黄龙钙华景观退化现象也会越来越明显。

5.6.2 景观保护措施建议

黄龙风景区钙华景观是数以万年独特的地质作用的产物，其生命具有脆弱性和不可再生性，若开发不当，短时间内将会遭到破坏且很难恢复。为了实现景观的可持续发展，正确协调处理"经济发展与环境保护"的关系，尤以强调预防为主的思想将显得特别重要，为此建议采取以下措施：①加强流量的连续动态监测，准确掌握地表水、地下水流量动态变化规律，为下一步开展工程堵漏提供依据；②加大地表水水质监测，为地表水水质保护和有针对性的采取措施提供科学依据；③充分考虑景区游客容量，控制游客人数，减少游客对景观的人为破坏(如对钙华表面的踩踏、生活污水直接倒向钙华彩池等)；④严格控制各类工程建设活动，降低其对景区钙华景观的影响(如工程活动对地表钙华景观的直接破坏、工程活动产生的震动对钙华致密性的影响等)。同时严禁在景区地表水、地下水流域范围内的各类矿产开采活动，避免这类活动对景区水质和水循环的影响；⑤加强风景区周围森林资源的保护。森林植被可以涵养大气降水，对地表径流起到"降峰峭谷"的作用，因此可以降低沟谷洪水对黄龙钙华景观的冲刷破坏作用，且在降雨不足时也能为景区提供涵养地表水；⑥加强对进入景区人员的环境保护宣传和教育，不断提高整体保护景观能力。

第6章 钙华研究展望

由于CO_2分压不同，钙华沉积速率、$\delta^{18}O$和$\delta^{13}C$及其控制机理也在发生变化，因此作为两大类钙华的表生和内生钙华因CO_2分压的不同（通常表生系统中的CO_2分压远低于内生系统，后者可达前者的10~100倍，刘再华等，2000），它们的成因及其指代的气候环境意义也可能完全不同。

过去的绝大多数研究既未能对两类钙华成因机理的差异给予清晰的区分，又未能在利用钙华进行古气候环境重建时对钙华形成作"将今论古"的试验观测，以检验同位素平衡（与钙华沉积速率有关）与否，因而研究结论可能是含混不清，甚至是错误的。

具体问题可归结为对钙华沉积的"三控制，一关系"（即：钙华沉积气候环境代用指标（包括钙华沉积速率、$\delta^{18}O$和$\delta^{13}C$等）的水动力控制、表面控制和CO_2慢速转换控制及其条件，以及这些指标与气候、土地利用和构造活动的定性或定量关系）认识不清，或基本无认知，现分述如下。

(1) 不同温度和CO_2分压下钙华沉积速率的表面控制和CO_2慢速转换控制及其条件。目前，实验室条件下的钙华沉积速率的控制机理已了解得比较清楚，但野外条件下，仅对钙华沉积速率的水动力控制有一些认识，而表面控制（包括实验室发现的PO_4^{3-}和DOC阻滞控制）和CO_2慢速转换控制（如水生生物碳酸酐酶催化控制）则至今未曾有专门研究报道。由于钙华能否达到同位素平衡（古气候重建的前提条件，Andrews，2006）取决于钙华沉积的速率，因此不同温度和CO_2分压下钙华沉积速率的控制机理，特别是表面控制和CO_2慢速转换控制，仍有待野外大量的实验观测工作来揭示。

(2) 不同温度和CO_2分压下钙华$\delta^{18}O$和$\delta^{13}C$等的水动力控制、表面控制和CO_2慢速转换控制及其条件。这方面系统的工作，无论是在实验室条件还是野外条件下，都基本是空白。

(3) 钙华沉积速率、$\delta^{18}O$和$\delta^{13}C$等与气候、构造活动和土地利用的定性或定量关系。钙华沉积速率、$\delta^{18}O$和$\delta^{13}C$等可能受气候（温度、降水量）、构造活动（决定钙华的成因类型）和土地利用（影响水动力条件、系统CO_2浓度和阻滞离子浓度等）等气候环境因子（涉及大气圈、水圈、岩石圈和生物圈各层圈）的共同影响（气候环境因子主要通过影响水化学及其同位素实现对钙华沉积速率、$\delta^{18}O$和$\delta^{13}C$等的控制），或受某一因子影响为主。因此有必要进行特定地区的现代试验观测研究以厘定出是全球气候因子影响为主，还是其他地区性环境因子影响为主。只有这样，利用钙华进行古气候环境重建研究得到的结论才有扎实的科学基础和可信度，而这方面正是以往古气候环境重建研究最薄弱的环节。

总之，钙华沉积的"三控制"是其"一关系"建立的必要前提。无疑，这方面的突破将为利用钙华记录高分辨率辨析我国季风气候对全球变化的响应规律和可能的机制提供新的科学支撑。

参 考 文 献

丛海兵，黄廷林，周真明，等. 2007. 藻类叶绿素测试新方法. 给水排水，6：28～32.

戴荣继，佟斌，黄春，等. 2006. HPLC 测定饮用水中藻类素含量. 北京理工大学学报，1：87～89.

官致君. 2003. 四川地区水化学短期异常指标与地震预测方法. 四川地震，4：21～27.

郭建强，彭东. 2002. 松潘黄龙水循环及钙化景观成因研究. 四川地质学报，22(1)：21～26.

何宏林，孙昭民，王世元，等. 2008. 汶川 MS 8.0 地震地表破裂带. 地震地质，30(2)：359～362.

姜泽凡，刘艳梅，胥良，等. 2008. 黄龙钙华景观形成及演化趋势研究. 水文地质工程地质，1：107～111.

李建平，吴立波，戴永康，等. 2007. 不同氮磷比对淡水藻类生长的影响及水环境因子的变化. 2：342～346.

李景阳. 1979. 黄后地下水系及其开发利用. 岩溶科技动态，1：1～11.

李前银，范崇荣. 2009. 黄龙景区水循环系统与景观演化研究. 水文地质工程地质，(1)：108～112.

李强. 2004. 水生藻类的碳酸酐酶(CA)对碳酸钙沉积速率控制的试验研究. 桂林：广西师范大学硕士学位论文.

梁永平，高洪波，张江华，等. 2005. 娘子关泉流量衰减原因的初步定量化分析. 中国岩溶，24(3)：227～231.

刘春光，金相灿，孙凌，等. 2006. 同氮源和曝气方式对淡水藻类生长的影响. 环境科学，1：101～104.

刘再华. 1989. 娘子关泉群水的来源再研究. 中国岩溶，8(3)：200～207.

刘再华. 1992. 桂林岩溶水文地质试验场岩溶水文地球化学的研究. 中国岩溶，11(3)：209～217.

刘再华. 2008. 再论黄龙钙华的成因——回应周绪纶先生"黄龙钙华是热成因还是冷成因——高寒岩溶气源之一"一文. 中国岩溶，27(4)：388～390.

刘再华. 2014. 表生和内生钙华的气候环境指代意义研究进展. 科学通报，23：2229～2239.

刘再华，Dreybrodt W. 2002. 方解石沉积速率控制的物理化学机制及其古环境重建意义. 中国岩溶，21(4)：252～257.

刘再华，Wolfgang Dreybrodt. 2007. 岩溶作用动力学与环境. 北京：地质出版社.

刘再华，袁道先，Dreybrodt W，等. 1993. 四川黄龙钙华的形成. 中国岩溶，12(3)：185～191.

刘再华，袁道先，何师意. 1997. 不同岩溶动力系统的碳稳定同位素和地球化学特征及其意义以我国几个典型岩溶地区为例. 地质学报，71：281～288.

刘再华，袁道先，何师意，等. 2000. 地热 CO_2－水－碳酸盐岩系统的地球化学特征及其 CO_2 来源. 中国科学(D辑)，30(2)：209～214.

刘再华，张美良，游省易，等. 2002. 云南白水台钙华景区的水化学和碳氧同位素特征及其在古环境重建研究中的意义. 第四纪研究，22(5)：459～467.

刘再华，袁道先，何师意，等. 2003. 四川黄龙沟景区钙华的起源和形成机理研究. 地球化学，32：1～10.

刘再华，戴亚南，林玉石. 2004. 水化学和钙华碳氧稳定同位素在古环境重建中的应用——以贵州荔波小七孔景区响水河为例. 第四纪研究，24(4)：447～455.

刘再华，Yoshimura K，Inokura Y，等. 2005a. 四川黄龙沟天然水中的深源 CO_2 与大规模的钙华沉积. 地球与环境，33(2)：1～10.

刘再华，李强，孙海龙，等. 2005b. 云南白水台钙华水池中水化学日变化及其生物控制的发现. 水文地质工程地质，35(6)：10～15.

刘再华，李红春，游镇烽，等. 2006. 云南白水台现代内生钙华微层的特征及其古气候重建意义. 地球学报，27(5)：479～486.

刘再华，孙海龙，张金流. 2009a. 山西娘子关泉钙华记录的 MIS12/11 以来的气候和植被历史. 地学前缘，16：99～106.

刘再华，田友萍，安德军，等. 2009b. 世界自然遗产——四川黄龙钙华景观的形成与演化. 地球学报，30(6)：841～847.

卢国平. 1994. 四川黄龙—九寨自然风景区冷水型钙华成因的水文地球化学研究. 矿物岩石, 14(003): 71~78.
吕保樱, 刘再华, 廖长君, 等. 2006. 水生植物对岩溶水化学日变化的影响. 中国岩溶, 25(4): 335~340.
吕洪刚, 张锡辉, 郑振华, 等. 2005. 原水藻与叶绿素a定量关系的研究. 给水排水, 2: 26~31.
罗固源, 朱亮, 季铁军, 等. 2007. 不同磷浓度和曝气方式对淡水藻类生长的影响. 重庆大学学报(自然科学版), 2: 86~88.
潘根兴, 何诗意, 曹建华, 等. 2001. 桂林丫吉村表层带岩溶土壤系统中$\delta^{13}C$值的变异. 科学通报, 46(22): 1919~1922.
彭贵, 焦文强. 1990. 剑川钙泉华的沉积时代及剑川断裂的新活动. 地震研究, 13: 166~172.
乔羽佳. 2008. 气候变化对黄龙景观影响研究. 成都: 成都理工大学.
覃嘉铭, 袁道先, 林玉石. 2000. 桂林44kaB.P.石笋同位素记录及其环境解译. 地球学报, 21(4): 407~416.
石岩. 2005. 黄龙水环境特征与钙华景观演化趋势研究. 成都: 成都理工大学.
孙海龙. 2008. 现代钙华沉积的环境替代指标及其气候环境因子控制的研究——以云南白水台为例. 北京: 中国地质科学院.
孙海龙, 刘再华, 吕保樱, 等. 2008a. 云南白水台雨水线及钙华$\delta^{18}O$的季节和空间变化特征. 地球化学, 37(6): 542~548.
孙海龙, 刘再华, 吕保樱, 等. 2008b. 云南白水台现代钙华$\delta^{13}C$的季节和空间变化特征研究. 地球与环境, 36(4): 324~329.
孙连发, 王焰新, 马腾, 等. 1997. 应用泉钙华环境记录和地下水流动系统探讨娘子关泉群演变历史. 地球科学, 22(6): 648~651.
孙凌, 金相灿, 钟远, 等. 2006. 不同氮磷比条件下油腔滑调藻类群落变化. 应用生态学报, 7: 1218~1223.
唐思远. 2003. 黄龙旅游完全手册. 成都: 四川人民出版社.
陶明信, 徐永昌. 1996. 中国东部幔源气藏聚集带的大地构造与地球化学特征. 中国科学(D辑), 26(006): 531~536.
田清孝. 1991. 娘子关泉群成因新探. 中国岩溶, 10(2).
王海静, 刘再华, 曾成, 等. 2009. 四川黄龙沟源头黄龙泉泉水及其下游溪水的水化学变化研究. 地球化学, 38(3): 307~314.
王海静, 张金流, 刘再华. 2012. 四川黄龙降水氢、氧同位素对气候变化的指示意义. 中国岩溶, 31(3): 253~258.
王绍令. 1992. 青藏高原古泉华及其意义. 水文地质工程地质, 19: 29~31.
王文杰, 潘英姿, 徐卫华, 等. 2008. 四川汶川地震对生态系统破坏及其生态影响分析. 环境科学研究, 21(5): 110~116.
王勇, 焦念志. 2000. 营养盐对浮游植物生长上行效应机制的研究进展. 海洋科学, 10: 29~33.
许清海, 孔昭宸, 陈旭东. 2002. 鄂尔多斯东部4000余年来的环境与人地关系的初步探讨. 第四纪研究, 22(2): 105~112.
徐锡伟, 闻学泽, 叶建青, 等. 2008. 汶川MS8.0地震地表破裂带及其发震构造. 地震地质, 30(3): 597~629.
胥良, 姜泽凡. 2007. 基于钙均衡估算黄龙钙华沉积速率的探讨. 中国岩溶, 26(2): 132~136.
晏浩, 刘再华. 2011. 层状钙华及其地球化学指标的古气候环境意义. 第四纪研究, 31(1): 88~95.
晏红明, 段旭, 程建刚. 2007. 2005年春季云南异常干旱的成因分析. 热带气象学报, 23(3): 300~306.
杨俊义. 2004. 九寨沟黄龙地区景观钙华的特征与成因探讨. 成都: 成都理工大学.
杨俊义, 万新南, 席彬, 等. 2004. 九寨沟黄龙地区钙华漏斗的特征与成因探讨. 水文地质工程地质, 2: 90~93.
袁道先, 刘再华, 林玉石, 等. 2002. 中国岩溶动力系统. 北京: 科学出版社.
曾成, 刘再华, 孙海龙, 等. 2009. 水力坡度对溪流钙华沉积的影响. 地球与环境, 37(2): 103~110.
翟远征, 王金生, 左锐, 等. 2011. 北京平原区第四系含水层中水-岩作用的锶同位素示踪. 科技导报, 6: 17~20.
张金流, 刘再华. 2010. 世界遗产——四川黄龙钙华景观研究进展与展望. 地球与环境, 1: 79~84.
张美良, 袁道先, 林玉石, 等. 2002. 云南宣威4.6万年以来洞穴石笋古气候变化记录. 沉积学报, 20(1): 124~129.
张素琴, 李松勤. 1996. 夏季风在中国降水对全球增暖的响应的作用. 气候变化规律及其数值模拟研究论文, 第三集，北京：气象出版社.

赵希涛. 1998. 中国云南白水台. 北京：中国旅游出版社.

郑文俊，李传友，王伟涛，等. 2008. 汶川 8.0 级地震陡坎（北川以北段）探槽的记录特征. 地震地质，30(3)：697～709.

周长艳，李跃清，彭俊. 2006. 九寨沟、黄龙风景区的降水特征及其变化. 资源科学，28(1)：113～119.

竺可桢. 1972. 中国近 5000 年来气候变迁的初步研究. 考古学报，1：168～189.

朱成科. 2007. 九寨沟核心景区湖泊水环境与藻类相关性研究. 重庆：西南大学.

Abdel-Aal N, Sawada K. 2003. Inhibition of adhesion and precipitation of $CaCO_3$ by aminopolyphosphonate. Journal of Crystal Growth, 1：188～200.

Aberg G. 1995. The use of natural strontium isotopes as tracers in environmental studies. Water, Air & Soil Pollution, 79：309～322.

Albarède F, Beard B. 2004. Analytical methods for non-traditional isotopes. Reviews in Mineralogy and Geochemistry, 55(1)：113～152.

Ali A A, Terral J F, Guendon J L, et al. 2003. Holocene palaeoenvironmental changes in southern France：a palaeobotanical study of travertine (tufa) at St-Antonin, Bouches-du-Rhone. Holocene, 13：293～298.

Ali A A, Roiron P, Chabal L, et al. 2008. Holocene hydrological and vegetation changes in southern France inferred by the study of an alluvial travertine (tufa) system (Saint-Guilhem-le-Désert, Hérault). Comptes Rendus Geosciences, 340：356～366.

Amundson R, Kelly E. 1987. The chemistry and mineralogy of a CO_2-rich travertine depositing spring in the California Coast Range. Geochimica et Cosmochimica Acta, 51：2883～2890.

Andrews J E. 2006. Palaeoclimatic records from stable isotopes in riverine tufas：synthesis and review. Earth-Science Reviews, 75(1-4)：85～104.

Andrews J E, Brasier A T. 2005. Seasonal records of climatic change in annually laminated tufas：short review and future prospects. Journal of Quaternary Science, 20(5)：411～421.

Andrews J E, Riding R, Dennis P F. 1997. The stable isotope record of environmental and climatic signals in modern terrestrial microbial carbonates from Europe. Palaeogeography, Palaeoclimatology, Palaeoecology, 129(1)：171～189.

Arp G, Wedemeyer N, Reitner J. 2001. Fluvival tufa formation in a hard-water creek (Deinschwanger Bach, Franconian Alb, Germany). Facies, 44(1)：1～22.

Auler A S, Smart P L. 2001. Late quaternary paleoclimate in semiarid northeastern Brazil from U-Series dating of travertine and water-table speleothems. Quaternary research, 55：159～167.

Baron J, Mcknight D, Denning S. 1991. Sources of dissolved and particulate organic material in Loch Vale Watershed, Rocky Mountain National Park, Colorado, USA. Biogeochemistry, 2：89～110.

Bar-Matthews M, Ayalon A, Matthews A, et al. 1996. Carbon and oxygen isotope study of the active water-carbonate system in a karstic Mediterranean cave：implications for palaeoclimate research in semiarid regions. Geochimica et Cosmochimica Acta, 60(2)：337～347.

Beck W C, Grossman E L, Morse J W. 2005. Experimental studies of oxygen isotope fractionation in the carbonic acid system at 15℃, 25℃, and 40℃. Geochimica et Cosmochimica Acta, 69(14)：3493～3503.

Berner R A, Westrich J T, Graber R, et al. 1978. Inhibition of aragonite precipitation from supersaturated seawater：a laboratory and field study. American Journal of Science, 6：816～837.

Bischoff J L, Stine S, Rosenbauer R J, et al. 1993. Ikaite precipitation by mixing of shoreline springs and lake water, Mono Lake, California, USA. Geochimica et Cosmochimica Acta 57：3855～3865.

Bono P, Dreybrodt W, Ercole S, et al. 2001. Inorganic calcite precipitation in Tartare Karstic spring (Lazio, central-Italy)：field measurements and theoretical prediction on depositional rates. Environmental Geology, 41(3-4)：305～313.

Bourg I C, Richter F M, Christensen J N, et al. 2010. Isotopic mass dependence of metal cation diffusion coefficients in liquid water. Geochimica et Cosmochimica Acta, 74(8): 2249~2256.

Branner J C. 1901. The origin of travertine falls and reefs. Science, 14: 184~185.

Brasier A T, Andrews J E, Marca-Bell A D, et al. 2010. Depositional continuity of seasonally laminated tufas: implications for $\delta^{18}O$ based palaeotemperatures. Global and Planetary Change, 71(3-4): 160~167.

Brogi A, Capezzuoli E. 2009. Travertine deposition and faulting: the fault-related travertine fissure-ridge at Terme S. Giovanni, Rapolano Terme (Italy). International Journal of Earth Sciences, 98: 931~947.

Brogi A, Capezzuoli E, Aqué R, et al. 2010. Studying travertines for neotectonics investigations: Middle-Late Pleistocene syn-tectonic travertine deposition at Serre di Rapolano (Northern Apennines, Italy). International Journal of Earth Sciences, 99: 1383~1398.

Buhmann D, Dreybrodt W. 1985. The kinetics of calcite dissolution and precipitation in geologically relevant situations of karst areas: 1. Open system. Chemical geology, 48(1): 189~211.

Buhmann D, Dreybrodt W. 1987. Calcite dissolution kinetics in the system H_2O-CO_2-$CaCO_3$ with participation of foreign ions. Chemical Geology, (1-2): 89~102.

Burton E A, Walter L M. 1990. The role of pH in phosphate inhibition of calcite and aragonite precipitation rates in seawater. Geochimica et Cosmochimica Acta, 3: 797~808.

Bychkov A Yu, Kikvadze O E, Lavrushin V Yu, et al. 2007. Physicochemical model for the generation of the isotopic composition of the carbonate travertine produced by the Tokhana Spring, Mount Elbrus Area, Northern Caucasus. Geochemistry International, 45: 235~246.

Candy I, Schreve D. 2007. Land-sea correlation of Middle Pleistocene temperate sub-stages using high-precision uranium-series dating of tufa deposits from southern England. Quaternary Science Reviews, 26: 1223~1235.

Cenki-Tok B, Chabaux F, Lemarchand D, et al. 2009. The impact of water-rock interaction and vegetation on calcium isotope fractionation in soil and stream waters of a small, forested catchment (the Strengbach case). Geochimica et Cosmochimica Acta, 73(8): 2215~2228.

Cerling T E. 1984. The stable isotope composition of modern soil carbonate and its relationship to Climate. Earth and Planetary Science Letters, 71: 229~240.

Chafetz H S, Folk R L. 1984. Travertines: depositional morphology and bacterially constructed constituents. Journal of Sedimentary Petrology, 54: 289~316.

Chafetz H S, Utech N M, Fitzmaurice S P. 1991. Differences in the $\delta^{18}O$ and $\delta^{13}C$ signatures of seasonal laminae comprising travertine stromatolites. Journal of Sedimentary Petrology, 61: 1015~1028.

Chafetz H S, Lawrence J R. 1994. Stable isotopic variability within modern travertines. Geographie Physique et Quaternaire, 48: 257~273.

Chen J, Zhang D, Wang S, et al. 2004. Factors controlling tufa deposition in natural waters at waterfall sites. Sedimentary Geology, 166: 353~366.

Chou L, Garrels R M, Wollast R. 1989. Comparative study of the kinetics and mechanisms of dissolution of carbonate minerals. Chemical Geology, 78(3): 269~282.

Christina L, DePaolo D J. 2000. Isotopic evidence for variations in the marine calcium cycle over the Cenozoic. Science, 289(5482): 1176~1178.

Clark I D, Fontes J C, Fritz P. 1992. Stable isotope disequilibria in travertine from high pH waters-laboratory investigations and field observations from Oman. Geochimica et Cosmochimica Acta, 56: 2041~2050.

Cobert F, Schmitt A D, Calvaruso C, et al. 2011. Biotic and abiotic experimental identification of bacterial influence on calcium isotopic signatures. Rapid Communications in Mass Spectrometry, 25(19): 2760~2768.

Coplen T B. 2007. Calibration of the calcite-water oxygen-isotope geothermometer at Devils Hole, Nevada, a natural laboratory. Geochimica et Cosmochimica Acta, 71(16): 3948~3957.

Cremaschi M, Zerboni A, Spötl C, et al. 2010. The calcareous tufa in the Tadrart Acacus Mt. (SW Fezzan, Libya). An early Holocene palaeoclimate archive in the central Sahara. Palaeogeography, Palaeoclimatology, Palaeoecology, 287: 81~94.

Crossey L J, Karlstrom K E, Springer A E, et al. 2009. Degassing of mantle-derived CO_2 and He from springs in the southern Colorado Plateau region-Neotectonic connections and implications for groundwater systems. Geological Society of America Bulletin, 121: 1034~1053.

Cruz F W, Karmann I, Viana O, et al. 2005. Stable isotope study of cave percolation waters in subtropical Brazil: implications for palaeoclimate inferences from speleothems. Chemical Geology, 220(3-4): 245~262.

D'Alessandro W, Giammanco S, Bellomo S, et al. 2007. Geochemistry and mineralogy of travertine deposits of the SW flank of Mt. Etna (Italy): relationships with past volcanic and degassing activity. Journal of Volcanology and Geothermal Research, 165: 64~70.

Dabkowski J, Limondin-Lozouet N, Antoine P, et al. 2012. Climatic variations in MIS 11 recorded by stable isotopes and trace elements in a French tufa (La Celle, Seine Valley). Journal of Quaternary Science, 27: 790~799.

Day C C, Henderson G M. 2011. Oxygen isotopes in calcite grown under cave-analogue conditions. Geochimica et Cosmochimica Acta, 75: 3956~3972.

Dandurand J L, Gout R, Hoefs J, et al. 1982. Kinetically controlled variations of major components and carbon and oxygen isotopes in a calciteprecipitating spring. Chemical Geology, 36: 299~315.

Dansgaard W. 1964. Stable isotopes in precipitation. Tellus, 16: 436~468.

De Filippis L, Faccenna C, Billi A, et al. 2013. Plateau versus fissure ridge travertines from quaternary geothermal springs ofItaly and Turkey: interactions and feedbacks between fluid discharge, palaeoclimate, and tectonics. Earth-Science Reviews, 123: 35~52.

Deines P, Langmuir D, Harmon R S. 1974. Stable carbon isotope ratios and the existence of a gas phase in the evolution of carbonate waters. Geochimica et Cosmochimica Acta, 38: 1147~1164.

DePaolo D J. 2011. Surface kinetic model for isotopic and trace element fractionation during precipitation of calcite from aqueous solutions. Geochimica et Cosmochimica Acta, 75(4): 1039~1056.

Dietzel M, Tang J, Leis A, et al. 2009. Oxygen isotopic fractionation during inorganic calcite precipitation-effects of temperature, precipitation rate and pH. Chemical Geology, 268: 107~115.

Dominguez-Villar D, Vazquez-Navarro J A, Cheng H, et al. 2011. Freshwater tufa record from Spain supports evidence for the past interglacial being wetter than the Holocene in the Mediterranean region. Global Planet Change, 77: 129~141.

Dove P M, Hochella J R M F. 1990. Calcite precipitation mechanisms and inhibition by orthophosphate: in situ observations by scanning force microscopy. Geochimica et Cosmochimica Acta, 3: 705~714.

Dove P M, Hochella M F. 1993. Calcite precipitation mechanisms and inhibition by orthophosphate: in-situ observations by scanning force microscopy. Geochimica et Cosmochimica Acta, 57: 705~714.

Dreybrodt W. 1980. Deposition of calcite from thin films of natural calcareous and the growth of speleothems. Chemical Geology, 29(1/2): 89~105.

Dreybrodt W. 1988. Processes in Karst Systems. Heidelberg: Springer

Dreybrodt W, Buhmann D. 1991. A mass transfer model for dissolution and precipitation of calcite from solutions in turbulent motion. Chemical Geology, 90(1): 107~122.

Dreybrodt W, Buhmann D, Michaelis J, et al. 1992. Geochemically controlled calcite precipitation by CO_2 outgassing: field mearsurements of precipitation rates in comparison to theoretical predictions. Chemical Geology, 97(3/4): 285~294.

Dreybrodt W, Scholz D. 2011. Climatic dependence of stable carbon and oxygen isotope signals recorded in speleothems: from soil water to speleothem calcite. Geochimica et Cosmochimica Acta, 75(3): 734~752.

Drysdale R N, Taylor M P, Ihlenfeld C. 2002. Factor controlling the chemical evolution of travertine-depositing rivers of the Barkely karst, northAustralia. Hydrological Processes, 16(15): 2941~2962.

Eisenhauer A, Nägler T F, Stille P, et al. 2004. Proposal for international agreement on Ca notation resulting from discussions at workshops on stable isotope measurements held in Davos (Goldschmidt 2002) and Nice (EGS-AGU-EUG 2003). Geostandards and Geoanalytical Research, 28(1): 149~151.

Faccenna C, Soligo M, Billi A, et al. 2008. Late Pleistocene depositional cycles of the Lapis Tiburtinus travertine (Tivoli, Central Italy): possible influence of climate and fault activity. Global Planet Change, 63: 299~308.

Fairchild I J, Baker A. 2012. Speleothem science: from process to past environments. John Wiley & Sons. Vol. 3.

Fantle M S, DePaolo D J. 2007. Ca isotopes in carbonate sediment and pore fluid from ODP Site 807A: the Ca^{2+} (aq)-calcite equilibrium fractionation factor and calcite recrystallization rates in Pleistocene sediments. Geochimica et Cosmochimica Acta, 71(10): 2524~2546.

Feng W, Banner J L, Guilfoyle A L, et al. 2012. Oxygen isotopic fractionation between drip water and speleothem calcite: a 10-year monitoring study, central Texas, USA. Chemical Geology, 304-305: 53~67.

Ford T, Pedley H. 1996. A review of tufa and travertine deposits of the world. Earth-Science Reviews, 41(3): 117~175.

Fouke B W, Farmer J D, Des Marais D J, et al. 2000. Depositional facies and aqueous-solid geochemistry of travertine-depositinghot springs (Angel Terrace, Mammoth Hot Springs, Yellowstone National Park, USA). Journal of Sedimentary Research, 70(3): 565~585.

Friedman I. 1970. Some investigations of the deposition of travertine from Hot Springs-I: the isotopic chemistry of a travertine-depositing spring. Geochimica et Cosmochimica Acta, 34: 1303~1315.

Friedman I, O'Neil J R. 1977. Compilation of stable isotope fractionation factors of geochemical interest: USGPO. Vol. 440.

Fritz P, Fontes J C, Frape S K, et al. 1989. The isotope geochemistry of carbon in groundwater at Stripa. Geochimica et Cosmochimica Acta, 53(8): 1765~1775.

Garnett E R, Andrews J E, Preece R C, et al. 2004. Climatic change recorded by stable isotopes and trace elements in a British Holocene tufa. Journal of Quaternary Science, 19: 251~262.

Giannimaras E K, Koutsoukos P G. 1987. The crystallization of calcite in the presence of orthophosphate. Journal of Colloid and Interface Science, 2: 423~430.

Gonfiantini R, Panichi C, Tongiorgi E. 1968. Isotopic disequilibrium in travertine deposition. Earth and Planetary Science Letters, 5: 55~58.

Goudie A S, Viles H A, Pentecost A. 1993. The late-Holocene tufa decline inEurope. Holocene, 3: 181~186.

Gratz A J, Hillner P E. 1993. Poisoning of calcite growth viewed in the atomic force microscope (AFM). Journal of Crystal Growth, 129(3-4): 789~793.

Gussone N, Böhm F, Eisenhauer A, et al. 2005. Calcium isotope fractionation in calcite and aragonite. Geochimica et Cosmochimica Acta, 69(18): 4485~4494.

Gussone N, Eisenhauer A, Heuser A, et al. 2003. Model for kinetic effects on calcium isotope fractionation ($\delta^{44}Ca$) in inorganic aragonite and cultured planktonic foraminifera. Geochimica et Cosmochimica Acta, 67(7): 1375~1382.

Gussone N, Nehrke G, Teichert B M A. 2011. Calcium isotope fractionation in ikaite and vaterite. Chemical Geology, 285(1-4): 194~202.

Hammer O, Jamtveit B, Benning L G, et al. 2005. Evolution of fluid chemistry during travertine formation in the Troll thermal springs, Svalbard, Norway. Geofluids, 5: 140~150.

Hancock P, Chalmers R, Altunel E, et al. 1999. Travitonics: using travertines in active fault studies. Journal of Structural Geology, 21(8): 903~916.

Hartmann J. 2006. Long-term seismotectonic influe ce on the hydrochemical composition of a spring located at Koryaksky-Volcano, Kamchatka: deduced from aggregated earthquake Information. International Journal of Earth Sciences, 95: 649~664.

Hartmann J, Levy J K. 2006. The influence of seismotectonics on precursory changes in groundwater composition for the 1995 Kobe earthquake, Japan. Hydrogeology Journal, 14: 1307~1318.

Heath C B, Leadbeater B C S, Callow M E. 1995. Effect of inhibitors on calcium carbonate deposition mediated by freshwater algae. Journal of Applied Phycology, 4: 367~380.

Helmke J P, Bauch H A, Rohl U, et al. 2008. Uniform climate development between the subtropical and subpolarNortheast Atlantic across marine isotope stage 11. Climate of the Past, 4: 181~190.

Hennig G J, Grun R, Brunnacker K. 1983. Speleothems, travertines, and paleoclimates. Quaternary Research, 20: 1~29.

Herman J S, Lorah M M. 1987. CO_2 outgassing and calcite precipitation in Falling Spring Creek, Virginia, USA. Chemical Geology, 62(3/4): 251~262.

Herman J S, Lorah M M. 1988. Calcite precipitation rates in the fields: Mearsurement and prediction for a travertine-depositing. Geochin Cosmochim Acta, 52(10): 2347~2355.

Heslop D, Langereis C G, Dekkers M J. 2000. A new astronomical timescale for the loess deposits of Northern China. Earth and Planetary Science Letters, 184: 125~139.

Hippler D, Schmitt A D, Gussone N, et al. 2003. Calcium isotopic composition of various reference materials and seawater. Geostandards Newsletter, 27(1): 13~19.

Hoch A R, Reddy M M, Aiken G R. 2000. Calcite crystal growth inhibition by humic substances with emphasis on hydrophobic acids from the Florida Everglades. Geochimica et Cosmochimica Acta, 1: 61~72.

Hoffer-French K J, Herman J S. 1989. Evaluation of hydrological and biological influences on CO_2 fluxes from a karst stream. Journal of Hydrology, 108: 189~212.

Hoke L, Hilton D R, Lamb S H, et al. 1994. [3]He evidence for a wide zone of active mantle melting beneath the Central Andes. Earth and Planetary Science Letters, 128(3-4): 341~355.

Hoke L, Lamb S, Hilton D R, et al. Southern limit of mantle-derived geothermal helium emissions in Tibet: implications for lithospheric structure. Earth and Planetary Science Letters, 2000, 180(3-4): 297~308.

Hori M, Hoshino K, Okumura K, et al. 2008. Seasonal patterns of carbon chemistry and isotopes in tufa depositing groundwaters of southwestern Japan. Geochimica et Cosmochimica Acta, 72(2): 480~492.

Hori M, Kawai T, Matsuoka J, et al. 2009. Intra-annual perturbations of stable isotopes in tufas: effects of hydrological processes. Geochimica et Cosmochimica Acta, 73(6): 1684~1695.

House W A. 1987. Inhibition of calcite crystal-growth by inorganic-phosphate. Journal of Colloid and Interface Science, 119: 505~511.

House W A. 1990. The prediction of phosphate coprecipitation with calcite in freshwaters. Water Research, 8: 1017~1023.

House W A, Donaldson L. 1986. Adsorption and coprecipitation of phosphates on calcite. Journal of Colloid and Interface Science, 2: 309~324.

Hudson A M, Quade J. 2013. Long-term east-west asymmetry in monsoon rainfall on the Tibetan Plateau. Geology, 41: 351~354.

Ihlenfeld C, Norman M D, Gagan M K, et al. 2003. Climatic significance of seasonal trace element and stable isotope variations in a modern freshwater tufa. Geochimica et Cosmochimica Acta, 67(13): 2341~2357.

Inskeep W P, Bloom P R. 1986. Kinetics of calcite precipitation in the presence of water-soluble organic ligands. Soil Science Society of America Journal, 5: 1167~1172.

Ishikawa M, Ichikuni M. 1981. Coprecipitation of phosphate with calcite. Geochemical Journal, 5: 283~288.

Jacobson A D, Holmden C. 2008. $\delta^{44}Ca$ evolution in a carbonate aquifer and its bearing on the equilibrium isotope fractionation factor for calcite. Earth and Planetary Science Letters, 270(3-4): 349~353.

Jickells T D. 1998. Nutrient biogeochemistry of the coastal zone. Science, 5374: 217~222.

Jonasson R G, Rispler K, Wiwchar B, et al. 1996. Effect of phosphonate inhibitors on calcite nucleartion kinetics as a function of temperature using light scattering in an autoclave. Chemical Geology, 132(1-4): 215~225.

Kandianis M T, Fouke B W, Johnson R W, et al. 2008. Microbial biomass: a catalyst for $CaCO_3$ precipitation in advection-dominated transport regimes. Geological Society of America Bulletin, 120: 442~450.

Kano A, Matsuoka J, Kojo T, et al. 2003. Origin of annual laminations in tufa deposits, southwest Japan. Palaeogeography, Palaeoclimatology, Palaeoecology, 191(2): 243~262.

Kano A, Kawai T, Matsuoka J, et al. 2004. High-resolution records of rainfall events from clay bands in tufa. Geology, 32(9): 793~796.

Kano A, Hagiwara R, Kawai T, et al. 2007. Climatic conditions and hydrological change recorded in a high-resolution stable-isotope profile of a recent laminated tufa on a subtropical island, Southern Japan. Journal of Sedimentary Research, 77(1): 59~67.

Kawai T, Kano A, Matsuoka J, et al. 2006. Seasonal variation in water chemistry and depositional processes in a tufa-bearing stream in SW Japan, based on 5 years of monthly observations. Chemical Geology, 232: 33~53.

Kawai T, Kano A, Hori M. 2009. Geochemical and hydrological controls on biannual lamination of tufa deposits. Sedimentary Geology, 213: 41~50.

Kele S, Demény A, Siklósy Z, et al. 2008. Chemical and stable isotope composition of recent hot-water travertines and associated thermal waters, from Egerszalók, Hungary: depositional facies and non-equilibrium fractionation. Sedimentary Geology, 211(3−4): 53~72.

Kele S, Özkul M, Fórizs I, et al. 2011. Stable isotope geochemical study of Pamukkale travertines: new evidences of low-temperature non-equilibrium calcite-water fractionation. Sedimentary Geology, 238(1−2): 191~212.

Kern M D. 1960. The hydration of carbon dioxide. Journal of Chemical Education, 37: 14~23.

Kim D, Choi S H, Kim Y H, et al. 2009. Spatial and temporal variations in nutrient and chlorophyll-a concentrations in the northern East China Sea surrounding Cheju Island. Continental Shelf Research, 1: 1426~1436.

Kim S-T, O'Neil J R. 1997. Equilibrium and nonequilibrium oxygen isotope effects in synthetic carbonates. Geochimica et Cosmochimica Acta, 61(16): 3461~3475.

Kitano Y. 1965. The influence of organic material on the polymorphic crystallization of calcium carbonate. Geochimica et Cosmochimica Acta, 1: 29~41.

Kitano Y, Okumuar M, Idogaki M. 1978. Uptake of phosphate ions by calcium carbonate. Geochemical Journal, 1: 29~37.

Kleiner J. 1988. Coprecipitation of phosphate with calcite in lake water: a laboratory experiment modeling phosphorus removal with calcite in lake constance. Water Research, 10: 1259~1265.

Klausmerier C A, Litchman E, Daufresne T, et al. 2004. Optimal nitrogen-to-phosphorus stoichiometry of phytoplankton. Nature, 429: 171~174.

Kunz-Pirrung M, Gersonde R, Hodell D A. 2002. Mid-Brunhes century-scale diatom sea surface temperature and sea ice records from the Atlantic sector of the Southern Ocean (ODP Leg 177, sites 1093, 1094 and core PS2089-2). Palaeogeography, Palaeoclimatology, Palaeoecology, 182: 305~328.

Lebron I, Suarez D L. 1996. Calcite nucleation and precipitation kinetics as affected by dissolved organic matter at 25℃ and pH > 7.5. Geochimica et Cosmochimica Acta, 60: 2765~2776.

Lebron I, Saurez D L. 1998. Kinetics and mechanisms of precipitation of calcite as affected by P_{CO_2} and organic ligands at 25℃. Geochimica et Cosmochimica Acta, 3: 405~416.

Lecuyer C, Grandjean G, Sheppard M F. 1999. Oxygen isotope exchange between dissolved phosphate and water at temperatures ⩽135℃: inorganic versus biological fractionations. Geochimica et Cosmochimica Acta, 6: 855~862.

Lécuyer C, Gardien V, Rigaudier T, et al. 2009. Oxygen isotope fractionation and equilibration kinetics between CO_2 and H_2O as a function of salinity of aqueous solutions. Chemical Geology, 2009. 264(1−4): 122~126.

Lemarchand D, Wasserburg G J, Papanastassiou D A. 2004. Rate-controlled calcium isotope fractionation in synthetic calcite. Geochimica et Cosmochimica Acta, 68(22): 4665~4678.

Levich V G. 1962. Phsiochemical hydrodynamics. NJ: Prentice-Hall, 1~700.

Li H, Xu X, Ku T, et al. 2008. Isotopic and geochemical evidence of palaeoclimate changes in Salton Basin, California, during the past 20 kyr: 1. delta ^{18}O and delta ^{13}C records in lake tufa deposits. Palaeogeography, Palaeoclimatology, Palaeoecology, 259: 182~197.

Lin J C, Broecker W S, Hemming S R, et al. 1989. A reassessment of U-Th and ^{14}C ages for late-glacial high-frequency hydrological events at Searles Lake, California. Quaternary Research, 49: 11~23.

Li Y L, Wang Yanxin, Deng Anli. 2001. Paleoclimate record and paleohydrogeological analysis of travertine from the

Niangziguan Karst Springs, northern China. Science in China, 44: 114~118.

Lin Y P, Singer P S. 2005. Inhibition of calcite crystal growth by polyphosphates. Water Research, 19: 4835~4843.

Lin Y P, Singer P C, Aiken G R. 2005. Inhibition of calcite precipitation by natural organic material: kinetics, mechanism, and thermodynamics. Environmental Science & Technology, 39: 6420~6428.

Lin Y P, Singer P C. 2006. Inhibition of calcite precipitation by orthophosphate: speciation and thermodynamic considerations. Geochimica et Cosmochimica Acta, 70: 2530~2539

Liu Z, Wolfgang D. 1997. Dissolution kinetics of calcium carbonate minerals in H_2O-CO_2 solutions in turbulent flow: the role of the diffusion boundary layer and the slow reaction $H_2O + CO_2 \rightleftharpoons H^+ + HCO_3^-$. Geochimica et Cosmochimica Acta, 61(14): 2879~2889.

Liu Z, Svensson U, Dreybrodt W, et al. 1995. Hydrodynamic control of inorganic calcite precipitation in Huanglong Ravine, China: field measurements and theoretical prediction of deposition rates. Geochimica et Cosmochimica Acta, 59: 3087~3097.

Liu Z, Yuan D, He S. 1997. Stable carbon isotope geochemical and hydrochemical features in the system of Carbonate-H_2O-CO_2 and their implications-Evidence from several typical karst areas of China. Acta Geologica Sinica, 71(4): 446~454.

Liu Z, Yuan D, He S, et al. 2000. Geochemical features of the geothermal CO_2-water-carbonate rock system and analysis on its CO_2 sources. Science in China, 43(6): 569~576.

Liu Z, Zhang M, Li Q, et al. 2003. Hydrochemical and isotope characteristics of spring water and travertine in the Baishuitai area (SW China) and their meaning for paleoenvironmental reconstruction. Environmental Geology, 44(6): 698~704.

Liu Z, Groves C, Yuan D, et al. 2004. South China Karst Aquifer Storm-Scale Hydrogeochemistry. Ground Water, 42(4): 491~499.

Liu Z, Li H, You C, et al. 2006a. Thickness and stable isotopic characteristics of modern seasonal climate-controlled sub-annual travertine laminas in a travertine-depositing stream at Baishuitai, SW China: implications for paleoclimate reconstruction. Environmental Geology, 51(2): 257~265.

Liu Z, Li Q, Sun H, et al. 2006b. Diurnal variations of hydrochemistry in a travertine-depositing stream at Baishuitai, Yunnan, SW China. Aquatic Geochemistry, 12(2): 103~121.

Liu Z, Li Q, Sun H, et al. 2007. Seasonal, diurnal and storm-scale hydrochemical variations of typical epikarst springs in subtropical karst areas of SW China: Soil CO_2 and dilution effects. Journal of Hydrology, 337(1-2): 207~223.

Liu Z, Liu X L, Liao C J. 2008. Daytime deposition and nighttime dissolution of calcium carbonate controlled by submerged plants in a karst spring-fed pool: insights from high time-resolution monitoring of physico-chemistry of water. Environmental Geology, 55: 1159~1168.

Liu Z, Sun H, Baoying L, et al. 2010. Wet-dry seasonal variations of hydrochemistry and carbonate precipitation rates in a travertine-depositing canal at Baishuitai, Yunnan, SW China: implications for the formation of biannual laminae in travertine and for climatic reconstruction. Chemical Geology, 273(3-4): 258~266.

Liu Z, Sun H, Li H, et al. 2011. $\delta^{13}C$, $\delta^{18}O$ and deposition rate of tufa in Xiangshui River, SW China: implications for land-cover change caused by climate and human impact during the late Holocene. Geological Society London Special Publications, 352: 85~96.

Lojen S, Dolenec T, Vokal B, et al. 2004. C and O stable isotope variability in recent freshwater carbonates (River Krka, Croatia). Sedimentology, 51(2): 361~375.

Lojen S, Trkov A, Ščančar J, et al. 2009. Cukrov. Continuous 60-year stable isotopic and earth-alkali element records in a modern laminated tufa (Jaruga, riverKrka, Croatia): implications for climate reconstruction. Chemical Geology, 258(3-4): 242~250.

Louwerse H J D, Lijklema L, Coenraats M. 1995. Coprecipitation of phosphate with calcium carbonate inlake Veluwe, Water Research, 7: 1781~1785.

Lu G, Zheng C, Donahoe R J, et al. 2000. Controlling processes in a CaCO₃ precipitating stream in Huang Long Natural Scienic District, Sichuan, China. Journal of Hydrology, 230: 34~54.

Makhnach N, Zernitskaja V, Kolosov I, et al. 2004. Stable oxygen and carbon isotopes in Late Glacial-Holocene freshwater carbonates from Belarus and their palaeoclimatic implications. Palaeogeography Palaeoclimatology Palaeoecology, 209: 73~101.

Marriott C S, Henderson G M, Belshaw N S, et al. 2004. Temperature dependence of δ^7Li, $\delta^{44}Ca$ and Li/Ca during growth of calcium carbonate. Earth and Planetary Science Letters, 222(2): 615~624.

Martinez R E, Gardés E, Pokrovsky O S, et al. 2010. Do photosynthetic bacteria have a protective mechanism against carbonate precipitation at their surfaces? Geochimica et Cosmochimica Acta, 74: 1329~1337.

Matsuoka J, Kano A, Oba T, et al. 2011. Seasonal variation of stable isotopic compositions recorded in a laminated tufa, SW Japan. Earth and Planetary Science Letters, 192(1): 31~44.

McCauley E, Downing J A, Watson S. 1989. Sigmoid relationships between nutrients and chlorophyll among lakes. Canadian Journal of Fisheries and aquatic Sciences, 7: 1171~1175.

McCrea J M. 1950. On the isotopic chemistry of carbonates and a paleotemperature scale. The Journal of Chemical Physics, 18(6): 849.

McDermott F. 2004. Palaeo-climate reconstruction from stable isotope variations in speleothems: a review. Quaternary Science Reviews, 23: 901~918.

McManus J F, Oppo D W, Cullen J L. 1999. A 0.5-million-year record of millennial-scale climate variability in the North Atlantic. Science, 283: 971~975.

Meldrum F C, Hyde S T. 2001. Morphological influence of magnesium and organic additives on the precipitation of calcite. Journal of Crystal Growth, 4: 544~558.

Meyer H J. 1984. The influence of impurities on the growth rate of calcite. Journal of Crystal Growth, 3: 639~646.

Mesci B L, Gursoy H, Tatar O. 2008. The evolution of travertine masses in the Sivas area (Central Turkey) and their relationships to active tectonics. Turkish Journal of Earth Sciences, 17: 219~240.

Mickler P J, Stern L A, Banner J L. 2006. Large kinetic isotope effects in modern speleothems. Geological Society of America Bulletin, 118(1—2): 65~81.

Milllero F, Huang F, Zhu X R, et al. 2001. Adsorption and desorption of phosphate on calcite and aragonite in seawater. Aquatic Geochemistry, 1: 33~56.

Minissale A, Kerrick D M, Magro G, et al. 2002. Geochemistry of quaternary travertines in the region north of Rome (Italy): structural, hydrologic and paleoclimatic implications. Earth and Planetary Science Letters, 203: 709~728.

Moeyersons J, Nyssen J, Poesen J, et al. 2006. Age and backfill/overfill stratigraphy of two tufa dams, Tigray Highlands, Ethiopia: evidence for Late Pleistocene and Holocene wet conditions. Palaeogeography, Palaeoclimatology, Palaeoecology, 230: 165~181.

Mook W, J de Vries. 2001. Environmenta lisotopes in the hydrological cycle: principles and application, Volume I: introduction, theory, methods, review (WG Mook, editor), UNESCO/IAEA, Vienna, Austria and Paris France.

Nancollas G H, Reddy M M. 1971. The crystallization of calcium carbonate. Journal of Colloid and Interface Science, 4: 824~830.

Nancollas G H, Kazmierczak T F, Schuttringer E. 1981. A controlled composition study of calcium carbonate crystal growth : the influence of scale inhibitors. Corrosion, 2: 76~81.

Nielsen L C, DePaolo D J. 2013. Ca isotope fractionation in a high-alkalinity lake system: Mono Lake, California. Geochimica et Cosmochimica Acta, 118: 276~294.

Nielsen L C, DePaolo D J, De Yoreo J J. 2012. Self-consistent ion-by-ion growth model for kinetic isotopic fractionation during calcite precipitation. Geochimica et Cosmochimica Acta, 86: 166~181.

O'Brien G R, Kaufman D S, Sharp W D, et al. 2006. Oxygen isotope composition of annually banded modern and mid-Holocene travertine and evidence of paleomonsoon floods, Grand Canyon, Arizona, USA. Quaternary Research, 65(3): 366~379.

O'Leary, M H. 1988. Carbon isotopes in the photosynthesis. Bioscience, 38: 328~336.

O'Neil J R, Clayton R N, Mayeda T K. 1969. Oxygen isotope fractionation in divalent metal carbonates. The Journal of Chemical Physics, 51(12): 5547~5558.

Oppo D W, McManus J F, Cullen J L. 1998. Abrupt climate events 500000 to 340000 years ago: evidence from subpolar North Atlantic sediments. Science, 279: 1335~1338.

Ortiz J E, Torres T, Delgado A, et al. 2009. A review of the Tagus river tufa deposits (central Spain): age and palaeoenvironmental record. Quaternary Science Reviews, 28: 947~963.

Osacar M C, Arenas C, Vazquez-Urbez M, et al. 2013. Environmentalfactors controlling the ^{13}C and ^{18}O variations of recent fluvial tufas: a 12-Year record from the Monasterio de Piedra Natural Park (Ne Iberian Peninsula). Journal of Sedimentary Research, 83(4): 309~322.

Otsuki A, Wetzel R G. 1972. Coprecipitation of phosphate with carbonates in aMarl lakes. Limnology and Oceanography, 5: 763~767.

Otsuki A, Wetzel R G. 1973. Interaction of yellow organic acids with calcium carbonate in freshwater. Limnology and Oceanography, 3: 490~493.

Pan G, He S, Cao J, et al. 2002. Variation of $d^{13}C$ in karst soil in Yaji Karst Experiment Site, Guilin. Chinese Science Bulletin, 47: 500~503.

Pazdur A, Pazdur M F, Starkel L, et al. 1988. Stable isotopes of Holocene calcareous tufa in southern Poland as paleoclimatic indicators. Quaternary Research, 30(2): 177~189.

Pentecost A. 1995. The quaternary travertine deposits of Europe and Asia Minor. Quaternary Science Reviews, 14(10): 1005~1028.

Pentecost A, Spiro B. 1990. Stable carbon and oxygen isotope composition of calcites associated with modern freshwater cyanobacteria and algae. Geomicrobiology Journal, 8(1): 17~26.

Pentecost A, Zhang Z. 2001. A review of Chinese travertines. Cave and Karst Science, 28(1): 15~28.

Plant L J, House W A. 2002. Precipitation of calcite in the presence of inorganic phosphate. Colloids and Surfaces A: Physicochemical and Engineering Aspects, 203: 143~153.

Plummer L, Wigley T, Parkhurst D. 1978. The kinetics of calcite dissolution in CO_2-water systems at 5 degrees to 60 degrees C and 0.0 to 1.0 atm CO_2. American Journal of Science, 278(2): 179~216.

Pokrovsky O S, Golubev S V, Schott J, et al. 2009. Calcite, dolomite and magnesite dissolution kinetics in aqueous solutions at acid to circumneutral pH, 25 to 150℃ and 1 to 55 atm P_{CO_2}: New constraints on CO_2 sequestration in sedimentary basins. Chemical Geology, 265(1-2): 20~32.

Prado-Perez A J, Huertas A D, Crespo M T, et al. 2013. Late Pleistocene and Holocene mid-latitude palaeoclimatic and palaeoenvironmental reconstruction: an approach based on the isotopic record from a travertine formation in the Guadix-Baza basin, Spain. Geological Magazine, 150: 602~625.

Prairie Y P, Duarte C M, Kalff J. 1989. Unifying nutrient-chlorophyll relationships in lakes. Canadian Journal of Fisheries and aquatic Sciences, 7: 1176~1182.

Preece R C, Thorpe P M, Robinson J E. 1986. Confirmation of an interglacial age for the Condat tufa (Dordogne, France) from biostratigraphic and isotopic data. Journal of Quaternary Science, 1(1): 57~65.

Quinif Y. 2012. U/Th dating of the Annevoie-Rouillon travertines. Geologica Belgica, 15: 165~168.

Reddy M M. 1977. Crystallization of calcium carbonate in the presence of trace concentrations of phosphorus containing anions. Journal of Crystal Growth, 2: 287~295.

Reddy M M, Nancolla G H. 1973. Calcite crystal-growth inhibition by phosphonates. Desalination, 12: 61~73.

Reddy M M, Hoch A R. 2001. Calcite crystal growth rate inhibition by polycarboxylic acids. Journal of Colloid and Interface Science, 2: 365~370.

Reynard L M, Day C C, Henderson G M. 2011. Large fractionation of calcium isotopes during cave-analogue calcium carbonate growth. Geochimica et Cosmochimica Acta, 75(13): 3726~3740.

Reynolds R C. 1978. Polyphenol inhibition of calcite precipitation in Lake Powell. Limnology and Oceanography, 23: 585~597.

Richard M M, Robert C J R. 1985. The interaction of natural organic matter with grain surfaces: implications for calcium carbonate precipitation. Special Publications, 36: 17~31.

Rodriguez I R, Amrhein C, Anderson M A. 2008. Laboratory studies on the coprecipitation of phosphate with calcium carbonate in the Salton Sea, California. Hydrobiologia, 1: 45~55.

Rozanski K, Araguas-Araguas L, Gonfiantini R. 1992. Relation between long-term trends of oxygen-18 isotope composition of precipitation and climate. Science, 258: 981~985.

Ryu J S, Jacobson A D, Holmden C, et al. 2011. The major ions, $\delta^{44/40}Ca$, $\delta^{44/42}Ca$, and $\delta^{26/24}Mg$ geochemistry of granite weathering at pH=1 and $T=25℃$: power-law processes and the relative reactivity of minerals. Geochimica et Cosmochimica Acta, 75(20): 6004~6026.

Sano Y, Wakita H. 1985. Geographical distribution of $^3He/^4He$ ratios in Japan: implications for arc tectonics and incipient magmatism. Journal of Geophysical Research, 90(B10): 8729~8741.

Schoonover J E, Williard K W J. 2003. Ground water nitrate reduction in giant cane and forest riparian zones. Journal of the American Water Resources Association, 2: 347~354.

Seip K L, Goldstein H. 1994. Different responses to change in phosphorus, P, among lakes, a study of slopes in chl-a=f(P) graphs. Hydrobiologia, 286: 27~36.

Selim H H, Yanik G. 2009. Development of the Cambazlı (Turgutlu/MANISA) fissure-ridge-type travertine and relationship with active tectonics, Gediz Graben, Turkey. Quaternary International, 199: 157~163.

Sürmelihindi G, Passchier C W, Baykan O N, et al. 2013. Environmental and depositional controls on laminated freshwater carbonates: an example from the Roman aqueduct of Patara, Turkey. Palaeogeography, Palaeoclimatology, Palaeoecology, 386: 321~335.

Schmitt A D, Cobert F, Bourgeade P, et al. 2013. Calcium isotope fractionation during plant growth under a limited nutrient supply. Geochimica et Cosmochimica Acta, 110: 70~83.

Schmitt A D, Gangloff S, Cobert F, et al. 2009. High performance automated ion chromatography separation for Ca isotope measurements in geological and biological samples. Journal of Analytical Atomic Spectrometry, 24(8): 1089.

Scholz D, Mühlinghaus C, Mangini A. 2009. Modelling $\delta^{13}C$ and $\delta^{18}O$ in the solution layer on stalagmite surfaces. Geochimica et Cosmochimica Acta, 73(9): 2592~2602.

Shiraishi F, Reimer A, Bissett A, et al. 2008. Microbial effects on biofilm calcification, ambient water chemistry and stable isotope records in a highly supersaturated setting (Westerhöfer bach, Germany). Palaeogeography, Palaeoclimatology, Palaeoecology, 262: 91~106.

Shvartsev S L, Lepokurova O E, Kopylova Y G. 2007. Geochemical mechanisms of travertine formation from fresh waters in southern Siberia. Russian Geology and Geophysics 48: 659~667.

Sikmiss K. 1964. Phosphates as crystal poisons of calcification. Biological Reviews, 4: 487~504.

Sierralta M, Sandor K, Melcher F, et al. 2010. Uranium-series dating of travertine from Sutto: implications for reconstruction of environmental change in Hungary. Quaternary International, 222: 178~193.

Smith J R, Giegengack R, Schwarcz H P. 2004. Constraints on pleistocene pluvial climates through stable-isotope analysis of fossil-spring tufas and associated gastropods, Kharga Oasis, Egypt. Palaeogeography, Palaeoclimatology, Palaeoecology, 206(1): 157~175.

Srdoc D, Osmond J K, Horvatincic N, et al. 1994. Radiocarbon and uranium-series dating of the Plitvice lakes travertines. Radiocarbon, 36: 203~219.

Sun H, Liu Z. 2010. Wet-dry seasonal and spatial variations in the $\delta^{13}C$ and $\delta^{18}O$ values of the modern endogenic travertine at Baishuitai, Yunnan, SW China and their paleoclimatic and paleoenvironmental implications. Geochimica et

Cosmochimica Acta, 74(3): 1016~1029.

Sun H, Liu Z, Yan H. 2014. Oxygen isotope fractionation in travertine-depositing pools at Baishuitai, Yunnan, SW China: Effects of deposition rates. Geochimica et Cosmochimica Acta, 133: 340~350.

Sun Y, Chen J, Clemens S C, et al. 2006. East Asian monsoon variability over the last seven glacial cycles recorded by a loess sequence from the northwestern Chinese Loess Plateau. Geochemistry Geophysics Geosystems, 7, Q12Q02, doi: 10.1029/2006GC001287.

Suess E. 1973. Interaction of organic compounds with calcium carbonate-II: Organo-carbonate association in recent sediments. Geochimica et Cosmochimica Acta, 11: 2435~2447.

Svensson T, Lovett G M, Likens G E. 2010. Is chloride a conservative ion in forest ecosystems? Biogeochemistry, DOI 10.1007/s10533-010-9538-y.

Takashima C, Kano A. 2008. Microbial processes forming daily lamination in a stromatolitic travertine. Sedimentary Geology, 208: 114~119.

Tang J, Dietzel M, Böhm F, et al. 2008. Sr^{2+}/Ca^{2+} and $^{44}Ca/^{40}Ca$ fractionation during inorganic calcite formation: II. Ca isotopes. Geochimica et Cosmochimica Acta, 72(15): 3733~3745.

Tang J, Niedermayr A, Kohler S J, et al. 2012. Sr^{2+}/Ca^{2+} and $^{44}Ca/^{40}Ca$ fractionation during inorganic calcite formation: III. Impact of salinity/ionic strength. Geochimica et Cosmochimica Acta, 77(C): 432~443.

Temiz U, Gokten Y E, Eikenberg J. 2009. U/Th dating of fissure ridge travertines from the Kirsehir region (Central AnatoliaTurkey): structural relations and implications for the neotectonic development of the Anatolian block. Geodinamica Acta, 22: 201~213.

Temiz U, Gokten Y E, Eikenberg J, et al. 2013. Strike-slip deformation and U/Th dating of travertine deposition: examples from North Anatolian Fault Zone, Bolu and Yenicag Basins, Turkey. Quaternary International, 312: 132~140

Thunell R C, Poli M S, Rio D. 2002. Changes in deep and intermediate water properties in the western North Atlantic during marine isotope stages 11-12: evidence from ODP Leg 172. Marine Geology, 189: 63~77.

Thorpe P M, Otlet R L, Sweeting M M. 1980. Hydrobiological implications of ^{14}C profiling of UK tufa. Radiocarbon, 22: 897~908.

Tipper E, Galy A, Bickle M. 2006. Riverine evidence for a fractionated reservoir of Ca and Mg on the continents: implications for the oceanic Ca cycle. Earth and Planetary Science Letters, 247(3-4): 267~279.

Torres T, Ortiz J E, Garcia de la Morena M A. 2005. Ostracode-based aminostratigraphy and aminochronology of a tufa system in central Spain. Quaternary International, 135: 21~33.

Tremaine D M, Froelich P N, Wang Y. 2011. Speleothem calcite farmed in situ: Modern calibration of $\delta^{18}O$ and $\delta^{13}C$ paleoclimate proxies in a continuously-monitored natural cave system. Geochimica et Cosmochimica Acta, 75(17): 4929~4950.

Turi B. 1986. Stable isotope geochemistry of travertines. In Handbook of Environmental Isotope Geochemistry (eds. P. B. Fritz and J. C. Fontes). Elsevier, Amsterdam, 207~235.

Turner J V. 1982. Kinetic fractionation of carbon-13 during calcium carbonate precipitation. Geochimica et Cosmochimica Acta, 46: 1593~1601.

Usdowski E, Hoefs J, Menschel G. 1979. Relationship between ^{13}C and ^{18}O fractionation and changes in major element composition in a recent calcite-depositing spring-a model of chemical variations with inorganic $CaCO_3$ precipitation. Earth and Planetary Science Letters, 42: 267~276.

Uysal I T, Feng Y, Zhao J X, et al. 2007. U-series dating and geochemical tracing of late Quaternary travertine in co-seismic fissures. Earth and Planetary Science Letters, 257: 450~462.

Valero-Garces B L, Delgado-Huertas A, Ratto N, et al. 1999. Large ^{13}C enrichment in primary carbonates from Andean Altiplano lakes, northwest Argentina. Earth and Planetary Science Letters, 171: 253~266.

Van Noten K, Claes H, Soete J, et al. 2013. Fracture networks and strike-slip deformation along reactivated normal faults in Quaternary travertine deposits, Denizli Basin, western Turkey. Tectonophysics, 588: 154~170.

Vermoere M, Degryse P, Vanhecke L, et al. 1999. Pollen analysis of two travertine (tufa) sections in Baskoy (southwesternTurkey): implications for environmental conditions during the early Holocene. Review of Palaeobotany and Palynology, 105: 93~110.

Viles H A, Spencer T, Teleki K, et al. 2000. Observations on 16 years of microfloral recolonization data from limestons surfaces, aldabra atoll, Indian ocean: implications for biological weathering. Earth Surface Processed and Landforms, 25: 1355~1370.

Wang Y, Cheng H, Edwards R L, et al. 2001. A high-resolution absolute-dated Late Pleistocene monsoon record from Hulu Cave, China. Science, 294: 2345~2348.

Wang Y, Cheng H, Edwards R L, et al. 2008. Millennial and orbital-scale changes in the East Asian monsoon over the past 224000 years. Nature, 451: 1090~1093.

Wang H, Liu Z, Zhang J, et al. 2010. Spatial and temporal hydrochemical variation of the spring-fed travertine-deposition stream in the Huanglong Ravine, Sichuan SW China. Acta Carsologica, 39(2): 247~259.

Wang H, Yan H, Liu Z. 2014. Contrasts in variations of the carbon and oxygen isotopic composition of travertines formed in pools and a ramp stream at Huanglong Ravine, China: implications for paleoclimatic interpretations. Geochimica et Cosmochimica Acta, 125: 34~48.

Watson E B. 2004. A conceptual model for near-surface kinetic controls on the trace-element and stable isotope composition of abiogenic calcite crystals. Geochimica et Cosmochimica Acta, 68(7): 1473~1488.

Weinstein-Evron M. 1987. Palynology of Pleistocene travertines (tufa) from the Arava Valley, Israel. Quaternary Research, 27: 82~88.

Westin K J, Rasmuson A C. 2005. Crystal growth of aragonite and calcite in presence of citric acid, DTPA, EDTA and pyromellitic acid. Journal of Colloid and Interface Science, 2: 359~369.

Wigley T M, Group B G R. 1977. Watspec: a computer program for determining the equilibrium speciation of aqueous solutions. Geo Abstracts for the British Geomorphological Research Group.

Wilken G. 1980. Morphology of inhibitor-treated $CaCO_3$ precipitate. Desalination, 2: 201~209.

Wu N, Chen X, Rousseau D D, et al. 2007. Climatic conditions recorded by terrestrial mollusc assemblages in the Chinese Loess Plateau during marine Oxygen Isotope Stages 12-10. Quaternary Science Review, 26: 1884~1896.

Yan H, Sun H, Liu Z. 2012. Equilibrium vs. kinetic fractionation of oxygen isotopes in two low-temperature travertine-depositing systems with differing hydrodynamic conditions at Baishuitai, Yunnan, SW China. Geochimica et Cosmochimica Acta, 95: 63~78.

Yoshimura K, Liu Z, Cao J, et al. 2004. Deep source CO_2 in natural waters and its role in extensive tufa deposition in the Huanglong Ravines, Sichuan, China. Chemical Geology, 205(1): 141~153.

Yuan D, Cheng H, Edwards R L, et al. 2004. Timing, duration, and transitions of the Last Interglacial Asian Monsoon. Science, 304: 575~578.

Zeebe R E, Wolf-Gladrow D A. 2001. CO_2 in seawater: equilibrium, kinetics, isotopes. Amsterdam: Elsevier Science

Zhang M, Yuan D, Lin Y, et al. 2004. A 6000 year high resolution climatic record from a stalagmite Xiangshui cave in Guilin, China. Holocene, 14: 697~702.

Zhang J, Wang H, Liu Z, et al. 2012. Spatial-temporal variations of travertine deposition rates and their controlling factors in Huanglong Ravine, China-A world's heritage site. Applied Geochemistry, 27(1): 211~222.

Zhang X, Nakawo M, Yao T, et al. 2002. Variations of stable isotopic compositions in precipitation on the Tibetan Plateau and its adjacent regions. Science in China, 45: 481~493.

Zuddas P, Mucci A. 1994. Kinetics of calcite precipitation from seawater: I. A classical chemical kinetics description for strong electrolyte solutions. Geochimica et Cosmochimica Acta, 58(20): 4353~4362.

Zullig J J, Morse J W. 1988. Interaction of organic acids with carbonate mineral surfaces in seawater and related solutions: I. Fatty acid adsorption. Geochimica et Cosmochimica Acta, 6: 1667~1678.